J. William Vesentini

Livre-docente em Geografia pela Universidade de São Paulo (USP)

Doutor em Geografia pela USP

Professor e pesquisador do Departamento de Geografia da USP

Especialista em Geografia Política/Geopolítica e Ensino de Geografia

Professor de educação básica na rede pública e em escolas particulares do estado de São Paulo por 15 anos

Vânia Vlach

Doutora em Geopolítica pela Université Paris 8

Mestra em Geografia Humana pela USP

Bolsista de Produtividade em Pesquisa do Conselho Nacional de Desenvolvimento Científico e Tecnológico (CNPq) por 4 anos

Professora do Curso de Graduação e pesquisadora do Programa de Pós-Graduação em Geografia da Universidade Federal de Uberlândia (UFU) por 22 anos

Professora de educação básica na rede pública e em escolas particulares do estado de São Paulo por 12 anos

O nome *Teláris* se inspira na forma latina *telarium*, que significa "tecelão", para evocar o entrelaçamento dos saberes na construção do conhecimento.

TELÁRIS

GEOGRAFIA

8

editora ática

editora ática

Direção Presidência: Mario Ghio Júnior
Direção de conteúdo: Wilson Troque
Direção editorial: Luiz Tonolli e Lidiane Vivaldini Olo
Gestão de projeto editorial: Mirian Senra
Gestão de área: Wagner Nicaretta
Coordenação: Jaqueline Paiva Cesar
Edição: Mariana Albertini, Bruno Rocha Nogueira e Tami Buzaite (assist. editorial)
Planejamento e controle de produção: Patrícia Eiras e Adjane Queiroz
Revisão: Hélia de Jesus Gonsaga (ger.), Kátia Scaff Marques (coord.), Rosângela Muricy (coord.), Ana Curci, Ana Maria Herrera, Ana Paula C. Malfa, Brenda T. de Medeiros Morais, Carlos Eduardo Sigrist, Flavia S. Vênezio, Gabriela M. Andrade, Luís M. Boa Nova, Luiz Gustavo Bazana, Marília Lima, Maura Loria, Patricia Cordeiro, Patrícia Travanca, Rita de Cássia C. Queiroz, Sandra Fernandez, Sueli Bossi, Tayra Alfonso, Vanessa P. Santos; Amanda T. Silva e Bárbara de M. Genereze (estagiárias)
Arte: Daniela Amaral (ger.), Claudio Faustino e Erika Tiemi Yamauchi (coord.), Felipe Consales, Katia Kimie Kunimura e Simone Zupardo Dias (edição de arte)
Diagramação: Karen Midori Fukunaga, Nathalia Laia, Renato Akira dos Santos e Arte Ação
Iconografia e tratamento de imagem: Sílvio Kligin (ger.), Denise Durand Kremer (coord.), Daniel Cymbalista e Mariana Sampaio (pesquisa iconográfica), Cesar Wolf e Fernanda Crevin (tratamento)
Licenciamento de conteúdos de terceiros: Thiago Fontana (coord.), Luciana Sposito (licenciamento de textos), Erika Ramires, Luciana Pedrosa Bierbauer, Luciana Cardoso e Claudia Rodrigues (analistas adm.)
Ilustrações: André Araújo e Luiz Fernando Rubio
Cartografia: Eric Fuzii (coord.), Robson Rosendo da Rocha (edit. arte) e Portal de Mapas
Design: Gláucia Correa Koller (ger.), Adilson Casarotti (proj. gráfico e capa), Erik Taketa (pós-produção), Gustavo Vanini e Tatiane Porusselli (assist. arte)
Foto de capa: GoodLifeStudio/Getty Images

Todos os direitos reservados por Editora Ática S.A.
Avenida das Nações Unidas, 7221, 3º andar, Setor A
Pinheiros – São Paulo – SP – CEP 05425-902
Tel.: 4003-3061
www.atica.com.br / editora@atica.com.br

Dados Internacionais de Catalogação na Publicação (CIP)

```
Vesentini, J.W.
    Teláris geografia 8º ano / J.W. Vesentini, Vânia Vlach.
- 3. ed. - São Paulo : Ática, 2019.

    Suplementado pelo manual do professor.
    Bibliografia.
    ISBN: 978-85-08-19310-3 (aluno)
    ISBN: 978-85-08-19311-0 (professor)

    1.   Geografia (Ensino fundamental). I. Vlach, Vânia.
II. Título.

2019-0092                               CDD: 372.891
```

Julia do Nascimento – Bibliotecária – CRB-8/010142

2023
Código da obra CL 742195
CAE 648337 (AL) / 648341 (PR)
3ª edição
5ª impressão
De acordo com a BNCC.

Impressão e acabamento: Bercrom Gráfica e Editora

Uma publicação  SOMOS EDUCAÇÃO

Apresentação

Há livros-estrela e livros-cometa.

Os cometas passam. São lembrados apenas pelas datas de sua aparição. As estrelas, porém, permanecem.

Há muitos livros-cometa, que duram o período de um ano letivo. Mas o livro-estrela quer ser uma luz permanente em nossa vida.

O livro-estrela é como uma estrela guia, que nos ajuda a construir o saber, nos estimula a perceber, refletir, discutir, estabelecer relações, fazer críticas e comparações.

Ele nos ajuda a ler e transformar o mundo em que vivemos e a nos tornar cada vez mais capazes de exercer nossos direitos e deveres de cidadãos.

Estudaremos vários tópicos neste livro, entre os quais:
- População mundial;
- Desigualdades internacionais;
- Pobreza, fome e exclusão social;
- Regionalização do espaço mundial por continentes e por aspectos socioeconômicos;
- América Anglo-Saxônica e América Latina;
- África: aspectos gerais e diversidades regionais.

Esperamos que ele seja uma estrela para você.

Os autores

CONHEÇA SEU LIVRO

Introdução
Aparece no início de cada volume e trata de assuntos que serão aprofundados no decorrer dos estudos de Geografia.

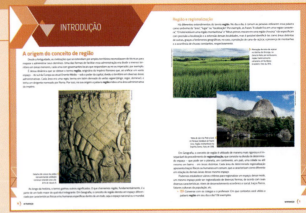

Abertura da unidade
Em página dupla, apresenta uma imagem e um breve texto de introdução que relacionam algumas competências que você vai desenvolver na unidade. As questões ajudam você a refletir sobre os conceitos que serão trabalhados e a discuti-los previamente.

Abertura do capítulo
O capítulo inicia-se com um pequeno texto introdutório acompanhado de uma ou duas imagens.

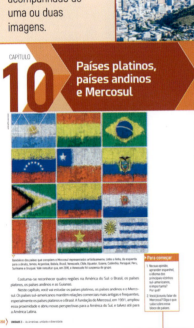

Para começar
O boxe traz questões sobre as ideias fundamentais do capítulo. Elas possibilitam a você ter um contato inicial com os assuntos que serão estudados e também expressar suas opiniões, experiências e conhecimentos prévios sobre o tema.

Saiba mais
A seção traz curiosidades e informações que complementam o tema estudado na unidade.

Texto e ação
Ao fim dos tópicos principais há algumas atividades para você verificar o que aprendeu, resolver dúvidas e comentar os assuntos em questão, antes de continuar o estudo do tema do capítulo.

Geolink

Para ampliar seu conhecimento, apresenta textos com informações complementares aos temas tratados no capítulo. No fim da seção, há sempre questões para você avaliar o que leu, discutir e expressar sua opinião.

Glossário

Os termos e as expressões destacados remetem ao glossário na lateral da página, que apresenta o seu significado.

Conexões

Contém atividades que possibilitam conexões com outras áreas do conhecimento.

Mapas, gráficos e imagens

No decorrer dos capítulos você encontra mapas, gráficos e imagens variadas especialmente selecionadas para ajudá-lo em seu estudo.

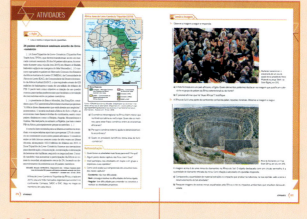

Atividades

No fim de cada capítulo, esta seção está dividida em três subseções:

+Ação - Trata-se de atividades relacionadas à compreensão de texto.
Lendo a imagem - Apresenta atividades relacionadas à observação e à análise de fotos, mapas, infográficos, obras de arte, etc.
Autoavaliação - Convida os alunos a refletir sobre o próprio aprendizado.

Minha biblioteca

Apresenta indicações de leitura que podem enriquecer os temas estudados.

De olho na tela

Contém sugestões de filmes e vídeos que se relacionam com o conteúdo estudado.

Mundo virtual

Apresenta indicações de *sites* que ampliam o que foi estudado.

Projeto

No final de cada unidade, há uma proposta de atividade interdisciplinar, que levará você a trabalhar com variados temas e a refletir sobre eles.

SUMÁRIO

Introdução 10

Unidade 1
População e desigualdades internacionais 18

CAPÍTULO 1: População mundial 20
1. **Crescimento populacional** 21
   - Taxas de mortalidade 22
   - Taxas de natalidade 23
2. **A distribuição da população mundial** ... 24
3. **Envelhecimento populacional** 27
4. **Migrações e preconceitos** 29
   - Racismo e discriminação 31
   - Geolink: Mudanças na demografia brasileira ... 34
- **Conexões** 35
- **Atividades** 36

CAPÍTULO 2: Pobreza, fome e exclusão social 38
1. **O que é pobreza** 39
   - Linha internacional da pobreza 40
   - Linha nacional da pobreza 41
2. **Causas da pobreza** 42
   - A pobreza no século XXI 42
   - Geolink: Corrupção prejudica o combate à pobreza 44
3. **Pobreza e fome** 45
4. **Pobreza e exclusão social** 48
   - Geolink: O que é acessibilidade e respeito aos deficientes? 49
- **Conexões** 51
- **Atividades** 52

CAPÍTULO 3: Desigualdades internacionais 54
1. **Origem das disparidades econômicas** ... 55
2. **Revolução Industrial** 57
   - Economia de mercado 58
   - Da sociedade feudal à sociedade moderna ... 59
3. **Etapas da Revolução Industrial** 61
   - Geolink: A Quarta Revolução Industrial chegou, e você não passará imune a ela ... 65
4. **Colonialismo e subdesenvolvimento** 66
- **Conexões** 69
- **Atividades** 70

CAPÍTULO 4: Organizações internacionais 72
1. **O fortalecimento das organizações internacionais** 73
   - A ONU 73
   - Geolink: Três reformas de que a ONU necessita 77
   - Agências especializadas e programas da ONU 78
2. **Organizações militares internacionais** .. 81
   - Otan 81
   - Organização para Cooperação de Xangai ... 82
   - Outros tratados ou acordos militares 83
3. **A OCDE e outros grupos** 84
   - G-7, G-8, G-20 e Brics 84

4▸ Outras organizações internacionais 87
   Liga Árabe e União Africana 88
5▸ **Organizações regionais nas Américas** 90
   OEA 90
   Aladi e Unasul 90
   Comunidade Andina de Nações (CAN) 91
   Alba-TCP 91
   Organização de Estados Ibero-Americanos (OEI) 91
   As ONGs internacionais 92
Conexões 93
Atividades 94
Projeto 96

Unidade 2

Regionalização do mundo 98

CAPÍTULO 5: Regionalização físico-cultural do globo 100
1▸ Como regionalizar o espaço mundial? 101
2▸ O que são os continentes? 102
   As massas continentais 104
3▸ A atual configuração dos continentes 105
4▸ As noções de Velho, Novo e Novíssimo Mundo 107
5▸ A Antártida 108
   Geolink: Brasil terá nova base de pesquisa científica na Antártida 111
   A situação geopolítica da Antártida 112
Conexões 113
Atividades 114

CAPÍTULO 6: Regiões geoeconômicas: o Norte e o Sul 116
1▸ Países ricos e países pobres 117
2▸ Como medir o desenvolvimento? 118
   Indicadores econômicos 118
   Distribuição social da renda 121
   Expectativa de vida 122
   Mortalidade infantil 123
   Educação 124
   Índice de Desenvolvimento Humano (IDH) 124
   Geolink: Organização latino-americana de favelas realiza fórum em Porto Alegre 128
Conexões 129
Atividades 130
Projeto 132

Unidade 3

As Américas: unidade e diversidade 134

CAPÍTULO 7: América: aspectos gerais 136
1. O continente 137
2. O idioma como diferença? 138
   Na América Anglo-Saxônica 138
   Na América Latina 139
3. Qual é a identidade da América Latina? 140
4. Aspectos fisiográficos do continente 142
   Relevo e hidrografia 142
   Climas 143
5. Formação histórica 145
   América Latina: situação atual de subdesenvolvimento 146
6. População, economia e urbanização 149
   Urbanização acelerada 149
   Geolink: Fragilidade nas cidades latino-americanas 151
7. Autoritarismo político 152
   O advento do populismo 153
8. Diferenças entre os países latino-americanos 156

Conexões 157

Atividades 158

CAPÍTULO 8: Estados Unidos, Canadá e USMCA 160
1. Aspectos gerais da América Anglo-Saxônica 161
2. Formação dos Estados Unidos 163
3. A presença da economia estadunidense no mundo 166
4. Espaço urbano-industrial dos Estados Unidos 168
   O nordeste, centro financeiro e industrial 168
   A porção sudeste do território 170
   A costa oeste, um ponto estratégico 170
5. Recursos minerais, indústria e espaço urbano do Canadá 171
6. Algumas questões atuais do Canadá 173
7. O antigo Nafta ou Tratado Norte-Americano de Livre-Comércio 175

Geolink: Do NAFTA ao USMCA: principais mudanças no pacto comercial trilateral 177
Relações geopolíticas com o México 178
Conexões 179
Atividades 180

CAPÍTULO 9: México, América Central e Guianas 182

1. **México** 183
   Geolink: Cidade do México promulga nova lei de mobilidade urbana 185
   Problemas com o vizinho ao norte 186
   Turismo e economia 187
2. **América Central** 189
   O canal do Panamá 191
   Cuba e Haiti 193
3. **A Guiana, o Suriname e a Guiana Francesa** ... 197

Conexões 199
Atividades 200

CAPÍTULO 10: Países platinos, países andinos e Mercosul 202

1. **América platina** 203
   Uruguai 204
   Argentina 206
   Geolink: Pobreza na Argentina 208
   Paraguai 209
2. **América Andina** 211
   Venezuela 212
   Chile 215
   Colômbia 216
   Equador 218
   Peru 220
   Bolívia 220
3. **O Mercosul** 223
   Expansão do Mercosul 224
   Perspectivas do Mercosul 225

Conexões 227
Atividades 228
Projeto 230

Unidade 4
A África atual 232

CAPÍTULO 11: África: aspectos gerais 234

1. **O continente** 235
2. **Aspectos fisiográficos** 236
   Relevo 237
   Clima, flora e fauna 237
3. **A África antes da colonização europeia** 239
4. **Colonização e descolonização** 240
   Colonização 240
   Descolonização 241
5. **Conflitos étnicos, culturais e militares** 243
   Genocídio de Ruanda 244
6. **Crescimento demográfico** 246
7. **Crescimento econômico e urbanização** 247
   Urbanização 249
8. **Atuação das potências globais na África** 250
   Geolink: Relações Brasil-África 252

Conexões 253
Atividades 254

CAPÍTULO 12: África: aspectos regionais 256

1. **Disparidades econômico-sociais na África** ... 257
2. **Diversidades políticas e culturais** 259
   Democracia 259
   Idiomas 260
   Religiões 261
3. **Regionalizações da África** 264
   A África setentrional 266
   Geolink: Primavera Árabe 269
   A África subsaariana 270

Conexões 275
Atividades 276
Projeto 278

Bibliografia 280

INTRODUÇÃO

A origem do conceito de região

Desde a Antiguidade, as civilizações que se estendiam por amplos territórios necessitavam de técnicas para mapear e administrar seus domínios. Uma das formas de facilitar essa administração era dividir o imenso território em áreas menores, cada uma com governantes locais que respondiam ao rei ou imperador, por exemplo.

É dessa dinâmica que se obtêm o termo **região**, originário do Império Romano que, ao unificar um vasto espaço – do sul da Europa ao atual Oriente Médio – sob o poder da capital, dividiu o território em diversas áreas administrativas. Cada área era uma *regio*, termo em latim derivado do verbo *regere* (dirigir, reger, dominar), e tinha um dirigente nomeado por Roma. Por isso, na sua origem a palavra **região** indica uma área administrativa do império.

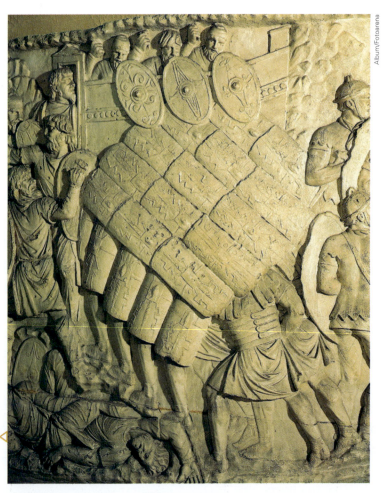

Detalhe de coluna de pedra representando soldados romanos sitiando uma vila. Arte do século II.

Ao longo da história, o termo ganhou outros significados. O que chamamos região, fundamentalmente, é a parte de um todo maior do qual ela é integrante. Em Geografia, o conceito de região denota um espaço diferenciado por características físicas e/ou humanas específicas dentro de um todo, seja o espaço nacional ou o mundial.

Região e regionalização

Há diferentes entendimentos do termo **região**. No dia a dia, é comum as pessoas utilizarem essa palavra como sinônimo de "área", "lugar" ou "localização". Por exemplo, as frases "A cidade fica em uma região canavieira", "O hotel está em uma região montanhosa" e "Meus primos moram em uma região chuvosa" não especificam com precisão a localização e a extensão dessas localidades, mas é possível identificá-las como áreas distintas de outras, graças a fenômenos geográficos; no caso, a produção de cana-de-açúcar, a presença de montanhas e a ocorrência de chuvas constantes, respectivamente.

Plantação de cana-de-açúcar no distrito de Ibiranga, na Zona da Mata pernambucana, região historicamente canavieira do Nordeste brasileiro. Foto de 2015.

Vista do pico da Pedra Azul, no Parque Estadual de Pedra Azul, região montanhosa no Espírito Santo. Foto de 2018.

Em Geografia, o conceito de região é utilizado de maneira mais rigorosa e é inseparável do procedimento de **regionalização**, que consiste na divisão de determinado espaço – que pode ser o planeta, um continente, um país, uma cidade ou até mesmo um bairro – em áreas distintas. Cada área de determinada regionalização apresenta traços físicos ou humanos em comum, que a caracterizam como diferente em relação às demais áreas desse mesmo espaço.

Podemos estabelecer vários critérios para regionalizar um espaço; desse modo, um mesmo espaço pode ser regionalizado de diversas formas, de acordo com suas diversas características: níveis de desenvolvimento econômico e social, traços físicos, fatores culturais da população, etc.

- Converse com os colegas e o professor: Em que contextos você utiliza a palavra **região** em seu dia a dia? Dê exemplos.

A região na visão político-administrativa

Assim como na Roma antiga, até hoje as instituições que controlam e organizam o território utilizam o conceito de região. Para elas, região é uma unidade de administração e sua delimitação se relaciona com as hierarquias administrativas.

O território é dividido em regiões com a finalidade de administrá-lo. Essas regiões servem de referência para recolha, organização e divulgação de dados estatísticos. A divisão regional também orienta as ações de planejamento, que visam controlar, gerir e transformar o território.

A divisão regional, portanto, é fruto de relações de poder, da dominação de um Estado sobre um território. O poder estatal (federal, estadual ou municipal) estabelece regiões de acordo com interesses diversos: cobrar impostos, procurar desenvolver economicamente uma área, estabelecer regiões eleitorais ou de atendimento de saúde, etc. A divisão em regiões para atendimento de saúde pode ser diferente da divisão em regiões de policiamento, por exemplo, que também é diferente da divisão em regiões eleitorais, e assim por diante.

A visão político-administrativa da região, portanto, é importante para a formulação e a execução de políticas públicas, como a exploração de recursos naturais e humanos. Como exemplo, pode-se citar o arranjo de cidades em regiões metropolitanas, que são aglomerados urbanos que englobam várias cidades conurbadas ou vizinhas, que são integradas e, por esse motivo, necessitam coordenar conjuntamente suas políticas de transportes, saúde, planejamento, etc. Em uma região metropolitana normalmente existe uma cidade maior, a metrópole, que polariza as cidades vizinhas.

> **Conurbação:** extensa área urbana formada por cidades vizinhas que se expandem e se encontram, constituindo uma só malha.
>
> **Polarizar:** concentrar, centralizar, ser ponto de convergência.

Vista aérea de Petrolina (PE), município conurbado a Juazeiro (BA), ao fundo. Cortando os dois municípios, está o rio São Francisco.

A Grande Campinas, como é conhecida a região metropolitana de Campinas, polariza 20 municípios paulistas, entre eles Americana, Holambra, Indaiatuba, Itatiba e Santa Bárbara d'Oeste. Na foto, o município de Campinas, em 2018.

A região metropolitana de Marabá compreende os municípios paraenses de Marabá, Bom Jesus do Tocantins, Nova Ipixuna, São João do Araguaia e São Domingos do Araguaia. Na foto, vista aérea de Marabá, em 2017.

Leia o trecho a seguir, da Constituição Federal de 1988, que define o que é uma região metropolitana:

> Os Estados poderão, mediante lei complementar, instituir regiões metropolitanas, aglomerações urbanas e microrregiões, constituídas por agrupamentos de municípios limítrofes, para integrar a organização, o planejamento e a execução de funções públicas de interesse comum.
>
> Fonte: BRASIL. Constituição da República Federativa do Brasil de 1988, Capítulo III, Artigo 25, § 3º.
> Disponível em: <http://www.planalto.gov.br/ccivil_03/Constituicao/Constituicao.htm>.
> Acesso em: 24 jan. 2018.

A Constituição Federal de 1988 foi a sétima Constituição brasileira desde a independência do país (1822).

Outras formas de regionalização

Não é apenas o Estado que regionaliza o território. Também as empresas de diversos ramos, para auxiliar nas estratégias de negócios (para definir, por exemplo, a escolha de um lugar para a instalação de uma indústria), costumam pensar no espaço como regiões com características consumidoras próprias.

Atualmente, o setor de *Geomarketing* auxilia as empresas a segmentar regiões em que há pessoas com perfis culturais, de comportamento e nível socioeconômico similares, por exemplo, determinando quais produtos podem ser adequados ou não para cada região. Leia o texto a seguir.

O que é e como se faz Geomarketing

Atualmente, o varejo é um dos principais segmentos a empregar o conceito [de *Geomarketing*] em suas estratégias. [...] Empresas de consumo massivo [...] encontram no conceito uma forma de saber em que varejo se associar e onde o produto tem maior penetração. O estudo pode ser aplicado na produção, na estratégia de relacionamento, na abertura de lojas, na parceria com grandes marcas e até como forma de medir o retorno das ações de Marketing. [...]

O conceito é uma forma de segmentar geograficamente, encontrando perfis específicos de consumidores em determinadas regiões com diferenças comportamentais, culturais, socioeconômicas, religiosas, entre outras. "O Geomarketing é a divisão geográfica das estratégias de Marketing. É segmentar e desdobrar relacionamento, preço, produto e promoção a partir de reconhecimento geográfico para saber qual é a melhor região onde atuar", explica Martin Gutierrez, diretor geral [de uma empresa de consultoria] [...].

Para Sueli Daffre, sócia-diretora e fundadora de uma empresa que atua no desenvolvimento de modelos estatísticos, o Geomarketing é essencial para que a companhia enxergue o seu público-alvo. "É necessário contextualizar os consumidores para se diferenciar no mercado. Saber onde eles estão, qual a taxa de desenvolvimento urbano da cidade, quais são suas necessidades", aponta a especialista.

Fonte: SÁ, Sylvia de. O que é e como se faz Geomarketing. *Mundo do Marketing*, 4 dez. 2009.
Disponível em: <www.mundodomarketing.com.br/reportagens/planejamento-estrategico/12357/o-que-e-e-como-se-faz-geomarketing.html>. Acesso em: 4 fev. 2019.

▶ **Município limítrofe:** município vizinho, que faz fronteira geográfica com outro município.
▶ **Varejo:** comércio cotidiano que tem como destino o consumidor final de um produto, que em geral compra em pequenas quantidades.

Sobre o texto, responda:
1▶ O que é região para o *Geomarketing*?
2▶ Todas as empresas estabelecem as mesmas regiões? Por quê?

Grandes organismos internacionais também se valem da divisão do planeta em regiões para atuar de acordo com seus interesses em cada uma delas.

Os organismos internacionais são instituições que agregam membros de todo o mundo ou de uma parte dele. Os membros decidem formar a organização para atuar conjuntamente em prol de uma causa ou de objetivos comuns, que podem ter caráter social, econômico, geopolítico, etc.

Tais instituições podem ser formadas por distintos Estados. Nessas condições elas são denominadas organismos intergovernamentais, como é o caso da Organização das Nações Unidas (ONU) e do Banco Mundial.

Os organismos internacionais também podem ser formados por organizações não governamentais, como os Médicos Sem Fronteiras, instituição de ajuda humanitária que atua internacionalmente, levando cuidados médicos para pessoas que enfrentam crises humanitárias decorrentes de guerras, epidemias, catástrofes naturais, entre outros.

Uma das missões da ONU é estimular a paz entre os povos do mundo. Na foto, moradores de vilarejo descarregam alimentos fornecidos pelo Programa Mundial de Alimentação da ONU em Bhayu, no Zimbábue. Foto de 2016.

Para orientar suas ações, a ONU recolhe informações, organiza dados e planeja sua atuação conforme a seguinte regionalização do mundo:

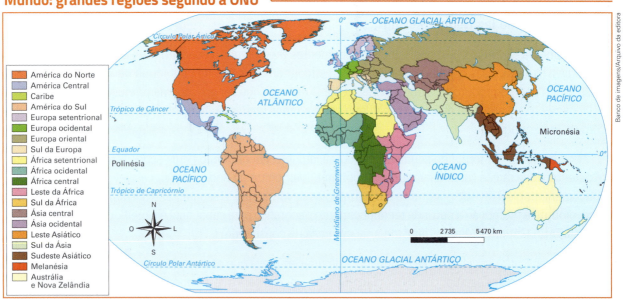

Mundo: grandes regiões segundo a ONU

Fonte: elaborado com base em Divisão de Estatística da ONU. Disponível em: <https://unstats.un.org/unsd/methodology/m49/#geo-regions>. Acesso em: 4 fev. 2019.

1. Considerando a regionalização mundial da ONU indicada no mapa acima, responda:

   a) Em que região do espaço mundial o Brasil se insere?

   b) Quantas regiões formam o continente americano? Quais são elas?

   c) Quantas regiões formam o continente africano? Quais são elas?

2. Troque ideias com os colegas e o professor: A regionalização representada no mapa é a única maneira de regionalizar o mundo? Justifique.

A região como conceito da Geografia hoje

Uma região nunca existe sozinha, mas sempre como parte de um espaço maior ao qual ela está integrada. Nos dias de hoje, ao contrário do passado, praticamente todas as partes do espaço mundial estão integradas, fazem parte da mesma sociedade global. As sociedades locais ou nacionais e seus respectivos espaços interagem e se conectam, independentemente da distância geográfica entre elas.

Mundo: computadores conectados à internet (2014)

▷ A gradação de cores mostra a concentração de computadores conectados à internet em todo o mundo. As áreas vermelhas são as regiões com concentração mais intensa, mas pelo mundo todo é possível ver pontos, representando as máquinas *on-line*.

Atualmente, pelas redes sociais, por exemplo, pessoas das diversas partes do mundo podem receber e enviar informações entre si de forma instantânea. Se antigamente as notícias demoravam meses ou até anos para chegar a lugares distantes, com a internet é como se as distâncias fossem reduzidas.

Pela internet, memes são vistos e popularizados em todas as partes do mundo. Acima, releituras bem-humoradas da famosa tela *La Gioconda* (*Mona Lisa*).

▷ **Meme:** originalmente, denota uma informação ou ideia que se propaga de pessoa para pessoa. Na linguagem da internet, refere-se a uma informação visual e textual de conteúdo humorístico ou crítico que se difunde rapidamente.

A Geografia hoje considera que uma região resulta de processos históricos, sociais, econômicos e naturais. Ela se submete a uma lógica mais ampla, de caráter nacional e global: pode ser interna aos territórios dos países ou pode ser supranacional, isto é, mais abrangente do que esses territórios nacionais.

Uma região nunca é estática: ela se transforma ao longo do tempo, pode deixar de existir, mudar de acordo com o movimento da história e a transformação espacial. Regiões tidas como atrasadas economicamente podem se desenvolver; regiões onde predominam florestas podem virar imensas áreas urbanas; pequenas cidades podem crescer e virar metrópoles, e assim por diante.

Por esse motivo, uma determinada regionalização nunca é permanente ou definitiva, mesmo que ela perdure por décadas ou até séculos. Além disso, qualquer modo de dividir um espaço em regiões nunca é exclusivo ou o único possível. São inúmeros os critérios que podem ser levados em conta para uma regionalização, pois ela sempre depende da finalidade à qual serve: um planejamento visando desenvolver áreas mais carentes, o conhecimento da natureza original de cada parte do espaço, o estudo de regiões estabelecidas de acordo com traços culturais (religião, idioma, folclore, tradições) que predominam em cada parte desse espaço, etc.

Uma possível regionalização a partir de um aspecto cultural pode ter como critério a religião. Na foto, pessoas acendem velas em celebração budista em Phnom Penh, no Camboja, em 2019.

1 ▸ O que você entende por **critério**? Troque ideias com os colegas e o professor.

2 ▸ Para compreender melhor o conceito de critério, realize a atividade a seguir com os colegas.

    a) Siga o passo a passo:
- Agrupe-se com colegas do mesmo gênero que o seu. Quantas pessoas formam cada um dos grupos?
- Agrupe-se com colegas que nasceram no mesmo mês e ano que você. Quantos grupos são formados e quantas pessoas há em cada um deles?
- Agrupe-se com colegas que têm a mesma cor de cabelo que você e que estejam usando tênis. Quantos grupos são formados e quantas pessoas há em cada um deles?
- Agrupe-se com colegas que gostam de pudim e que estejam usando calças compridas. Quantos grupos são formados e quantas pessoas há em cada um deles?

    b) Na atividade proposta você usou **critérios** ou uma combinação deles para agrupar-se com colegas: gênero, idade, cor de cabelo, preferência (gostar de pudim), vestimenta (usar tênis ou calças compridas). Que outros critérios podem ser usados para dividir a turma em grupos?

Note que, na atividade da página anterior, a mesma turma pôde ser dividida em distintos grupos, os quais agrupam pessoas com características em comum e que as diferenciam das demais.

A sala de aula e a turma são as mesmas, mas a definição de critérios e o estabelecimento de grupos são incontáveis. O mesmo ocorre com o espaço geográfico: ele é um só. A regiões, porém, podem ser inúmeras, dependendo do que foi considerado para formular a divisão espacial. Além disso, o critério usado no presente pode nunca ter existido no passado e pode deixar de existir no futuro.

Entre os critérios socioeconômicos que podem ser utilizados para elaborar uma regionalização, é possível citar o grau de urbanização, o acesso à educação, o nível de pobreza ou riqueza, entre tantos outros.

Observe o mapa abaixo, que regionaliza o planeta em países cuja língua oficial é o árabe. Note que nessa regionalização países da África e do Oriente Médio (sudoeste da Ásia) ficaram agrupados na mesma região.

Mundo: o árabe como língua oficial (2019)

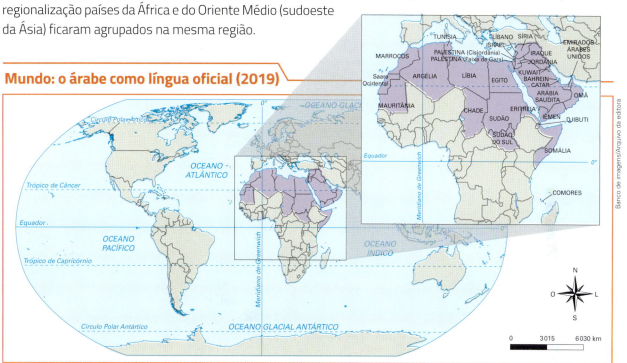

Fonte: elaborado com base em dados do IBGE Países. Disponível em: <https://paises.ibge.gov.br/#/pt>. Acesso em: 7 fev. 2019.

A língua árabe tem suas raízes no Oriente Médio. Seu desenvolvimento e sua difusão estão fortemente ligados à expansão da religião islâmica, cujo livro sagrado, o Corão, foi originalmente escrito em árabe. Na imagem, páginas de Corão marroquino do século XVII decoradas com ouro.

Também é possível regionalizar um espaço para fins didáticos. Para isso, são usados critérios de acordo com o estudo que se deseja realizar. É o que faremos neste livro, em que iniciaremos o estudo do espaço mundial com base em critérios socioeconômicos. Você vai aprofundar seus conhecimentos sobre diferentes maneiras de regionalização do mundo.

Resgate feito pela Marinha italiana de 120 imigrantes líbios que estavam em um barco inflável no mar Mediterrâneo, em 2017.

UNIDADE 1

População e desigualdades internacionais

Nesta unidade vamos estudar temas relacionados à população mundial, suas características e as razões dos fluxos migratórios pelos diferentes continentes. Além disso, veremos como as organizações internacionais atuam no combate às desigualdades sociais nas diferentes regiões do planeta.

Analise a imagem e responda às questões:

1. Quais são os possíveis motivos que provocaram a saída dessas pessoas de seu país de origem?

2. Em sua opinião, há condições mínimas de segurança na embarcação que vemos na imagem? Por que você chegou a essa conclusão?

CAPÍTULO 1

População mundial

Mafalda, tira de Quino, publicada em *Toda Mafalda*. São Paulo: Martins Fontes, 1993. p. 47.

Neste capítulo, você vai estudar o crescimento da população mundial, sua distribuição no espaço e os movimentos migratórios. Compreenderá os conceitos de população absoluta e relativa e os motivos que fazem uma população crescer ou diminuir. Também vai conhecer a situação atual das migrações internacionais, suas causas e consequências.

▶ Para começar

1. Qual é o humor da charge?
2. Você acha válida a preocupação da personagem? Por quê?
3. Você sabe explicar por que algumas áreas ou regiões da Terra são bastante povoadas e outras não?

1 Crescimento populacional

Em 2017, a população mundial atingiu a cifra dos 7,6 bilhões de pessoas. De acordo com estimativas da Organização das Nações Unidas (ONU), poderá chegar aos 7,8 bilhões em 2021 e aos 8,5 bilhões em 2030.

No ano 1 da Era Cristã, o número de habitantes no mundo era de aproximadamente 250 milhões. A população atingiu a marca de 500 milhões em 1650; em 1987, chegou aos 5 bilhões e, em 2011, 7 bilhões.

O ritmo de crescimento demográfico intensificou-se a partir do século XIX por causa da Revolução Industrial e da urbanização que a acompanhou. No entanto, nas últimas décadas do século XX, o crescimento populacional já se apresentava insignificante (ou até negativo) nos países ricos, moderado na maioria dos demais e continuava intenso apenas em alguns países menos desenvolvidos. É por isso que atualmente se fala em "transição demográfica" (e não mais em "explosão demográfica"): o período de crescimento acelerado cedeu lugar a um de crescimento lento.

Essa transição demográfica foi resultado da queda das taxas de mortalidade e dos índices de natalidade. O declínio da mortalidade foi consequência da melhoria nas condições de higiene e de alimentação, de campanhas de vacinação em massa (o que diminuiu drasticamente a mortalidade infantil) e do advento dos antibióticos (o primeiro deles, a penicilina, só foi descoberto no início do século XX), o que possibilitou a cura de várias doenças infecciosas que causavam grande mortandade.

O crescimento demográfico não é o mesmo em todos os países e regiões. Em geral, é maior nas áreas de fraca industrialização e grande população rural. Nas áreas industrializadas e de grande população urbana, pode ser até negativo.

Observe o gráfico abaixo: até cerca de 1900 a população mundial apresentava crescimento pequeno e relativamente estável (entre 0,4% e 0,6% ao ano). A partir de 1900, iniciou-se um intenso crescimento, que chegou a 2,1% na média anual mundial, embora alguns países tenham atingido mais de 3,5%.

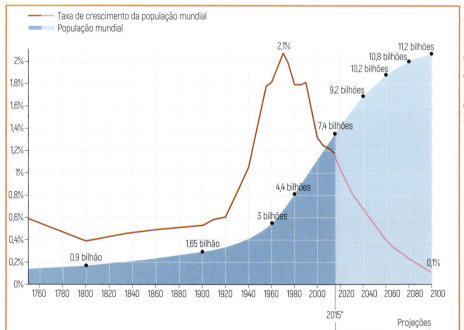

Crescimento da população mundial (1750-2100)

Fonte: elaborado com base em OUR World in Data. Disponível em: <https://ourworldindata.org/world-population-growth>. Acesso em: 19 jul. 2018.
* Os dados do gráfico são de 2015. Por isso, a partir de tal ano, os números foram considerados projeções.

As taxas de natalidade só começaram a cair por volta da década de 1970, o que ocasionou uma rápida diminuição nas taxas de crescimento populacional mundial. Segundo estimativas, em 2100 essa taxa deve cair para 0,1%.

Para saber a taxa de crescimento da população de um país, região ou cidade, calcula-se a diferença entre o número de pessoas que saíram (emigrantes) e o de pessoas que entraram (imigrantes) e a diferença entre nascimentos (natalidade) e óbitos (mortalidade). No caso do cálculo da população mundial total, somente a natalidade e a mortalidade são consideradas.

A diferença entre a taxa de natalidade e a de mortalidade recebe o nome de **crescimento natural** ou **crescimento vegetativo**. Para entendermos a dinâmica demográfica devemos estudar primeiro os índices de mortalidade e depois os de natalidade, pois em geral estes últimos tendem a seguir os primeiros. Quando a mortalidade é elevada, o número de nascimentos é grande e, quando a mortalidade cai, depois de algum tempo os nascimentos também passam a diminuir.

Taxas de mortalidade

A Revolução Industrial, que se iniciou no final do século XVIII, levou ao declínio os índices de mortalidade. Isso ocorreu por diversos motivos, como urbanização, introdução de novas técnicas sanitárias, descoberta de antibióticos e campanhas de vacinação.

Com a progressiva concentração populacional no reduzido espaço das cidades, foi necessário realizar obras de saneamento básico, como redes de água encanada e de esgotos, coleta de lixo, pavimentação de ruas e avenidas, etc. Também foram implementadas medidas de limpeza pública, como a eliminação de ratos e insetos de edifícios, locais de trabalho e residências. A vacinação, fundamental para diminuir a mortalidade das crianças, é mais fácil e efetiva no meio urbano, pois a população encontra-se concentrada na cidade.

Desde o século XIX vem se expandindo a agricultura moderna, com intenso uso de máquinas agrícolas, além da modificação genética de plantas e animais de criação, o que amplia a produção por hectare de terra. Como consequência, houve sensível melhora na alimentação da população em geral, o que colaborou para o declínio das taxas de mortalidade.

Agricultura moderna, que utiliza grandes maquinários, no município de Itapetininga (SP), em 2016. A mecanização do campo, que acompanhou a Revolução Industrial, diminuiu a necessidade de mão de obra, além de ter aumentado a produtividade na agricultura. Isso fez a população do campo dirigir-se para as cidades.

Taxas de natalidade

Com algumas décadas de atraso em relação à queda da mortalidade, as taxas de nascimento também declinaram. Nos atuais países desenvolvidos, esse declínio vem ocorrendo desde o século XIX e início do século XX. Nos subdesenvolvidos, ele ocorreu apenas a partir dos anos 1960 ou nas últimas décadas do século XX. Em boa parte desses países a queda da natalidade ainda prossegue.

Nas nações consideradas desenvolvidas, a taxa de natalidade atingiu índices muito baixos. Em alguns casos, como na Alemanha, na Itália ou no Japão, a taxa de natalidade chega a ser menor do que a de mortalidade, ou seja, há mais mortes do que nascimentos, gerando um crescimento vegetativo negativo. Dessa forma, a população nacional diminui. Ela só aumenta quando há grande entrada de imigrantes. Para tentar evitar a diminuição da população nativa, alguns governos incentivam a natalidade.

Os dois principais fatores que explicam a progressiva queda nos índices de natalidade são a diminuição da mortalidade infantil e a urbanização.

A mortalidade infantil – que costuma ser medida pelo número de crianças que morrem antes de completar 1 ano de idade – era muito elevada no período anterior à Revolução Industrial. Sem vacinas e sem condições adequadas de higiene e alimentação, muitos bebês não sobreviviam. Com o avanço da medicina e a melhoria nas condições de higiene, esse panorama mudou.

Outro fator que contribui para diminuir os índices de natalidade é a urbanização. Nas cidades, com a modernização da sociedade, há mais gastos com educação, saúde, roupas, brinquedos, aparelhos eletrônicos, etc. Assim, em geral, muitos casais optam por ter menos filhos.

Além disso, as mulheres passaram a trabalhar fora de casa, resultado das mudanças na configuração familiar e da luta pela igualdade entre os gêneros, o que também contribuiu para diminuir o número de filhos.

Mulheres são atendidas em posto de saúde que cuida do controle de natalidade em Agra, na Índia. Foto de 2016.

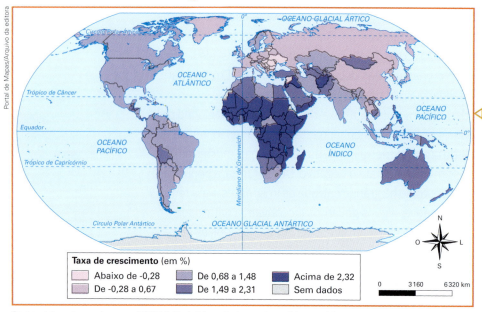

Taxas de crescimento demográfico no mundo em % (2017)

Em poucos países, localizados sobretudo na África e no Oriente Médio, as taxas de crescimento demográfico ainda são elevadas, superiores a 3% ao ano. Em outros, particularmente na Europa, além de Rússia e Japão, o crescimento é negativo, isto é, as taxas de mortalidade são maiores que as de natalidade. A média mundial nesse período de 2005 a 2010 é de cerca de 1% ao ano.

Fonte: elaborado com base em WORLD Bank. Disponível em: <https://data.worldbank.org/indicator/SP.POP.GROW?view=chart>. Acesso em: 29 jun. 2018.

Texto e ação

1. Analise o gráfico da página 21 e responda: O que é possível dizer sobre a tendência de crescimento da população mundial?
2. Comente os principais fatores que explicam a progressiva queda nos índices de natalidade no mundo.
3. Por que se fala atualmente em "transição demográfica" e não mais em "explosão demográfica"?
4. Observe o mapa desta página. Há alguma relação entre desenvolvimento econômico e social e taxas de crescimento populacional? Justifique.

2 A distribuição da população mundial

A população mundial não se distribui de maneira uniforme. Geralmente, a população de um país ou de uma região está mais concentrada em certas áreas, enquanto em outras o povoamento é menor e, às vezes, até escasso. Chamamos de **densidade demográfica** o número de habitantes por quilômetro quadrado (hab./km²). Por exemplo: segundo o Instituto Brasileiro de Geografia e Estatística (IBGE), o Brasil, país cujo território é de 8 515 759 km², tinha 207 milhões de habitantes em 2017. Dividindo a população pela área, chegamos ao resultado de 24,3 hab./km², que é a densidade demográfica média do país.

As áreas com grande concentração demográfica – isto é, com elevada densidade demográfica – são chamadas de **densamente povoadas**. São locais com um número elevado de habitantes por quilômetro quadrado: mais de 100 ou, às vezes, até mais de 1 000 hab./km².

Da mesma forma, existem na superfície terrestre imensas regiões com baixíssima densidade demográfica: menos de 3 ou, às vezes, menos de 1 hab./km² – são regiões chamadas de **vazios demográficos**. Observe o mapa.

Mundo: Densidade demográfica (2017)

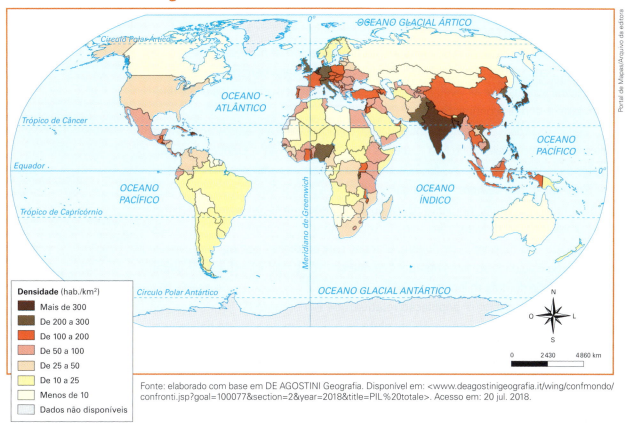

Fonte: elaborado com base em DE AGOSTINI Geografia. Disponível em: <www.deagostinigeografia.it/wing/confmondo/confronti.jsp?goal=100077&section=2&year=2018&title=PIL%20totale>. Acesso em: 20 jul. 2018.

As razões dessa distribuição desigual da população pelo espaço são várias, em geral de natureza histórica e, em alguns casos – especialmente nas áreas de baixíssima densidade demográfica, como a Antártida ou as regiões desérticas –, de natureza ambiental (excesso de frio ou de calor, solos congelados ou arenosos, falta de água, elevadas altitudes, etc.).

No caso das áreas industrializadas bastante povoadas – como certas regiões na Europa ocidental, Estados Unidos e Japão –, há razões de natureza histórica e, principalmente, econômica que explicam a concentração de pessoas: boa qualidade de vida e estabilidade econômica são atrativos para migrantes de outras regiões. Aliás, em geral, essas são áreas de intensa migração recente (especialmente no século XX), ocasionada pelo elevado desenvolvimento dos países receptores (60% dos imigrantes dirigem-se a países desenvolvidos).

Aglomeração de pessoas em Tóquio, no Japão, um país com grande densidade demográfica. Foto de 2018.

No caso dos Estados Unidos, a imigração intensa ocorre desde o século XIX, mas a concentração em certas áreas ou regiões do país – especialmente no nordeste e na costa do Pacífico – também se deve a melhores oportunidades de emprego oferecidas nesses locais.

Todavia, existem áreas do globo com altíssima densidade demográfica e extremamente pobres. Esse é o caso de várias regiões na Índia, no Paquistão, em Bangladesh, até mesmo na China.

Por outro lado, até recentemente (meados do século XX) não havia áreas com grandes concentrações demográficas na África, apesar de ser o berço da nossa espécie, o *Homo sapiens*, que ali viveu durante pelo menos 150 mil anos antes de se deslocar para os demais continentes.

Desde longa data, e mesmo na Antiguidade, o continente africano era, com raríssimas exceções – como o vale do rio Nilo –, menos povoado que a Ásia, a Europa e algumas regiões da América (México e América Central). Isso se deve às condições do ambiente.

Quando grupos de *Homo sapiens* saíram da África para a Ásia e Europa (e depois para América e Oceania), por volta de 70 ou 80 mil anos atrás, encontraram climas mais úmidos e vales fluviais, com solos férteis. Aí se multiplicaram num ritmo mais rápido do que no continente de origem. Grandes concentrações demográficas estão em áreas da Ásia onde os seres humanos cultivaram o arroz, principal base alimentar da humanidade durante milênios.

Costuma-se distinguir **população relativa**, que é o número de habitantes por quilômetro quadrado, de **população absoluta**, que é o número total de habitantes, independentemente do tamanho do território. Observe, abaixo, os países mais populosos (população absoluta) e os mais povoados (população relativa) do mundo.

Ao observar o mapa *Densidade demográfica (2017)*, na página 25, e as tabelas desta página, nota-se que não existe uma relação direta entre pobreza (ou riqueza) e altas densidades demográficas. Alguns países com elevada população relativa, como Cingapura e Países Baixos (Holanda), têm padrão de vida elevado. Porém, há países com alta densidade demográfica cujo padrão de vida é baixo, como Ruanda, Bangladesh, Índia, Líbano e vários outros. Da mesma forma, é possível encontrar países desenvolvidos com baixa densidade demográfica (como Austrália e Canadá), bem como países pobres com baixa população relativa, como Mongólia, Mauritânia e Saara Ocidental.

Fonte: elaborado com dados de UNITED Nations. *World Population Prospects. The 2017 Revision.* Disponível em: <https://esa.un.org/unpd/wpp>. Acesso em: 20 jul. 2018.

*Cingapura é um caso à parte, pois é uma espécie de cidade-Estado, isto é, um Estado-nação localizado num pequeno território com apenas 710 km², onde praticamente não há meio rural, mas somente área urbana. Bahrein também é um caso especial, com um território de apenas 760 km². Há ainda alguns miniestados com elevadíssimas densidades demográficas – tais como Vaticano, Mônaco, Malta, Gibraltar e outros –, mas geralmente não são considerados nesse tipo de estatística devido à pequena extensão de seus territórios e principalmente à exiguidade de suas populações e economias.

Países mais populosos em 2015 (população absoluta: milhões de hab.)	
1. China	1409
2. Índia	1339
3. Estados Unidos	324
4. Indonésia	264
5. Brasil	209
6. Paquistão	197
7. Nigéria	190
8. Bangladesh	164
9. Rússia	144
10. México	129

Países mais povoados em 2015 (população relativa: hab./km²)	
1. Cingapura*	8 178,5
2. Hong Kong	7 016
3. Bahrein	2 017
4. Malta	1 344
5. Bangladesh	1 266
6. Taiwan	666
7. Líbano	591
8. Coreia do Sul	524
9. Países Baixos	505
10. Ruanda	497
11. Índia	451

Texto e ação

1. Observe novamente o mapa da página 25.

   a) Cite países muito povoados.

   b) Cite países pouco povoados.

   c) 👥 Ao analisar no mapa as informações sobre o Brasil, o que mais chamou a sua atenção? Por quê? Compartilhe com os colegas.

2. Todo país bastante populoso também é bastante povoado? Por quê?

3 Envelhecimento populacional

Até por volta do final do século XX, alguns estudiosos acreditavam na chamada "explosão demográfica", um crescimento exponencial da população mundial com a consequente ameaça de esgotamento dos recursos naturais – solos agriculturáveis, água potável, minérios, etc.

Evidentemente, os perigos ambientais – poluição da água e do ar, perda de solos pela erosão e/ou desertificação, extinção de espécies vegetais e animais (empobrecimento da biodiversidade), mudanças climáticas, etc. – são uma grave realidade nos dias hoje. Entretanto, poucos estudiosos ainda culpam o crescimento demográfico por todos esses problemas. Pode-se afirmar que a principal causa não é o número de pessoas no planeta, mas o estilo moderno de vida, de intenso consumismo.

Eslovênia: pirâmide etária (2016)

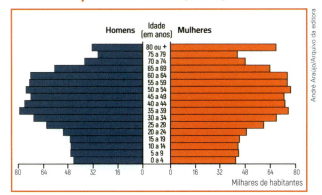

Fonte: elaborado com base em *THE WORLD Factbook*. Slovenia. Disponível em: <www.cia.gov/library/publications/resources/the-world-factbook/geos/si.html>. Acesso em: 22 jul. 2018.

Nigéria: pirâmide etária (2016)

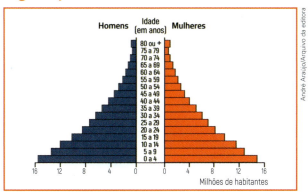

Fonte: elaborado com base em *THE WORLD Factbook*. Nigeria. Disponível em: <www.cia.gov/library/publications/the-world-factbook/geos/ni.html>. Acesso em: 22 jul. 2018.

⚠ A pirâmide etária da Eslovênia (país desenvolvido) mostra grande porcentagem de idosos e adultos, e uma menor proporção de jovens. O oposto se observa na pirâmide etária nigeriana (país subdesenvolvido), no qual há grande proporção de jovens e curtas faixas de idosos, das populações com 65 anos ou mais.

Nos dias atuais, a cada ano, diminui o número de países que apregoam o controle de natalidade e aumenta o número de países que adotam políticas de incentivo à natalidade.

Isso ocorre porque, com a diminuição das taxas de natalidade, a população jovem vem se reduzindo. Já a proporção de idosos na população total da maioria dos países vem aumentando a cada ano.

Esse fenômeno resulta de dois fatores conjugados: a diminuição nas taxas de natalidade e a elevação da **expectativa de vida** da população. Expectativa de vida é o mesmo que esperança de vida, ou seja, o número de anos que se espera que um recém-nascido viva, levando-se em conta as condições de alimentação, estilo de vida, higiene, vacinação, atendimento médico-hospitalar, etc. do país onde nasceu. Há algumas décadas, essa expectativa de vida, mesmo nos países mais desenvolvidos, era de 70 anos; hoje já chega aos 85 anos em países como Japão ou Suécia. Até mesmo nos países mais pobres a expectativa de vida vem aumentando, com o consequente crescimento do número e da proporção dos idosos. O aumento do número de idosos é chamado de envelhecimento da população.

Em 1920, por exemplo, nenhum país tinha mais de 10% de sua população com pessoas de 60 anos ou mais. Hoje, essa proporção, em vários países desenvolvidos, encontra-se em torno dos 25% ou mais do total da população e calcula-se que ela vai ultrapassar os 30% ou até os 40% dentro de uma ou duas décadas. Na Itália, por exemplo, a população com mais de 65 anos já é superior àquela com menos de 15 anos. Veja o quadro a seguir.

Situação demográfica em países selecionados

Indicador	Taxa de natalidade em 1960 (por mil = ‰)	Taxa de natalidade em 2015 (por mil = ‰)	Expectativa de vida em 1960 (em anos)	Expectativa de vida em 2015 (em anos)	População com 65 anos ou mais em 1960 (em %)	População com 65 anos ou mais em 2016 (em %)
Brasil	43	15	54	75	3	8
China	21	12	43	76	4	10
Índia	42	20	41	68	3	6
Nigéria	46	39	37	53	3	3
Japão	17	11	68	84	6	27
Itália	18	8	69	83	9	23
Suíça	18	10	71	83	10	18

Fonte: elaborado pelos autores a partir de dados do Banco Mundial. Disponível em: <http://data.worldbank.org/indicator>. Acesso em: 29 jun. 2018; ONU. Disponível em: <https://esa.un.org/unpd/wpp/Download/Standard/Population/>. Acesso em: 7 ago. 2018.

Em 1950, havia em todo o mundo apenas 13,8 milhões de pessoas com mais de 80 anos; em 2017 já eram mais de 75 milhões e, segundo relatórios de perspectiva da população mundial das Nações Unidas, serão quase 380 milhões em 2050.

O aumento do número e do percentual da população idosa tem levado os estudiosos a propor novas classificações. Em vez de 60 anos, é cada vez mais comum encontrarmos nas estatísticas internacionais a idade de 65 anos ou, às vezes, até 75 anos para definir a população idosa.

Com o envelhecimento da população, o número e o percentual de aposentados aumenta a cada ano. Há algumas décadas, existiam cerca de 5 trabalhadores ou mais para cada aposentado, mas, atualmente, em vários países, essa proporção já é de 2 para 1. Isso coloca em risco a qualidade dessa aposentadoria, pois será necessária uma soma de recursos cada vez maior para manter o crescente número de aposentados, já que a porcentagem de jovens e de adultos tem diminuído.

Alguns especialistas propõem aumento na idade de aposentadoria para os países onde há muitos idosos. Outros, contrários a isso, argumentam que se trata de um direito conquistado. Além disso, especula-se que, no futuro, com a crescente mecanização e robotização das tarefas, parte do trabalho humano poderá ser substituída por robôs ou máquinas "inteligentes". Com isso, pode não haver necessidade de mais anos de trabalho por pessoa, pelo menos nas economias desenvolvidas. Porém, isso é só especulação, pois ainda é realidade o dilema da falta de recursos para pagar o crescente número de aposentados. Além disso, alguns países oferecem cursos para preparar as pessoas idosas para retornar ao mercado de trabalho, ou nele permanecer por mais tempo.

4 Migrações e preconceitos

Nos dias de hoje, os grandes fluxos de migrações internacionais ocorrem, principalmente, das regiões ou países mais pobres para os mais ricos.

Do século XVI ao XIX, eram volumosas as migrações de europeus para a América e depois para a Oceania, além das migrações forçadas de africanos para o continente americano, ou seja, europeus saíam em grande quantidade do seu continente em direção às áreas de povoamento consideradas, por eles, "novas". Mas a partir do século XX, especialmente depois da Segunda Guerra Mundial, a situação mudou.

As migrações internacionais ocorrem principalmente de países com problemas econômicos e/ou político-militares (guerras, perseguições a certos povos) para países ou regiões do globo com melhor padrão de vida (Estados Unidos, Europa ocidental, Austrália, Japão, Nova Zelândia e outros). Pode-se dizer que os grandes fluxos migratórios internacionais vão da América Latina para os Estados Unidos, da África para a Europa e de várias partes da Ásia para os Estados Unidos, a Europa, o Japão e, eventualmente, a Oceania (Austrália e Nova Zelândia). Também existem importantes movimentos migratórios de países do Oriente Médio (Egito, Turquia, Iraque, Irã, Síria, Jordânia) para o Kuwait, os Emirados Árabes Unidos ou a Arábia Saudita, de refugiados do Sudão, do Sudão do Sul, do Iraque ou da Síria para países vizinhos (ou para a Europa), de trabalhadores das nações vizinhas para a África do Sul, etc.

Até por volta dos anos 1980, a vinda de migrantes de países ou regiões pobres para países mais desenvolvidos não era considerada um problema nem originava grandes conflitos – pelo contrário, esses países tinham necessidade dessa força de trabalho, em geral barata.

Todavia, recentemente, com o aumento nos índices de desemprego na maioria dos países desenvolvidos e a presença marcante de expressivos grupos de estrangeiros e seus descendentes, as migrações passaram a ser encaradas, nesses países de imigração, como um dos grandes problemas demográficos da atualidade.

Os Estados Unidos são o país com o maior número de brasileiros imigrantes. Estima-se que mais de 1 milhão de brasileiros vivam no país. Na foto, brasileiros em Nova York (Estados Unidos), no festival Brazilian Day, em setembro de 2017.

Segundo dados da ONU (2017), há mais de 257 milhões de imigrantes no mundo. Boa parte desses imigrantes, cerca de 30%, é constituída por pessoas que entraram ilegalmente no país ou que se tornaram ilegais por causa de vistos de permanência vencidos. Outra parte – cerca de 20% – é constituída por refugiados, pessoas que fugiram para outro país em função de uma guerra, uma crise política em seu Estado natal, com perseguições a certos grupos ou etnias, etc.

Mundo: origem e destino das migrações internacionais (2017)

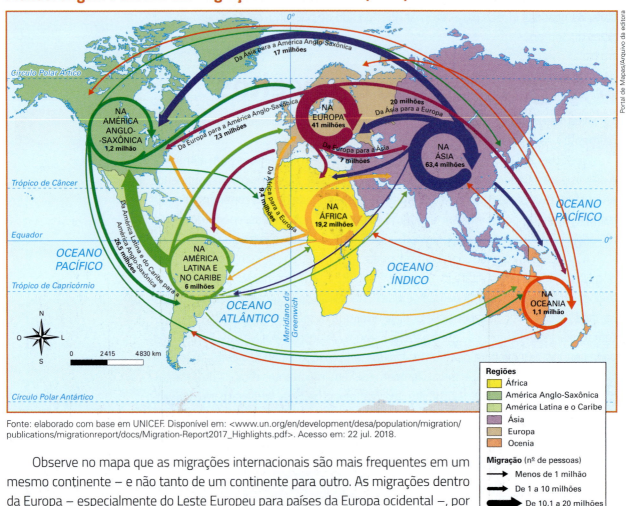

Fonte: elaborado com base em UNICEF. Disponível em: <www.un.org/en/development/desa/population/migration/publications/migrationreport/docs/Migration-Report2017_Highlights.pdf>. Acesso em: 22 jul. 2018.

Observe no mapa que as migrações internacionais são mais frequentes em um mesmo continente – e não tanto de um continente para outro. As migrações dentro da Europa – especialmente do Leste Europeu para países da Europa ocidental –, por exemplo, superam as que vêm de fora (da África, Ásia e América Latina). O mesmo ocorre na Ásia, o continente mais populoso e também o que origina e recebe maior número de migrantes internacionais: mais de 63 milhões migraram, em 2017, de um país asiático para outro, ao passo que pouco mais de 40 milhões foram para outros continentes, especialmente para a Europa. No caso da África, as migrações internacionais dentro do continente foram de 19,2 milhões e o número de africanos que saiu de seu continente em direção à Europa, principalmente, ou aos demais continentes, foi pouco superior a 9 milhões.

Os Estados Unidos e a Europa ocidental, juntos, recebem cerca de 2 milhões de imigrantes por ano. Entre 2016 e 2017, esse número aumentou em razão da chegada de refugiados sírios, iraquianos, afegãos e nigerianos, entre outros, que fugiram de seus países por causa de guerras e de grupos terroristas que passaram a controlar territórios e massacrar ou expulsar as populações locais.

Em termos relativos, a presença dos imigrantes na população norte-americana é de 15,3%; no Canadá, 21,5%; na Austrália, 28,8%. Nos países europeus, ela chega a 45% em Luxemburgo, 29,6% na Suíça, 19% na Áustria, 17,6% na Suécia, 16,9% na Irlanda, 14,6% na Alemanha, e cerca de 12% na Espanha, nos Países Baixos e na França.

Alguns países que ainda não são considerados desenvolvidos, mas cujas economias são prósperas, atraem imigrantes oriundos de países vizinhos ou até mesmo distantes. Catar, Kuwait, Emirados Árabes Unidos, Cingapura, Bahrein, Oman e Arábia Saudita são grandes receptores dos imigrantes asiáticos, que geralmente vêm da Índia, China, Bangladesh, Filipinas, Paquistão, Síria e outros países. Também dos países árabes do norte da África, especialmente do Egito, saem grandes levas de emigrantes para trabalhar nesses países asiáticos com economias mais prósperas. Veja o quadro.

Migração internacional

População migrante internacional em 2017 (total acumulado)		Países com o maior número de imigrantes em 2017 (total acumulado)		Países que enviaram mais emigrantes (total acumulado em 2017)	
Europa	77,8 milhões	Estados Unidos	49,7 milhões	Índia	16,6 milhões
Ásia	79,5 milhões	Rússia	11,6 milhões	México	13 milhões
América do Norte	57,6 milhões	Alemanha	12,1 milhões	Rússia	10,6 milhões
África	24,6 milhões	Arábia Saudita	12,1 milhões	China	10 milhões
América Latina	9,5 milhões	Emirados Árabes Unidos	8,3 milhões	Bangladesh	7,5 milhões
Oceania	8,4 milhões	Reino Unido	8,8 milhões	Síria	6,9 milhões

Fonte: UNITED NATIONS. *International Migration Report 2017*. Disponível em: <www.un.org/en/development/desa/population/migration/publications/migrationreport/docs/MigrationReport2017_Highlights.pdf>. Acesso em: 7 ago. 2018.

Mundo virtual

Agência da ONU para refugiados, disponível em: <www.acnur.org/portugues/>. Acesso em: 9 ago. 2018. *Site* da ACNUR, com *links* para notícias, vídeos, estatísticas e informações sobre a questão das migrações internacionais e refugiados no mundo e no Brasil.

Por um lado, o fluxo é facilitado pela globalização e diminuição das distâncias (devido ao desenvolvimento dos transportes internacionais e intercontinentais, da expansão do turismo internacional, da internet e redes de televisão que fornecem informações sobre outros países e regiões do globo). Por outro lado, a imigração é dificultada por medidas duras (como a construção de muros em algumas fronteiras) de alguns países receptores, que procuram diminuir ou impedir a entrada de estrangeiros.

Racismo e discriminação

Um dos grandes desafios do século XXI é a convivência pacífica de diferentes culturas. É necessária uma atenção voltada para as questões dos conflitos gerados por causa das diferenças culturais, religiosas, étnicas, de gênero e de orientação sexual. Neste momento em que parece que o nosso planeta "encolheu" ou ficou pequeno, mais do que nunca é fundamental conhecer os outros povos e países, e aceitar e respeitar toda a diversidade que existe na humanidade.

> **Globalização:** nome que se dá ao processo de crescente integração econômica e cultural que se acelerou com a revolução técnico-científica (da informática, robótica, telecomunicações, etc.) a partir especialmente dos anos 1980. Desde essa década aumentaram substancialmente os investimentos de um país a outro, como também o comércio e o turismo internacionais.

Nos dias atuais persistem muitos tipos de intolerância, de preconceito e de racismo. O racismo consiste em enaltecer uma parcela da população, considerada "superior", em detrimento de outra. A ciência, porém, já demonstrou que não existem raças na espécie humana, mas apenas uma raça, com algumas diferenças de cor da pele, altura, tipo de cabelo, etc. O preconceito e a discriminação também atingem migrantes.

▷ Imigrantes venezuelanos em abrigo improvisado em um ginásio em Boa Vista (RR), em 2018.

Durante muitas décadas, países ricos importaram mão de obra barata do norte da África, da América Latina ou da Ásia. Eles procuravam atrair imigrantes para realizar trabalhos menos valorizados, que os nativos não exercem, como lixeiro, engraxate, empregado doméstico, garçom, trabalhador da construção civil, motorista de táxi, manicures, etc., com baixa remuneração.

Todavia, o número de imigrantes ficou maior que a oferta desses empregos, e o desemprego da população nativa aumentou bastante por causa da modernização tecnológica e/ou da ocorrência de alguma crise econômica. Com o aumento nos níveis de desemprego, até mesmo as atividades que eram desvalorizadas passaram a ser almejadas por muitos nativos e, como consequência, os estrangeiros passaram a ser malvistos, pois estariam ocupando empregos que poderiam ser dos nativos.

Há também o receio de perda da identidade nacional ou "estrangeirização", isto é, de estrangeiros tornarem-se a maioria da população em consequência do seu maior crescimento demográfico.

Multiplicaram-se, notadamente na Europa, grupos e movimentos racistas e neonazistas. Esses grupos manifestam-se contra a presença dos imigrantes e defendem a expulsão dos "estrangeiros", considerando-os culpados pelos problemas do país. Em muitos casos, ocorre não somente agressão verbal, mas violência física contra os imigrantes.

Tudo isso levou ao surgimento de partidos políticos de extrema direita, exageradamente nacionalistas e racistas, que advogam em favor da "limpeza étnica". Desde os anos 1990, tais partidos – na Alemanha, Áustria, Suécia, Suíça, Noruega, Finlândia, Hungria, Países Baixos e França – vêm conseguindo apoio às vezes crescente, em alguns casos de mais de 10% do eleitorado. Até algum tempo atrás isso parecia impossível, pois nesses países a democracia está consolidada e a população tem altos níveis educacionais.

▶ **Neonazistas:** partidários do neonazismo, doutrina que se assemelha ao nazismo em alguns aspectos. O nazismo (doutrina e partido político liderado por Hitler, que governou a Alemanha de 1933 a 1945) defendia a superioridade dos brancos europeus, particularmente dos alemães (a chamada "raça ariana") e a inferioridade de negros, ciganos e judeus.

Todas as formas de discriminação são negativas e, em geral, consideradas crimes passíveis de punição. Os principais tipos de preconceito e de discriminação são:

- o **racismo**: preconceito e discriminação em relação à etnia e à cor da pele de alguém;
- o **preconceito social**: aversão e discriminação em relação aos mais pobres;
- a **homofobia**: preconceito ou discriminação em relação aos homossexuais, bissexuais ou transexuais;
- o **sexismo**: preconceito relacionado ao gênero, geralmente às mulheres (neste caso recebe também o nome de machismo);
- a **xenofobia**: aversão em relação a estrangeiros ou a outras culturas.

Manifestantes protestam contra o partido Alternativa para a Alemanha, que prega políticas anti-imigração. No cartaz, "Contra o racismo em Bundestag", em alemão. Foto de 2017.

Texto e ação

1. Em duplas, comentem sobre as consequências do envelhecimento da população mundial, principalmente a do Brasil.

2. Observe as pirâmides etárias da Eslovênia e da Nigéria, na página 27, e responda:

    a) Qual é a diferença de formato entre as duas pirâmides? O que essa diferença indica?

    b) Qual é a faixa de idades onde há maior concentração de pessoas em cada país? Por que se dá essa diferença entre os países?

3. Analise o quadro da página 31. Compare os dados e comente a situação da América Latina.

4. Comente o mapa da página 30 de acordo com o texto a seguir:

    No mundo plano dos mapas, linhas definidas mostram onde um país acaba e outro começa. O mundo real é mais fluido. As pessoas não têm limites como os das áreas geográficas. Elas vazam de um lugar para outro, elas vagam, elas migram.

    Fonte: CARTA CAPITAL. São Paulo, ano XVII, n. 675, p. 108, 7 dez. 2011.

5. Em sua opinião, todas as formas de discriminação são negativas e devem ser consideradas crimes? Converse com os colegas.

Geolink

Leia o texto.

Mudanças na demografia brasileira

Elza Berquó, pioneira nos estudos de demografia no Brasil, foi entrevistada pela revista *Pesquisa Fapesp*, em 2017, aos 92 anos de idade.

Projeção do Instituto Brasileiro de Geografia e Estatística, o IBGE, baseada em dados das Nações Unidas de 2015, indica que o perfil da população do Brasil se aproxima de países desenvolvidos, mais envelhecidos. Seus estudos já não previram isso há muito tempo?

Essa questão foi muito bem estudada por nós, demógrafos. A primeira fase da transição demográfica no Brasil começou mais ou menos nos anos 1940 com o início da queda da mortalidade. A segunda fase se deu entre os anos 1960 e 1970 quando constatamos a queda da fecundidade. [...] Uma das razões para a queda da fecundidade estaria ligada à evolução da seguridade social: as famílias perceberam que não era preciso ter muitos filhos porque no futuro haveria aposentadoria. Outro fator foi o surgimento da pílula anticoncepcional, em 1965. E houve a revolução dos meios de comunicação, principalmente a televisão, que também contribuiu para a queda de fecundidade.

Por quê?

Porque todas as novelas, que sempre tiveram grande audiência, mostravam um modelo de família pequena. Tive a oportunidade de entrevistar vários diretores de novela quando, posteriormente, estudei a influência da TV na queda da fecundidade. [...]

Há mais fatores que ajudaram a explicar a queda de fecundidade dos anos 1960 para cá?

O último é a política de crédito ao consumidor. Quando se tem crédito e aspirações de consumo, é preciso pensar em como ajustar isso com o número de filhos. Esses quatro fatores – seguridade social, anticoncepcional, televisão e crédito [...] não foram previamente pensados para reduzir a fecundidade, mas, de uma forma ou de outra, reduziram. Agora, no século XXI no Brasil, a mulher tem 1,8 filho em média. O que quer dizer que se pode ter dois ou um. [...] As mulheres casam mais tarde ou não casam e vão adiando a reprodução. De repente, o tempo passa e elas não conseguem mais engravidar. Uma coisa é a fecundidade e outra é a fertilidade. A fertilidade é a capacidade de conceber; a fecundidade é a capacidade de, em tendo concebido, gerar um nascido vivo. São conceitos diferentes. Quando a mulher adia muito a reprodução, ela se coloca na parte descendente de uma curva de fertilidade, que vai diminuindo com a idade. Quando jovem, ela é alta. Quando não consegue engravidar, pode usar a reprodução assistida, se tiver recursos. À medida que a fertilidade – e a mortalidade – cai, cada vez teremos menos nascimentos e, portanto, menos jovens. Mas a outra parte da população vai vivendo mais. Como se morre menos e vive-se mais, aumenta o envelhecimento.

Fonte: MARCOLIN, Neldson. Elza Berquó: Marcas do pioneirismo na demografia. *Revista Pesquisa Fapesp*, ed. 262, dez. 2017. Disponível em: <revistapesquisa.fapesp.br/2017/12/28/elza-berquo-marcas-do-pioneirismo-na-demografia/?cat=entrevista>. Acesso em: 23 jul. 2018.

Agora, responda:

a) O texto aponta quatro fatores que contribuíram para a queda das taxas de fecundidade da mulher brasileira. Quais são eles?

b) Segundo o texto, como os meios de comunicação contribuíram para a queda da taxa de natalidade no Brasil?

c) Qual a relação entre política de crédito ao consumidor e diminuição das taxas de fecundidade no Brasil?

d) Em que medida a queda na taxa de fecundidade contribui para o envelhecimento da população?

CONEXÕES COM MATEMÁTICA

1. Observe o gráfico e responda às questões.

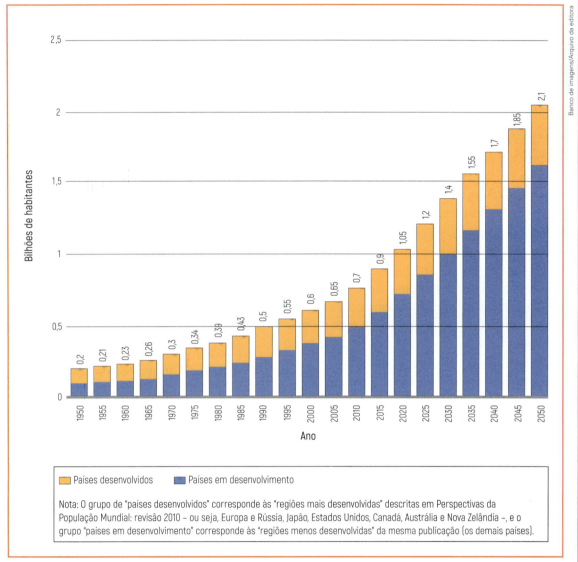

Fonte: UNFPA. *Envelhecimento no século XXI*: celebração e desafio. Nova York: Unfpa, 2012. p. 4. Disponível em: <www.unfpa.org/sites/default/files/pub-pdf/Portuguese-Exec-Summary_0.pdf>. Acesso em: 30 jun. 2018.

a) Segundo a estimativa do gráfico, quantas pessoas haverá no mundo em 2020 com 60 anos ou mais? E em 2025?

b) Sabendo-se que a população mundial foi de 7,3 bilhões em 2015, qual era o percentual de idosos com 60 anos ou mais nessa população total? E qual será o percentual em 2050, quando a população total atingirá os 9,5 bilhões?

2. Converse com os colegas: Até por volta dos anos 1960, cerca da metade da população idosa do mundo encontrava-se nos países desenvolvidos. Depois a situação foi se invertendo e hoje a maior parte está nos países em desenvolvimento. Por que isso ocorreu?

ATIVIDADES

+ Ação

1. Leia o texto e responda às questões.

As migrações podem contribuir positivamente para o futuro da humanidade e para o desenvolvimento econômico e social dos países. O fenômeno das migrações internacionais aponta para a necessidade de repensar-se o mundo não com base na competitividade econômica e o fechamento das fronteiras, mas, sim, na cidadania universal, na solidariedade e nas ações humanitárias. Os países devem adotar políticas que contemplem e integrem o contributo positivo do migrante, vendo, assim, as migrações como um ganho, e não como um problema.

As migrações são berços de inovações e transformações. Elas podem gerar solidariedade ou discriminação; encontros ou choques; acolhimento ou exclusão; diálogo ou fundamentalismo. É dever da comunidade internacional e de cada ser humano fazer com que o "novo" trazido pelos migrantes seja fonte de enriquecimento recíproco na construção de uma cultura de paz e justiça. É esse o caminho para promover e alcançar a cidadania universal.

Fonte: MARINUCCI, Roberto; MILESI, Rosita. Migrações internacionais contemporâneas. Disponível em: <www.migrante.org.br/index.php/refugiados-as2/143-migracoes-internacionais-contemporaneas>. Acesso em: 30 jun. 2018.

a) Qual é a mensagem principal do texto?

b) Comente com os colegas a seguinte frase: "Elas [as migrações internacionais] podem gerar solidariedade ou discriminação; encontros ou choques".

2. Leia o texto e responda às questões.

Como evitar que o terror leve a um aumento da intolerância e da xenofobia?

O atentado terrorista em Barcelona, no dia 17 de agosto [2017], deixou um saldo de 15 mortos e 130 feridos. Reivindicado pelo Estado Islâmico, o ataque trouxe de volta o discurso da luta contra o terrorismo nos países ameaçados ou naqueles que já sentiram em seu território a ação do terror.

O fato, porém, é que, ao mesmo tempo em que cresce a ameaça terrorista, assistimos a um aumento da xenofobia e da intolerância. Para o professor Samuel Feldberg, do Núcleo de Estudos das Diversidades, Intolerâncias e Conflitos da USP, "a xenofobia e a intolerância têm um viés específico, que pode estar ligado às consequências tanto das crises econômicas recorrentes da última década quanto ao fenômeno dos refugiados". Estes, por sua vez, são vítimas da radicalização religiosa e dos conflitos nos países do Terceiro Mundo, especialmente no Oriente Médio e na África.

Não há dúvida, na opinião de Feldberg, de que as democracias ocidentais enfrentam um dilema, representado pela dicotomia entre proteger os seus cidadãos e as liberdades individuais simultaneamente. Por outro lado, "é quase impossível impedir a realização de ataques terroristas". Nos últimos anos, observou-se a intensificação do fenômeno que se tornou conhecido como atuação dos lobos solitários, que "advêm da propagação de determinadas ideias que impregnam determinados grupos", os quais passam a agir movidos por tais ideologias. [...]

Fonte: JORNAL DA USP. Atualidades, São Paulo, 14 set. 2017. Disponível em: <https://jornal.usp.br/atualidades/como-evitar-que-o-terror-leve-a-um-aumento-da-intolerancia-e-da-xenofobia/>. Acesso em: 24 jul. 2018.

a) Segundo o texto, que fator contribui para o crescimento da intolerância e da xenofobia nos países desenvolvidos? Explique por quê.

b) Você acha correto que os refugiados e imigrantes sofram intolerância por conta de ataques terroristas realizados por grupos extremistas? Justifique.

c) Em duplas, comentem esse dilema: como aumentar a segurança, o policiamento, a vigilância sobre possíveis terroristas e, ao mesmo tempo, resguardar as liberdades individuais, como a privacidade, o direito de ir e vir livremente, de expressar seus credos religiosos, etc.?

d) Na sua opinião, qual é o papel da internet e das redes sociais na propagação de ideias extremistas?

Autoavaliação

1. Quais foram as atividades mais fáceis para você? Por quê?
2. Algum ponto deste capítulo não ficou claro? Qual?
3. Você participou das atividades em dupla e em grupo e expressou suas opiniões?
4. Como você avalia sua compreensão dos assuntos tratados neste capítulo?
   - **Excelente**: não tive dificuldade.
   - **Bom**: consegui resolver as dificuldades de forma rápida.
   - **Regular**: tive dificuldade para entender os conceitos e realizar as atividades propostas.

Lendo a imagem

1 ▸ Observe a imagem e faça o que se pede.

Trem transportando passageiros em Dacca (Bangladesh), em 2018.

a) Descreva a imagem.
b) Qual a relação dessa imagem com o tema do capítulo?

2 ▸ Observe a imagem, leia o texto e responda às questões.

A Fundação Pan-Americana para o Desenvolvimento (PADF) é uma ONG que atende imigrantes venezuelanos em Boa Vista (RR). Foto de 2018.

Com a chegada de venezuelanos, população de Boa Vista cresce 10% em um ano

Cidade com a segunda menor população entre as capitais brasileiras, Boa Vista não estava acostumada, até pouco tempo, a cenas comuns das grandes metrópoles. Município pacato de 332 mil habitantes, [...] a capital de Roraima viu essa realidade começar a mudar no ano passado, com a chegada de milhares de venezuelanos que fugiam da crise econômica no país vizinho.

O resultado desse movimento, intensificado em 2018, foi o aumento relâmpago de 10% na população de Boa Vista em apenas um ano. Se os cerca de 40 mil imigrantes que vivem atualmente na capital roraimense formassem uma cidade, ela já seria a segunda maior do Estado.

Sem condições de comportar tal fluxo migratório, Boa Vista não tem conseguido dar tratamento digno aos vizinhos sul-americanos. Com dificuldades para obter um emprego, os venezuelanos passaram a morar em praças públicas sem acesso a banheiros, nem água potável, lotar semáforos pedindo esmola ou vendendo alimentos [...].

Vítimas da falta de alimentos e remédios em seu país, os venezuelanos protagonizam ainda disputa por restos de comida em restaurantes de Boa Vista e lotam hospitais e postos de saúde em busca de tratamento médico. O quadro dramático divide a opinião de moradores da cidade. Parte defende que a fronteira seja fechada [...]. Outros alertam que os estrangeiros estão sendo as maiores vítimas da falta de estrutura já existente nos serviços públicos. [...]

Fonte: CAMBRICOLI, Fabiana. *UOL notícias*, São Paulo, 22 abr. 2018. Disponível em: <https://noticias.uol.com.br/ultimas-noticiasagencia-estado/2018/04/22/a-roraima-dos-venezuelanos.htm>. Acesso em: 23 jul. 2018.

a) Segundo o texto, por que Boa Vista (RR) não consegue oferecer "tratamento digno" aos refugiados venezuelanos?

b) O texto afirma que os moradores de Boa Vista estão divididos: parte não quer que mais venezuelanos entrem no país e parte não concorda com as atuais condições oferecidas aos estrangeiros. Qual é a sua opinião? Justifique sua resposta e compartilhe-a com os colegas.

c) Em situações como essas, em que grandes levas de imigrantes chegam a um país, é importante o papel de ONGs como a da imagem? Por quê?

d) Em duplas, pesquisem ONGs presentes em Roraima que auxiliam refugiados venezuelanos. Tentem descobrir que tipo de ajuda oferecem e como atuam. Compartilhem com os colegas e com o professor.

e) Por que os refugiados venezuelanos vão justamente para Roraima e não para cidades maiores e com mais empregos, como Brasília, São Paulo ou Belo Horizonte? Se necessário, observe um mapa político do Brasil na América do Sul para responder à questão.

CAPÍTULO 2
Pobreza, fome e exclusão social

Charge de Kjell Nilsson-Maki, s.d. Disponível em: <www.cartoonstock.com/cartoonview.asp?catref=knin439>. Acesso em: 16 out. 2018.

Neste capítulo você vai aprofundar seus conhecimentos sobre a pobreza, a fome e a exclusão social, fenômenos interligados e que interferem nas condições de vida dos seres humanos.

O dia 17 de outubro foi instituído pela Organização das Nações Unidas (ONU) como o Dia Internacional de Combate à Pobreza. Nesse dia, em 2011, as Nações Unidas defenderam a criação de um imposto sobre o comércio internacional para financiar o combate à pobreza e os efeitos das alterações climáticas, duas coisas hoje interligadas: as alterações climáticas provocam secas em regiões do globo, como em partes da África, prejudicando a agricultura e, consequentemente, aumentando a fome e a pobreza.

> **Para começar**
>
> Observe a charge e responda às questões.
>
> 1. O que a charge retrata?
> 2. Em sua opinião, quais são as condições mínimas necessárias para um ser humano viver?
> 3. Que ações praticadas pela sociedade resultam em pobreza, fome e exclusão social?

1 O que é pobreza

O conceito de pobreza varia muito de acordo com o tempo e cada sociedade. Vamos começar diferenciando **pobreza absoluta** de **pobreza relativa**.

A pobreza absoluta é uma situação de miséria ou penúria, de carência absoluta. É praticamente igual em todas as épocas e locais. Ocorre quando a pessoa, família ou toda a coletividade não tem as condições mínimas necessárias à sobrevivência: a renda é baixíssima ou inexistente, não há garantia de acesso a água potável, rede de esgotos, escolas, atendimento médico-hospitalar, moradia digna, etc.

A pobreza relativa é a situação de carência em comparação com a de outras pessoas, membros da mesma sociedade. Ocorre quando a pessoa ou a família não tem moradia adequada, os filhos estudam em escolas precárias, o atendimento médico é feito em hospitais igualmente precários, o rendimento é baixo em relação ao poder de compra vigente naquele local, etc. Mas a pobreza relativa não significa miséria ou penúria.

Em 2016, nos Estados Unidos, país com a maior economia do mundo e com uma renda média altíssima, cerca de 40,6 milhões de pessoas (quase 13% da população total) viviam em situação oficial de pobreza. Em geral, trata-se de uma pobreza relativa, e não absoluta. A definição de pobreza para o governo dos Estados Unidos é: todo indivíduo com rendimento anual inferior a 12 228 dólares (cerca de 47,2 mil reais por ano, ou 3,9 mil reais por mês, levando-se em conta a cotação do dólar em julho de 2018), ou toda família com quatro membros com rendimentos inferiores a 24 563 dólares (cerca de 94,8 mil reais por ano, ou 7,9 mil reais por mês).

Em outros países, como Haiti, Bolívia, Níger, Guiana ou Nicarágua, quem ganha 1 mil ou 2 mil dólares ao mês é considerado rico; mesmo nos países emergentes, que se industrializaram, caso da China ou da Índia, pessoas com esse rendimento seriam consideradas de classe média. Isso quer dizer que uma pessoa considerada pobre, em termos relativos, em países como Estados Unidos, Suíça ou Japão, vive em melhores condições do que alguém que não se encontra em situação de pobreza na Nigéria, em Bangladesh ou no Paquistão.

No Brasil, um rendimento de cerca de 3 mil reais por mês coloca uma pessoa ou família de quatro pessoas na faixa da classe média, segundo a classificação adotada desde 2011 pelo governo federal – e que até o final de 2018 ainda não havia sido alterada.

Vista de um bairro considerado pobre em Nova Orleans, no estado da Louisiana, nos Estados Unidos. Foto de 2017.

Linha internacional da pobreza

Por causa da dificuldade de comparação da pobreza nos países, já que o custo de vida em cada sociedade é distinto, os estudiosos estabeleceram uma diferenciação entre a linha **internacional** da pobreza e as linhas **nacionais** da pobreza.

A linha internacional da pobreza, índice adotado pelas organizações internacionais, representa a situação de pessoas, em qualquer local do mundo, vivendo com no máximo 1,25 dólar ao dia. Em 2015, certos órgãos e programas da ONU passaram a adotar o critério de 1,9 dólar PPC ao dia, o chamado "dólar internacional", que leva em conta o custo de vida em cada país – daí a expressão Paridade de Poder de Compra (PPC).

Usando esse novo critério, as estatísticas de organismos da ONU, como o Banco Mundial, mostram que, em 2017, existiam no mundo 639,4 milhões de pessoas vivendo abaixo da linha internacional da pobreza, o equivalente a 8,6% da população mundial. Porém, em alguns países essa proporção chega a mais de 50% da população.

É possível perceber pelo mapa abaixo que a maioria da população que vive em estado de pobreza absoluta está na África. Vários países no norte da África, no Oriente Médio e no norte da América do Sul têm altos índices de pobreza, mas, devido a crises econômicas, problemas políticos ou conflitos armados, não forneceram dados sobre o assunto nesse ano. Em geral, os índices de pobreza absoluta vêm diminuindo no mundo desde pelo menos 1990.

A pobreza absoluta é definida como aquela em que se vive com até 1,9 dólar PPC ao dia.

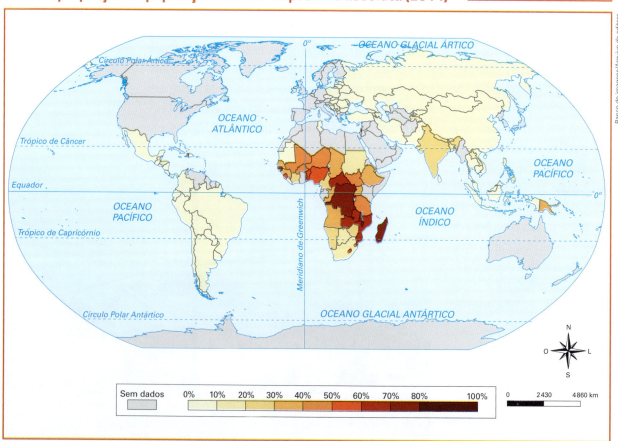

Mundo: proporção da população vivendo na pobreza absoluta (2014)

Fonte: elaborado com base em ROSER, Max; ORTIZ-OSPINA, Esteban. *Global Extreme Poverty*, 27 mar. 2017. Disponível em: <https://ourworldindata.org/extreme-poverty>. Acesso em: 10 ago. 2018.

Linha nacional da pobreza

A linha nacional da pobreza **varia** muito de um país para outro. Você já deve ter percebido que o critério utilizado nos Estados Unidos para definir quem é pobre, por exemplo, não serve para quem vive em outros países. No Reino Unido, o critério utilizado para definir a linha nacional da pobreza é um rendimento de até 12 mil libras esterlinas ao ano, algo como 19 800 dólares anuais, ou 1 650 dólares ao mês. Na China, o governo, em 2015, fixou em 2 300 yuan por ano ou 6,3 yuan por dia (cerca de 337 dólares ao ano, ou 0,92 dólar ao dia pelo câmbio desse ano). No Brasil, o governo federal definiu, em 2011, como estando abaixo da linha nacional da pobreza as pessoas que ganham no máximo 70 reais por mês, mais ou menos 1,25 dólar ao dia pelo câmbio da época. Vale ressaltar que, em julho de 2018, por causa da desvalorização do real, esse montante equivalia a bem menos que 1 dólar ao dia.

Bairro considerado pobre em Buenos Aires (Argentina), em 2017.

Texto e ação

1. Defina o que é pobreza com suas palavras.
2. Qual é a diferença entre pobreza absoluta e pobreza relativa?
3. Observe o mapa da página 40 e responda:
   a) Em que partes do mundo há a maior concentração de pobreza? E a menor?
   b) É possível dizer que o Brasil possui muitas ou poucas pessoas em situação de pobreza absoluta em relação aos países do subcontinente sul-americano?
   c) Cite dois países com 50% ou mais de sua população vivendo em situação de pobreza absoluta.
4. Pode-se afirmar que a linha nacional de pobreza varia de país para país? Explique.

2 Causas da pobreza

Na história da humanidade, sempre houve pobreza, tanto absoluta como relativa. As causas para a pobreza são muito variadas; elas variam tanto no **tempo** (época) como no **espaço** (localização). No passado, ela existiu em decorrência da falta de conhecimento e do escasso nível tecnológico, que resultavam em baixa produtividade na agricultura, a principal atividade da humanidade durante milênios.

A pobreza também podia ser resultado de características do **ambiente** ou de catástrofes naturais: clima muito frio – com os solos congelados – ou muito árido – com carência de água – impossibilitavam ou dificultavam a agricultura; desastres naturais, como terremotos, inundações e pragas, arruinavam os cultivos; epidemias de doenças, como a malária ou a peste, reduziam a capacidade produtiva de determinada sociedade.

As frequentes **guerras** e conflitos armados que sempre ocorreram na história da humanidade, como regra geral, aumentam a fome e a pobreza de boa parte da população. Houve ainda a **colonização**, que provocou a submissão de um povo, dominado por um Estado mais poderoso. Essa situação quase sempre foi acompanhada pela pobreza de enormes camadas da população, pois as riquezas produzidas na colônia, como minérios, ouro ou prata, diamantes, carvão ou petróleo, produtos agrícolas mais valorizados, etc., eram destinadas ao abastecimento da metrópole, e não da população local.

A pobreza no século XXI

Em pleno século XXI, não haveria muitos motivos, ao menos em teoria, para que pessoas passassem fome ou vivessem em pobreza extrema. Afinal, mais do que no passado, hoje existe diálogo entre os governos para se evitarem guerras, embora elas ainda ocorram; o conhecimento sobre como aumentar a produtividade do trabalho e da terra pode estar ao alcance de todos; existe uma ampla rede internacional de ajuda às nações atingidas por catástrofes naturais ou por conflitos armados; a maioria dos Estados nacionais, além das organizações internacionais, já não aceita a dominação colonial sobre uma nação; há um programa da ONU de combate à pobreza e à fome no mundo; entre outros. Mas tanto a fome como a pobreza relativa e a pobreza absoluta ainda existem por vários motivos.

Entre esses motivos estão os conflitos armados (guerras civis ou guerrilhas, grupos terroristas que se apropriam de uma parte do território de algum país) e as catástrofes naturais (terremotos, seca e inundações). Esses problemas atingiram recentemente países como o Haiti, Síria, Sudão, Sudão do Sul, Somália, Iêmen e outros. Em geral há ajuda internacional, mas ela nem sempre é suficiente e, quando o problema é guerra ou conflito armado, essa ajuda não consegue chegar até os locais onde ainda há combates. Outro motivo é o fraco desempenho de algumas economias nacionais, com geração de empregos num ritmo inferior ao do crescimento demográfico, ou a eclosão de crises econômicas, que provocam o fechamento de muitas empresas, aumentando a taxa de **desemprego** entre a população. As pessoas que permanecem por grande período de tempo desempregadas mais cedo ou mais tarde vão engrossar as estatísticas da pobreza.

Um outro fator que influi sobre a pobreza é a **má distribuição da renda**. Vários estudos mostram que existe uma correlação entre maior concentração da renda e a

 De olho na tela

Josué de Castro: cidadão do mundo. Direção: Silvio Tendler. Brasil, 1994.

Documentário que retrata a vida e a obra do médico e geógrafo Josué de Castro, pioneiro no combate à fome no Brasil e no mundo. Desde os anos 1940, Josué de Castro realizou pesquisas, escreveu livros sobre a fome e apresentou proposta de ações de incentivo à agricultura familiar e à criação dos restaurantes populares.

existência da pobreza. Os países onde há maior pobreza geralmente são também países com grandes desigualdades sociais, em que, ao lado de milhões de pobres, existem minorias extremamente ricas.

Campo de refugiados sudaneses em Arua, na Uganda, em 2017. A guerra civil no sul do Sudão levou mais de 1,5 milhão de pessoas a buscar refúgio em outros países.

O recente aumento da pobreza relativa nos Estados Unidos revela um exemplo dessa relação entre desigualdade e pobreza. Estatísticas oficiais daquele país apontavam a existência de 32,5 milhões de pobres em 2000 e, segundo estimativas de 2016, havia 40,6 milhões de estadunidenses nessa condição. Além da estagnação econômica e do aumento no desemprego, isso se deveu também ao resultado de políticas do governo George W. Bush (2001-2009), que ampliou a concentração da renda nacional: houve diminuição dos impostos pagos pelas pessoas mais ricas e por grandes empresas, ao lado da permanência dos impostos pagos pelo restante da população. Além disso, houve um corte dos investimentos na área social. Assim, na primeira década deste século, cerca de 1% da população estadunidense mais rica triplicou seu patrimônio, enquanto o nível de renda dos 60% mais pobres praticamente permaneceu estagnado.

Países como o Brasil ou o México, ambos com rendas *per capita* já superiores a 10 mil dólares, têm um grande número de pessoas vivendo em situação de pobreza relativa e absoluta, também por causa da péssima distribuição social da renda nacional.

Por fim, ainda há dois fatores que ocasionam a pobreza: a **corrupção**, que desvia recursos que poderiam ser investidos em geração de empregos ou em escolas, hospitais, entre outros, e a **exclusão** de parte da população, que não tem acesso a educação, saúde, trabalho bem remunerado e um meio ambiente sadio.

Texto e ação

1. Quais são as causas da pobreza na história da humanidade?
2. Comente as causas da permanência da pobreza no século XXI.
3. Mencione uma consequência da concentração de renda no Brasil.

Geolink

Leia o texto.

Corrupção prejudica o combate à pobreza

A corrupção pode ser um entrave maior do que uma crise econômica quando o assunto é combater a pobreza no mundo. A avaliação é de Selim Jahan, diretor do Grupo de Redução da Pobreza do Programa das Nações Unidas para o Desenvolvimento (Pnud), sediado em Nova York, nos Estados Unidos.

O diretor reconhece que a crise econômica vivida pelos Estados Unidos e pela Europa afeta o trabalho de diminuição do número de pobres no mundo porque diversas nações dependem da ajuda externa vinda de países mais ricos para combater a pobreza, principalmente os da África. Ele alerta que a corrupção também tem impacto negativo, porque o dinheiro a ser usado é perdido.

"Pode-se dizer que sim [que a corrupção pode ser pior que a falta de dinheiro]. Quando você tem falta de dinheiro, você não tem dinheiro. Quando você tem corrupção, você tem dinheiro, mas o perde", disse Jahan, em entrevista exclusiva à Agência Brasil, durante sua passagem pelo país para participar de reuniões no Centro Internacional de Políticas para o Crescimento Inclusivo (IPC-IG), uma parceria do Pnud com o governo brasileiro. [...]

Selim Jahan destaca que há conhecimento de que a corrupção está instalada dentro do Poder Público de países pobres e emergentes. As Nações Unidas têm estimulado essas nações a usar mecanismos para dar transparência aos gastos governamentais. Ele cita uma experiência na Índia em que gestores locais colocam em um mural público quanto dinheiro há disponível e o montante gasto.

Segundo Jahan, diminuir a burocracia também contribui para evitar a corrupção. "Em algumas sociedades, a corrupção é institucionalizada. Isso ocorre por muitas razões. Uma delas é que, às vezes, existem muitas regras. Se você é o responsável por essas regras, você sempre pode usá-las para conseguir dinheiro dos outros. Se você simplifica essas regras e dá transparência aos gastos, você pode reduzir a corrupção", explicou. [...]

Fonte: PIMENTEL, Carolina. Corrupção pode ser mais prejudicial ao combate à pobreza do que crise econômica, diz diretor do Pnud. Disponível em: <www.administradores.com.br/noticias/cotidiano/corrupcao-pode-ser-mais-prejudicial-ao-combate-a-pobreza-do-que-crise-economica-diz-diretor-do-pnud/48256>. Acesso em: 5 jul. 2018.

Agora, responda:

1. Por que a corrupção atrapalha o combate à pobreza?
2. Você já viu, leu ou ouviu, em algum meio de comunicação, reportagens sobre corrupção? Como esse termo foi tratado na mídia? Em que contexto foram disponibilizadas as informações?
3. Por que o excesso de burocracia tende a favorecer a corrupção?
4. Qual a proposta que o texto menciona para se diminuir a corrupção?
5. A partir da leitura do texto e dos seus conhecimentos, qual ou quais medidas a população poderia tomar para diminuir a corrupção?

Pessoas protestam contra a corrupção em Nairóbi, no Quênia, em 2016. Em um dos cartazes ao centro, lê-se: Combata a corrupção. Construa o Quênia.

3 Pobreza e fome

Combater a pobreza significa, antes de qualquer coisa, erradicar a fome do mundo. Pobreza e fome são problemas interligados que atingem a humanidade há milênios, sendo responsáveis pelo desaparecimento de inúmeros povos ou grupos sociais no transcorrer da História. É muito comum a adoção de medidas paliativas quando a população mais carente consegue se manifestar e reivindicar o mínimo para sobreviver. Na Europa, o medo das frequentes "revoltas da fome" levou as autoridades a estabelecer a distribuição gratuita de pão, uma medida que se estendeu da Idade Média até o final do século XIX. Essa medida, assim como outras ações semelhantes, pode ser considerada paliativa, porque torna os famintos dependentes da ajuda e não resolve definitivamente o problema, que só seria equacionado com uma mudança econômica e social no sentido de criar empregos dignos, aumentar a remuneração e qualificação dos trabalhadores, enfim, equilibrar melhor a distribuição de terras e da renda nacional.

> **Paliativo:** algo que ameniza um problema temporariamente; melhora momentaneamente uma situação, mas não a resolve.

Distribuição de pão durante a Idade Média. *The Works of Mercy* (Os trabalhos de misericórdia), de David Teniers, o Jovem, século XVI. (óleo sobre tela, 57 cm × 77 cm).

Observe no mapa abaixo, o percentual da população com carência alimentar por país, problema que afligia 815 milhões de pessoas no mundo em 2016.

Fome, também conhecida como fome aberta ou crônica, ou desnutrição, é o consumo insuficiente de nutrientes, ou seja, ocorre quando a alimentação habitual de uma pessoa não é suficiente para a manutenção do organismo e para o desempenho de suas atividades cotidianas. É a causa de óbito de uma em cada três crianças do mundo que não chegam a um ano de idade.

A malnutrição, por sua vez, inclui a fome e também as pessoas que, mesmo consumindo a quantidade necessária de calorias por dia (ou até mais), ingerem alimentos de forma inadequada, apresentando carência de alguns nutrientes ou vitaminas de que o organismo necessita. A obesidade, por exemplo, normalmente é uma forma de malnutrição, mas não é uma situação de fome. O mapa assinala ainda que uma das metas estipuladas pela comunidade internacional – na verdade, pela Organização das Nações Unidas para a Alimentação e a Agricultura (FAO) – é acabar com a fome ou carência alimentar até 2030.

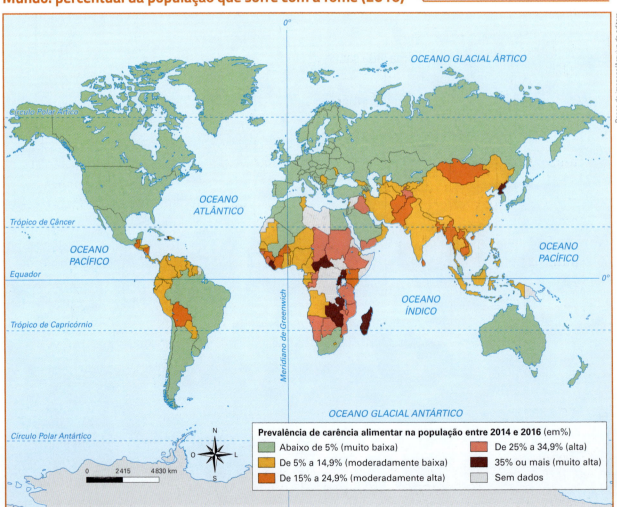

Mundo: percentual da população que sofre com a fome (2016)

Fonte: elaborado com base em WORLD Food Programme. 2017: Hunger Map.
Disponível em: <www.wfp.org/content/2017-hunger-map>. Acesso em: 10 ago. 2018.

Texto e ação

1. Na Europa da Idade Média, o que levou as autoridades a distribuir gratuitamente pão para a população? Você acha que medidas como essa podem resolver o problema da pobreza e da fome? Justifique.

2. O que você entende por medida paliativa de combate à fome ou à pobreza?

3. Nas últimas décadas, centenas de milhares de pessoas migraram para outros países. Converse com os colegas: Esse fluxo de refugiados ocorreu como resultado de várias guerras civis e intensas guerrilhas, além do domínio de regiões por grupos terroristas. Você pensa que esse fato agrava a pobreza e a fome no mundo? Por quê?

4. Observe o mapa *Mundo: percentual da população que sofre com a fome (2016)*, na página 46, e responda:

    a) Onde se concentra a maior parte dos países nos quais os índices de fome são mais elevados?

    b) Qual é a situação do Brasil? Compare essa situação com os demais países sul-americanos.

5. Leia o texto e responda às questões.

> As últimas décadas foram de grande evolução no combate à fome em escala global. Nos últimos 25 anos, 7,7% da população mundial superou o problema, o que representa 216 milhões de pessoas. É como se mais que toda a população brasileira saísse da subnutrição em menos de três décadas. Contudo, 10,8% do mundo ainda vive sem acesso a uma dieta que forneça o mínimo de calorias e nutrientes necessários para uma vida saudável, e 21 mil pessoas morrem diariamente por fome ou problemas derivados dela. [...]
>
> A produção mundial de alimentos é largamente superior à demanda, mas acaba sendo, em grande parte, desperdiçada. [...] Contudo, de acordo com a FAO, um terço de toda a comida produzida anualmente (em torno de 1,3 bilhão de toneladas) não é consumida. De tudo o que é jogado fora, apenas 25% já seria suficiente para abastecer a população com fome. [...] Se o cálculo for feito *per capita*, a diferença é latente: segundo a FAO, europeus e norte-americanos jogam, por pessoa, de 95 a 115 quilos de comida no lixo todo ano. Na África subsaariana e no Sul e Sudeste Asiático, a média por pessoa é de apenas seis a 11 quilos. A forma como essa comida é descartada também apresenta profundas diferenças. Mais de 40% dos casos nos países ricos entram na categoria de desperdício, ou seja, o alimento estava em perfeitas condições quando foi descartado. Já em países mais pobres, isso acontece em menos de 5% dos casos. Os números mostram, portanto, que países ricos têm maior tendência a jogar comida fora, mesmo estando em perfeitas condições de uso, e convivem com poucas perdas. Já nos mais pobres ocorre o inverso, muita comida vai pro lixo por problemas ao longo do sistema de produção e transporte, mas as pessoas aproveitam quase todo o alimento que chegam até elas.
>
> Fonte: IANDOLI, Rafael. Mundo produz comida suficiente, mas fome ainda é realidade. *Nexo Jornal*. Disponível em: <www.nexojornal.com.br/explicado/2016/09/02/Mundo-produz-comida-suficiente-mas-fome-ainda-%C3%A9-uma-realidade>. Acesso em: 14 ago. 2018.

   a) Qual é, segundo o texto, uma causa importante para a existência da fome no mundo atual?

   b) Quais são as diferenças no desperdício de comida entre os países ricos e aqueles onde há maior incidência de fome? Explique.

   c) Em duplas, respondam: Há algum fator importante e não mencionado no texto para explicar por que a produção de alimentos é maior que a necessidade de toda a população mundial e, apesar disso, 10,8% dessa população ainda está em situação de fome?

4 Pobreza e exclusão social

Sabemos que as condições de vida de uma população dependem de uma distribuição de renda equilibrada. Quando há concentração de renda nas mãos de uma minoria da população, a maioria de seus habitantes é privada de certos direitos de cidadania, o que caracteriza uma situação de exclusão. A falta de acesso a uma educação adequada, a um trabalho digno ou a um atendimento médico de qualidade, entre outros, são exemplos de exclusão social. Pobreza e exclusão social são fenômenos interdependentes, já que uma situação de pobreza quase sempre gera uma situação de exclusão e também o contrário pode ocorrer.

Outro tipo de exclusão que pode ocorrer nas sociedades é a de pessoas com algum tipo de deficiência — como os cadeirantes ou pessoas com dificuldades de locomoção, os deficientes visuais ou auditivos, etc. A falta de adaptações ou equipamentos especiais nas vias e locais públicos dificulta o acesso dessas pessoas ao trabalho, à escola, etc. Por isso, fala-se muito hoje em dia em inclusão social, que seria possibilitar a essas pessoas ingressar no mercado de trabalho ou no sistema escolar, além de desfrutar da cultura e do lazer, com adaptações das instalações de teatros, cinemas, parques ou bibliotecas, por exemplo.

As imagens retratam a dificuldade de deslocamento autônomo de pessoas com deficiência visual no município de São Paulo (SP), em 2016 (imagem A), e em Miami, Estados Unidos, em 2017 (imagem B). A falta de pisos direcionais e a obstrução de calçadas dificultam a vida dessas pessoas.

Texto e ação

1 ▸ Na sua opinião, que fatores levam à exclusão social?

2 ▸ Você conhece alguma política de inclusão social no município onde mora, no Brasil ou no mundo? Qual ou quais? Converse com os colegas.

> **Geolink**

Leia o texto.

O que é acessibilidade e respeito aos deficientes?

Respeitar os deficientes é reconhecer que eles possuem os mesmos direitos que nós aos bens da sociedade, como, por exemplo:

- os cegos poderem navegar na internet utilizando programas especiais para deficientes visuais ou terem acesso à cultura por meio de livros escritos em Braille (a escrita para cegos);
- os surdos assistirem TV com a ajuda de legendas ou de um intérprete de Libras (a língua dos surdos);
- os deficientes físicos poderem ter acesso aos locais públicos graças a portas largas e rampas que permitam o trânsito de suas cadeiras de roda, ou pela garantia de encontrarem vagas em estacionamentos próximas da entrada dos prédios;
- escolas inclusivas onde os deficientes possam estudar nas salas de aula regulares com os demais alunos sem serem discriminados.

Alunas chegando em escola em São Caetano do Sul (SP), em 2018.

Enfim, respeitar os deficientes é ter toda uma série de cuidados para que eles não sejam excluídos do nosso convívio, e a acessibilidade faz parte desse respeito que devemos ter para com eles. Ela significa: dar, a essas pessoas, o acesso aos mesmos bens e serviços disponíveis para os demais cidadãos.

Os deficientes têm os mesmos direitos que nós, e isso está na lei, não é um favor que lhes fazemos. É nosso dever respeitá-los. São brasileiros que também precisam ter acesso às escolas, universidades, ao mercado de trabalho, ao lazer e à cultura, aos locais de culto, edifícios residenciais, comerciais e públicos, e cabe ao Estado providenciar os mecanismos de inserção dessas pessoas na sociedade.

Para isso o Congresso já aprovou uma legislação que protege os deficientes. O Presidente da República expediu o Decreto n. 5.296/2004, que regulamenta as Leis 10.048/2000 e 10.098/2000. A primeira dá prioridade de atendimento às pessoas com deficiência e mobilidade reduzida, e a segunda estabelece normas e critérios para a promoção da acessibilidade delas. [...]

O Ministério Público Federal, por meio da Procuradoria Federal dos Direitos do Cidadão, atua para que essas leis sejam cumpridas e, para isso, conta, em todo o país, com vários procuradores regionais dos Direitos do Cidadão. Eles fiscalizam se as leis que protegem os deficientes estão sendo cumpridas e podem receber denúncias da sociedade sobre os casos de irregularidades. [...]

Fonte: MINISTÉRIO Público Federal. Turminha do MPF – Viva a diferença. Disponível em: <www.turminha.mpf.mp.br/viva-a-diferenca/acessibilidade/o-que-e-acessibilidade-e-respeito-aos-deficientes-1>. Acesso em: 5 jul. 2018.

Agora, responda às questões.

1. Qual é a mensagem do texto sobre o tema exclusão social?
2. A exclusão é uma situação ligada somente à pobreza? Justifique sua resposta.
3. Atualmente há leis e medidas práticas favoráveis às pessoas com deficiência em quase todos os países do mundo, inclusive no Brasil, como a citada Lei n. 10.098 de 2000. Você acha que antes dessas leis as pessoas com deficiência eram de alguma forma excluídas dos espaços públicos? Por quê? Após as leis e medidas práticas (como adaptações em vias, parques, locais públicos, etc.), a exclusão acabou totalmente? Por quê?
4. Na escola em que você estuda, os acessos são adaptados para pessoas com deficiência? Quais facilidades e dificuldades você observa nesse espaço para pessoas com algum tipo de deficiência? Converse com os colegas.

A exclusão digital é outra forma de exclusão. Atualmente, há países em que a maior parte da população não tem acesso à internet. No mapa abaixo, cujos dados são de 2016, as cores mais claras indicam os países em que a população acessa pouco a internet – e, consequentemente, observa-se maior exclusão – e as cores mais escuras indicam um cenário em que mais de 62,3% da população tem acesso à rede mundial de computadores.

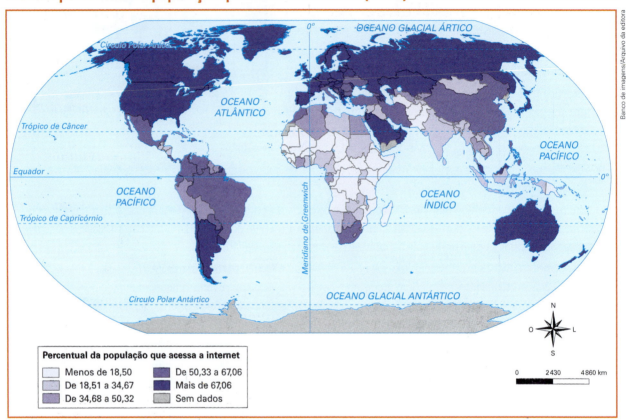

Fonte: elaborado com base em WORLD Bank. Disponível em: <https://data.worldbank.org/indicator/IT.NET.USER.ZS?type=shaded&view=map&year=2016>. Acesso em: 1º ago. 2018.

Texto e ação

1. Observe o mapa desta página e faça o que se pede.

    a) Do ponto de vista de indivíduos acessando a internet, em qual região há maior exclusão digital? Como você chegou a essa conclusão?

    b) É possível dizer que o continente americano tem amplo acesso à internet? Por quê?

    c) Pesquise em jornais, revistas ou na internet qual é a unidade da federação do Brasil com maior percentual de domicílios com acesso à internet. Aponte também qual é a unidade com menor percentual.

2. Pesquise em jornais, revistas ou na internet quais medidas poderiam ser tomadas para diminuir a exclusão digital.

CONEXÕES COM A ARTE E HISTÓRIA

1. Observe a imagem e depois faça o que se pede.

Criança morta, de Candido Portinari (1903-1962), faz parte da série de telas que o pintor criou em 1944-1945 sobre os retirantes nordestinos. Na época, por causa das secas e da pobreza no Sertão ou da pobreza e expulsão da mão de obra na Zona da Mata, centenas de milhares de nordestinos migraram para o centro-sul do país.

Esse quadro de Portinari é tido como o mais dramático da série: observam-se uma criança morta (no centro da tela) e sua família, o tom terroso na parte inferior, as lágrimas das pessoas que choram, desenhadas maiores do que são de forma proposital, além do aspecto quase cadavérico das figuras humanas. O autor dizia que o quadro expressa uma denúncia da miséria dos retirantes nordestinos, por isso teve forte repercussão.

Devemos lembrar que o Brasil vivia um regime ditatorial (o Estado Novo). O governo apregoava o patriotismo e tentava fazer crer que não havia grandes problemas sociais no país, que a harmonia de seu povo e as imensas riquezas naturais trariam um futuro grandioso ao Brasil. Certa vez, perguntaram ao artista por que retratava tanta miséria e ele respondeu que o fazia porque, olhando a realidade, o que via era só miséria e desolação.

Criança morta, de Candido Portinari, 1944 (óleo sobre tela, dimensões: 180 cm × 190 cm).

a) Descreva a paisagem retratada na tela.

b) Que impressão a tela provoca em você?

c) Qual a relação dessa pintura com o que você estudou neste capítulo?

d) Você acha que um obra de arte, como uma pintura, pode expressar ideias e sentimentos? Justifique.

e) Ao longo da história da humanidade, muitas famílias sofreram situações de pobreza e exclusão e agiram na tentativa de melhorar sua situação. Exemplifique

2. Pesquise em livros, jornais e na internet e responda:

a) O que foi o Estado Novo e qual era a imagem do Brasil propagandeada pelo governo da época?

b) Qual foi a principal mudança econômica ocorrida no país durante esse período?

c) Atualmente, há tanta miséria e desolação em alguma região do Brasil como nos anos 1940? Quais foram as medidas tomadas pelos governos do país para atenuar essa situação?

ATIVIDADES

- Leia a notícia sobre a questão da pobreza no Brasil, observe o mapa e responda às questões.

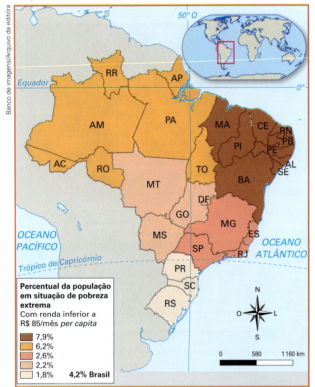

Fonte: elaborado com base em: IBGE. Um quarto da população vive com menos de R$ 387 por mês. Disponível em: <https://agenciadenoticias.ibge.gov.br/agencia-noticias/2012-agencia-de-noticias/noticias/18825-um-quarto-da-populacao-vive-com-menos-de-r-387-por-mes>. Acesso em: 9 ago. 2018.

Cerca de 50 milhões de brasileiros, o equivalente a 25,4% da população, vivem na linha de pobreza e têm renda familiar equivalente a R$ 387,07 – ou US$ 5,5 por dia, valor adotado pelo Banco Mundial para definir se uma pessoa é pobre. Os dados foram divulgados hoje (15/12/2017), no Rio de Janeiro, pelo Instituto Brasileiro de Geografia e Estatística (IBGE) e fazem parte da pesquisa Síntese de Indicadores Sociais 2017 – SIS 2017. Ela indica, ainda, que o maior índice de pobreza se dá na Região Nordeste do país, onde 43,5% da população se enquadram nessa situação e, a menor, no Sul: 12,3%. A situação é ainda mais grave se levadas em conta as estatísticas do IBGE envolvendo crianças de 0 a 14 anos de idade. No país, 42% das crianças nesta faixa etária se enquadram nestas condições e sobrevivem com apenas US$ 5,5 por dia.

A pesquisa de indicadores sociais revela uma realidade: o Brasil é um país profundamente desigual e a desigualdade gritante se dá em todos os níveis. Seja por diferentes regiões do país, por gênero – as mulheres ganham, em geral, bem menos que os homens mesmo exercendo as mesmas funções –, por raça e cor: os trabalhadores pretos ou pardos respondem pelo maior número de desempregados, têm menor escolaridade [...].

Quando se avalia os níveis de pobreza no país por estados e capitais, ganham destaque – sob o ponto de vista negativo – as Regiões Norte e Nordeste com os maiores valores sendo observados no Maranhão (52,4% da população), Amazonas (49,2%) e Alagoas (47,4%). [...] Ainda utilizando os parâmetros estabelecidos pelo Banco Mundial, chega-se à constatação de que, no mundo, 50% dos pobres têm até 18 anos, com a pobreza monetária atingindo mais fortemente crianças e jovens – 17,8 milhões de crianças e adolescentes de 0 a 14 anos, ou 42 em cada 100 crianças.

Fonte: AGÊNCIA Brasil – IBGE: 50 milhões de brasileiros vivem na linha de pobreza. Disponível em: <http://agenciabrasil.ebc.com.br/economia/noticia/2017-12/ibge-brasil-tem-14-de-sua-populacao-vivendo-na-linha-de-pobreza>. Acesso em: 9 ago. 2018.

a) Levando-se em conta as desigualdades regionais do país, onde se concentra a maioria das pessoas vivendo em pobreza e em extrema pobreza?

b) As desigualdades de renda no Brasil ocorrem apenas em relação às regiões ou também por outros fatores?

c) O texto aponta que a pobreza atinge mais fortemente crianças e adolescentes. Na sua opinião, quais seriam as causas disso e quais são as vulnerabilidades sociais para essas crianças que vivem em situação de pobreza ou extrema pobreza?

Autoavaliação

1. Quais foram as atividades mais fáceis para você? Por quê?
2. Algum ponto deste capítulo não ficou claro? Qual?
3. Você participou das atividades em dupla e em grupo e expressou suas opiniões?
4. Como você avalia sua compreensão dos assuntos tratados neste capítulo?
   » **Excelente**: não tive dificuldade.
   » **Bom**: consegui resolver as dificuldades de forma rápida.
   » **Regular**: tive dificuldade para entender os conceitos e realizar as atividades propostas.

> **Lendo a imagem**

1 ▸ A Organização das Nações Unidas para a Alimentação e a Agricultura (FAO) lançou, em 1981, o dia 16 de outubro como o Dia Mundial da Alimentação.

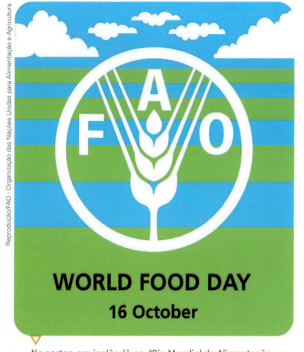

No cartaz, em inglês, lê-se: "Dia Mundial da Alimentação, 16 de outubro".

Leia alguns temas definidos para comemorar esse dia:

1981: "O ALIMENTO ANTES DE TUDO"

2001: "LUTAR CONTRA A FOME PARA REDUZIR A POBREZA"

2011: "O PREÇO DOS ALIMENTOS – DA CRISE À ESTABILIDADE"

Use a criatividade e crie um tema e um logotipo para comemorar o Dia Mundial da Alimentação no ano vigente.

2 ▸ Observe a charge e faça o que se pede.

a) Qual é a ironia da charge?

b) Se você fosse chargista, como criticaria a pobreza no Brasil? Faça sua representação em uma folha avulsa e apresente aos colegas da turma.

◁ Charge de Cícero, s.d.

ATIVIDADES 53

CAPÍTULO 3
Desigualdades internacionais

Distribuição do PIB mundial (em dólares) (1982)

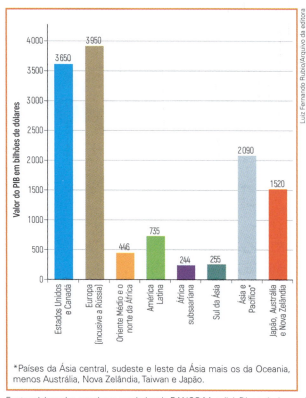

*Países da Ásia central, sudeste e leste da Ásia mais os da Oceania, menos Austrália, Nova Zelândia, Taiwan e Japão.

Distribuição do PIB mundial (em dólares) (2017)

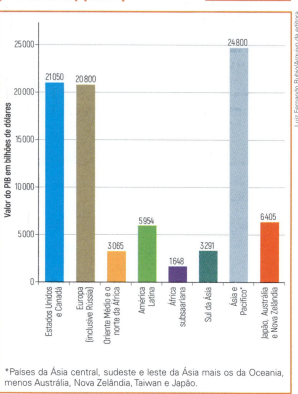

*Países da Ásia central, sudeste e leste da Ásia mais os da Oceania, menos Austrália, Nova Zelândia, Taiwan e Japão.

Fonte: elaborados com base em dados do BANCO Mundial. Disponível em: <https://data.worldbank.org/indicator/NY.GDP.MKTP.CD?view=chart> e <https://data.worldbank.org/indicator/SP.POP.TOTL?view=chart>. Acesso em: 24 jul. 2018.

Os gráficos acima apresentam dados sobre o Produto Interno Bruto (PIB) de diferentes regiões do planeta. Por meio deles podemos medir a distribuição da riqueza no mundo.

Neste capítulo, você vai entender quando e por que as desigualdades entre os países e regiões do globo se ampliaram. Verá como essas desigualdades eram percebidas historicamente e que o início da Revolução Industrial torna evidente o papel da industrialização no aumento da diferença econômica e social entre um grupo de países e o restante do mundo. Além disso, você perceberá os diferentes estágios nos quais se encontram os diversos países em relação a sua capacidade industrial e o que isso representa na definição de um país como desenvolvido ou subdesenvolvido.

▶ Para começar

Observe os gráficos e responda às questões.

1. A partir dos dados do gráfico de 2017, é possível afirmar que existem grandes desigualdades internacionais? Justifique.

2. As desigualdades internacionais, em geral, aumentaram ou diminuíram nesse período de 35 anos? Explique.

1 Origem das disparidades econômicas

Você já ouviu expressões como "países ricos", "países desenvolvidos" ou "Norte geoeconômico"? Elas foram, e ainda são, utilizadas para se referir aos países cuja população tem elevado padrão de vida, caso da Noruega, da Dinamarca, do Japão, dos Estados Unidos, do Canadá, entre outros. Mas também há países cuja população tem baixo padrão médio de vida, como Quênia, Bangladesh, Mongólia, Haiti, Nepal. Eles receberam (e ainda recebem por algumas regionalizações) a denominação "países subdesenvolvidos" ou "Sul geoeconômico". Por fim, existem países em situação intermediária, como o Brasil, o México ou a Turquia, entre outros.

As disparidades de desenvolvimento entre as nações se acentuaram a partir do século XVIII, quando se iniciou a **Revolução Industrial** na Europa ocidental. Em poucas décadas, alguns países tomaram a dianteira e se consolidaram com um grau de desenvolvimento industrial e econômico em comparação aos demais.

Observe o quadro a seguir, que mostra a estimativa de renda média da população em alguns países ou regiões do globo em diferentes anos entre os séculos XVIII e XXI. No período entre 1700 e 1870, nenhuma instituição ou organização internacional pesquisava a renda média ou *per capita* de uma sociedade. Dessa forma, os valores referentes a esses dois anos (1700 e 1870) são estimativas feitas por historiadores e economistas. Os dados posteriores a 1950 (pós-Segunda Guerra), quando o dólar estadunidense tornou-se a moeda padrão no globo, foram produzidos por organizações internacionais, segundo os métodos mais recentes. Esses dados nos dão uma noção de quando as desigualdades internacionais de fato se acentuaram.

De acordo com o quadro, em 1700, antes da Revolução Industrial, que se iniciou por volta de 1750, as desigualdades de renda eram pequenas se comparadas às que existem hoje. A diferença entre a renda do país mais rico do mundo na época, o Reino Unido, e a média de renda dos países do continente africano era de pouco mais de duas vezes, algo diminuto quando comparamos com as diferenças atuais.

País ou região do globo	Renda *per capita* (em dólares)			
	1700	1870	1950	2016
África**	425	500	890	1 871
América Latina**	530	680	2 500	7 803
Ásia menos Japão**	580	680	900	6 205
Japão	570	740	1 920	38 895
Reino Unido	1 100	3 200	6 940	39 899
Espanha	860	1 250	2 200	26 528
França	910	1 880	5 280	36 855
Estados Unidos	530	2 300	9 560	57 466

Fonte: elaborada a partir de dados de: MADDISON, Angus. *Monitoring the World Economy*. Disponível em: <www.ggdc.net/maddison/Monitoring.shtml>; MADDISON, Angus. *The World Economy*, 1950–2001. Disponível em: <www.ggdc.net/maddison/oriindex.htm>; Banco Mundial. Disponível em: <https://data.worldbank.org/indicator/NY.GDP.MKTP.CD?view=chart>. Acessos em: 8 ago. 2018.

* A renda *per capita* é usada pelos especialistas que estudam as desigualdades internacionais no longo prazo pelo fato de não ser possível avaliar em termos comparativos outros indicadores — como o IDH, por exemplo, que só passou a ser calculado a partir de 1990 — nesses períodos mais distanciados. Além disso, cabe assinalar que normalmente, salvo raras exceções, o nível médio de renda de uma sociedade está diretamente ligado a outros fatores como saúde, educação ou expectativa de vida.
** Média do continente ou região.

Os estadunidenses, em 1700, tinham uma renda média semelhante à dos latino-americanos, já que, nessa época, todos no continente eram habitantes de colônias pertencentes às metrópoles europeias. O Japão também não se diferenciava de seus vizinhos asiáticos, como passou a ocorrer a partir do século XIX. Alguns países ou regiões do globo já começavam a despontar economicamente em virtude da expansão marítimo-comercial europeia iniciada no final do século XV e que deu origem às colônias – principalmente no continente americano – de países como Espanha, Portugal, França, Países Baixos e Reino Unido. Esses países enriqueceram graças ao ouro, prata, açúcar, algodão, madeiras nobres, etc., extraídos nas colônias ou produzidos nelas.

Siderúrgica de Dowlais, de George Childs, 1840 (guache sobre papel, dimensões: 23,9 cm × 34,9 cm).

Já no final do século XIX, em 1870, as desigualdades internacionais eram bem mais evidentes. Nessa época, o mundo vivia o apogeu da Revolução Industrial, que do Reino Unido se espalhou para os atuais países desenvolvidos. Com a industrialização, a Europa reforçou sua posição de centro econômico e militar do globo, que já havia sido iniciada, embora timidamente, com a expansão marítimo-comercial dos séculos XV e XVI. A explicação para essa crescente disparidade entre um grupo de países e o restante do mundo está no enorme avanço das indústrias, com a introdução de máquinas e a elevação da produtividade da mão de obra. A elevação da produtividade – tanto por inovação tecnológica como por mão de obra mais qualificada – é o principal fator do desenvolvimento econômico.

Texto e ação

1. Os atuais países subdesenvolvidos sempre foram comparativamente pobres em relação aos atuais países ricos? Você acredita que eles tendem a continuar nessa situação de subdesenvolvimento? Por quê?

2. Leia a frase abaixo e observe o quadro da página 55:

   > Em 1700, antes da Revolução Industrial, as desigualdades internacionais eram pequenas quando comparadas às que existem hoje.

   - Comente a frase, incluindo dados do quadro.

3. A produtividade é considerada um dos fatores mais importantes para explicar o desenvolvimento econômico de um país. Em sua opinião, o que contribui para aumentar a produtividade de uma economia: a expansão geográfica dos cultivos e da criação de gado, a exportação de recursos minerais e vegetais, a maior escolaridade da população, os incentivos ao artesanato, a mecanização do campo ou a construção de uma nova capital federal? Explique sua escolha.

2 Revolução Industrial

A Revolução Industrial foi um processo econômico, social, cultural e político que provocou enormes modificações no espaço geográfico. Essa revolução não se limitou à expansão de fábricas, de indústrias variadas, mas envolveu a mecanização do campo e a urbanização, modificações nas relações de trabalho, nos valores e comportamentos das pessoas e, em especial no século XIX, contribuiu para a formação dos Estados nacionais. Dessa forma, identifica-se a Revolução Industrial com a modernização da sociedade.

A formação dos Estados nacionais, que se iniciou na Europa ocidental, significou a transformação política do reino (as monarquias absolutistas do final do século XVIII) para o atual Estado-nação, no qual, em tese, o povo ou a nação (e não mais o rei) é o soberano e existe uma divisão e um equilíbrio do poder político entre o Executivo, o Legislativo e o Judiciário.

A Revolução Industrial, em primeiro lugar, originou e expandiu a chamada **indústria moderna**, que acabou, em grande parte, substituindo o **artesanato** e a **manufatura**, duas formas de transformar matérias-primas.

Diferentemente do artesanato e da manufatura, a indústria tornou a fabricação de bens a principal atividade econômica da sociedade. O uso de máquinas cada vez mais complexas, que exigem grande quantidade de energia, é a sua principal característica. O emprego de máquinas modernas amplia consideravelmente a produtividade do trabalho, permitindo que a indústria produza bens numa quantidade muito maior, além de normalmente mais baratos, do que a manufatura e o artesanato.

Artesão desenha em cerâmica marajoara em Belém (PA), em 2015.

Oficina de costura com características de manufatura em Cianorte (PR), em 2017.

A industrialização resulta também na urbanização decorrente da crescente mecanização do campo e do aumento do número de empregos nas cidades: nas indústrias, no comércio e nos serviços. Essa industrialização e modernização da sociedade, iniciada em meados do século XVIII, esteve ligada à expansão do capitalismo ou da moderna economia de mercado.

Indústria automobilística em Ingolstadt, na Alemanha, 2018. Na indústria moderna não é a habilidade manual dos trabalhadores que regula o ritmo e a qualidade da produção, como no artesanato ou na manufatura, mas sim as máquinas. O trabalhador em geral se torna especializado numa só função, perdendo a noção de como se faz todo o produto final.

Economia de mercado

Entende-se por economia de mercado ou capitalista aquela na qual predominam as empresas particulares e em que as decisões econômicas são norteadas pelo mercado. Essas decisões são tomadas pelos presidentes ou diretores das empresas, estatais ou privadas, que podem ser sociedades anônimas (com milhares de acionistas) ou empresas familiares e pequenas firmas. O objetivo principal das empresas numa economia de mercado é a busca de **lucro**. Essa economia é voltada para o comércio, sendo produtora de mercadorias, isto é, de bens ou serviços voltados para o mercado, e não para uso próprio.

Costuma-se dividir a sociedade capitalista em duas principais classes sociais: a **burguesia** e o **proletariado**. A burguesia, no início, era constituída principalmente por comerciantes e depois passou a incluir também industriais, banqueiros, empresários de setores de transportes, comunicações, seguros, etc. Ou seja, é a classe composta de donos das empresas ou dos meios de produção (armazéns, fábricas, bancos, etc.). O proletariado, por sua vez, é formado por aqueles que não possuem os meios de produção e trabalham em troca de um salário. Além dessas duas classes fundamentais, existem outras classes ou camadas intermediárias, que vêm se multiplicando:

- profissionais autônomos, como médicos, advogados, psicólogos, veterinários, costureiros, etc., que trabalham por conta própria;
- camponeses ou pequenos proprietários rurais, que trabalham sozinhos ou com a família;
- administradores e diretores de empresas, particulares ou estatais, que possuem o controle da empresa, dos salários e dos investimentos, etc., mas não são proprietários e muitas vezes nem sequer acionistas.

Há também, atualmente, a expansão do chamado setor informal da economia: são pessoas que trabalham por conta própria, no pequeno comércio, como ambulantes, vendedores diversos, etc., não sendo considerados burgueses nem proletários.

> **Mercado:** relação entre a oferta (produção) e a procura (consumo) de produtos, serviços ou capitais. Quando a oferta de uma mercadoria é maior do que a procura, seu preço tende a baixar; inversamente, quando a procura é maior do que a oferta, seu preço sobe. É a chamada "lei da oferta e da procura", fundamental numa economia de mercado.

Da sociedade feudal à sociedade moderna

O capitalismo, embora tenha se iniciado timidamente nos séculos XV e XVI, só se tornou o sistema dominante, em seu estágio pleno, com a Revolução Industrial e a urbanização que a acompanhou. Na realidade, ele originou a Revolução Industrial e, ao mesmo tempo, ganhou um novo impulso, uma maior expansão com ela. Antes do capitalismo, havia na Europa o feudalismo. A transição do feudalismo para o capitalismo foi um longo processo, que durou cerca de três séculos.

O feudalismo, que predominou na Europa durante séculos após o final do Império Romano, consistia em uma economia natural com base na agricultura. Cada feudo – uma parcela de terra pertencente a um senhor feudal, um nobre senhor de terras – produzia quase tudo de que necessitava, havendo pouco comércio. Entretanto, com o desenvolvimento do comércio, principalmente nas cidades, com as feiras, e o crescimento urbano que ocorreu em virtude das frequentes fugas dos camponeses dos feudos para as cidades a partir do século XI, houve um progressivo enfraquecimento do feudalismo.

Com a expansão do comércio, a economia de mercado aos poucos foi ocupando o lugar da economia natural. Esse processo foi acompanhado do surgimento de uma nova classe, a burguesia, que se tornaria cada vez mais poderosa, passando, com a Revolução Industrial, a ocupar o lugar dos senhores feudais e da nobreza como a classe economicamente mais poderosa na sociedade.

A expansão do comércio e da economia de mercado influenciou o desenvolvimento de uma nova relação de trabalho, a **assalariada**. Nessa relação, os camponeses que fugiam para as cidades passavam a trabalhar para os burgueses em troca de um salário, tornando-se proletários, e não mais servos. No feudalismo, predominava a relação servil de trabalho: os servos trabalhavam nas terras do senhor feudal, mas não recebiam salário, e sim uma pequena parte da produção (em leite, trigo e outros cereais), além de terem algumas obrigações, como construir ou consertar caminhos, pontes, casas ou o castelo do senhor feudal, prestar serviços domésticos, etc. O servo não podia mudar de feudo, sendo quase uma propriedade do senhor feudal, como a terra na qual nasceu. A passagem gradativa da relação servil para a relação assalariada foi uma das principais mudanças sociais na transição do feudalismo para o capitalismo.

Uma feira em Gante na Idade Média, de Felix de Vigne, 1862 (óleo sobre tela, 100,5 cm × 168,3 cm). As feiras medievais, que surgiram especialmente a partir do século XI e se difundiram pelos séculos seguintes, foram importantes para a expansão do comércio e do uso de moedas como a base para as trocas, o que significou uma progressiva evolução da economia de mercado.

O desenvolvimento das cidades e do comércio e o crescimento da população na Europa estimularam a procura de novas áreas a serem incorporadas pela economia, e de novos produtos, capazes de incrementar a atividade comercial, como ouro, prata, açúcar, tabaco, algodão, certos tipos de madeira, frutos diversos, etc. É essa a origem da expansão marítimo-comercial da Europa e da **colonização** do continente americano. Tudo isso acabou contribuindo para a eclosão, em meados do século XVIII, da Revolução Industrial, que no fundo foi resultado do desenvolvimento da economia de mercado, das riquezas produzidas pela colonização do continente americano, de inovações tecnológicas – como a máquina a vapor, o tear mecânico (que substituiu o tear manual) ou a locomotiva – e da expansão demográfica na Europa.

A Revolução Industrial não apenas produziu o crescimento da economia e da renda *per capita* em algumas nações, mas também marcou o nascimento da **sociedade moderna**, urbanizada e industrializada. Ao mesmo tempo, consolidou o domínio das potências ocidentais no mundo: inicialmente de algumas nações europeias e mais tarde, no século XX, dos Estados Unidos.

Antes da Revolução Industrial, os reinos europeus temiam o poderio econômico e militar da China e dos impérios Persa e Otomano, mas, com as novas máquinas, a urbanização e o crescimento demográfico na Europa, além da aplicação da tecnologia no aperfeiçoamento ou invenção de novos armamentos, as potências europeias passaram a se expandir e a dominar esses países ou impérios, que acabaram ficando subordinados aos seus interesses econômicos. Com isso, a Revolução Industrial gerou a diferença entre os países desenvolvidos e subdesenvolvidos. Cabe recordar, entretanto, que essas noções de desenvolvimento e subdesenvolvimento são apenas simplificações da realidade, pois sempre há casos de nações que não podem ser classificadas em um conjunto ou no outro.

A Revolução Industrial se desenvolveu mais rapidamente em alguns países do que em outros. A produção industrial dependia da disponibilidade de recursos naturais, de apoio governamental e dinheiro para novas fábricas e tecnologias.

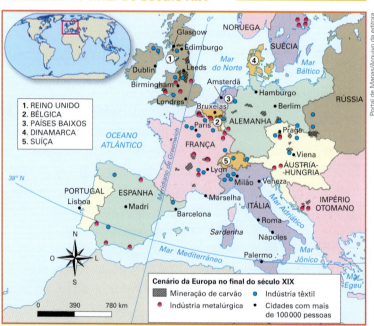

Europa: expansão da Revolução Industrial no final do século XIX

Fonte: elaborado com base em BRUNER, M.; GREEN, M.; MCBRIDE, L. *The Nystrom Atlas of World History*. 2. ed. Culver City: Nystrom Education, 2014. p. 101.

Texto e ação

1▸ Observe as fotos da página 57 e cite os elementos que as caracterizam como artesanato e manufatura.

2▸ Explique o que é economia de mercado, como ela nasceu e qual a principal relação de trabalho estabelecida neste período.

3▸ Como é possível explicar o grande número de cidades nas áreas industrializadas no final do século XIX?

4▸ Explique a relação entre a expansão marítimo-comercial da Europa e a colonização do continente americano.

3 Etapas da Revolução Industrial

A Revolução Industrial costuma ser dividida em três fases ou etapas: Primeira, Segunda e Terceira Revolução Industrial. Atualmente, alguns autores falam em uma Quarta Revolução Industrial, que envolveria a robotização, a miniaturização (nanotecnologia), o aprimoramento da inteligência artificial, a evolução das impressoras 3D, etc. Entretanto, esse conceito não é unanimidade entre os estudiosos. Trata-se, na verdade, do desenvolvimento ou expansão da Terceira Revolução Industrial, pois todas essas tecnologias já existem desde o final do século passado ou início deste, embora estejam sendo constantemente aprimoradas. Os países que acompanharam de forma plena todas essas fases nos seus diversos momentos são os chamados desenvolvidos.

A **Primeira Revolução Industrial** aconteceu de meados do século XVIII até o final do século XIX, em cerca de 1870. A Inglaterra era a grande potência industrial do mundo, e as bases técnicas da indústria ainda eram relativamente simples. Predominavam a máquina a vapor e as indústrias têxteis; a grande fonte de energia era o carvão mineral. As empresas geralmente eram pequenas e médias, típicas do capitalismo concorrencial ou liberal, ou seja, da fase do capitalismo na qual a presença do Estado na economia era mínima.

A **Segunda Revolução Industrial** se deu a partir das últimas décadas do século XIX até o final do século XX. Nessa fase, a liderança britânica foi pouco a pouco substituída por outras economias, como a Alemanha e principalmente os Estados Unidos. Dois elementos fundamentais foram a expansão da eletricidade e a invenção dos motores elétricos, que representaram grandes inovações técnicas. Também ocorreu o desenvolvimento de grandes empresas, que passaram a adotar um modelo de produção tendo como base a linha de montagem. A presença do Estado na economia cresceu, seja por meio da multiplicação de regulamentos e fiscalizações, seja pela criação e expansão de empresas estatais.

> **De olho na tela**
>
> **Germinal**
> Direção: Claude Berri. França, 1993.
> O filme, que se passa no século XIX na França, trata das transformações sociais ocasionadas pela Primeira Revolução Industrial, a partir das precárias condições de trabalho numa mina de carvão.

Mundo: espaços industriais (2013)

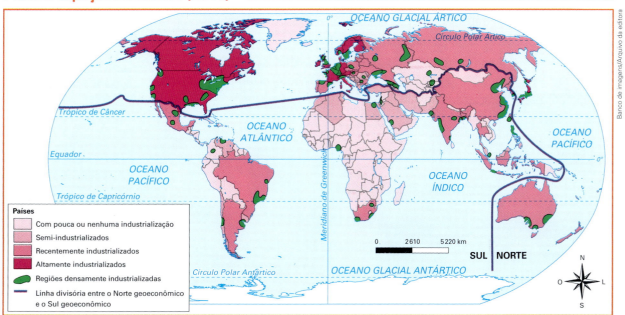

Fonte: elaborado com base em SIMIELLI, Maria Elena. *Geoatlas*. 34. ed. São Paulo: Ática, 2013. p. 33.

O carvão mineral foi aos poucos substituído pelo petróleo, que, com o advento e a expansão da indústria automobilística, tornou-se a principal fonte de energia do mundo. Os setores mais importantes passaram a ser a siderurgia, a metalurgia e, no século XX, a petroquímica e a indústria automobilística. Essa etapa durou até a década de 1970 nos países desenvolvidos. Em muitos países subdesenvolvidos, ela nem começou ou se encontra em um estágio pouco avançado.

A **Terceira Revolução Industrial**, ou Revolução Técnico-Científica, iniciou-se na segunda metade da década de 1970. Essa etapa da industrialização é marcada pelo importante papel do conhecimento científico e da tecnologia avançada. Novos setores de ponta se tornaram essenciais e modificaram os demais: a informática, a robótica, as telecomunicações, a química fina, a indústria de novos materiais, a biotecnologia, em particular, o ramo da engenharia genética, entre outros.

Há ainda outras diferenças entre essas três revoluções industriais. Na primeira predominavam jornadas extensas de trabalho – a média era de 14 a 16 horas por dia, incluindo os fins de semana –, baixa remuneração e condições precárias de trabalho, como fábricas poluídas e muitas vezes sem janelas, além disso, nesse período observa-se o trabalho infantil e ausência de qualquer direito trabalhista.

Durante a Segunda Revolução Industrial, esse panorama mudou devido a vários fatores, principalmente às reivindicações e lutas trabalhistas, bem como aos novos métodos de trabalho visando mais eficiência na produção. Entre esses métodos, destacam-se o taylorismo e o fordismo: ambos datam do início do século XX e aceleraram e padronizaram ainda mais a atividade industrial e, ao mesmo tempo, o consumo das pessoas (incluindo os trabalhadores).

O **taylorismo**, também chamado de administração científica do trabalho, foi uma forma de organização das atividades criada por Frederick Taylor (1856-1915), engenheiro estadunidense. Consiste em fragmentar ou dividir ao máximo as tarefas – Taylor chamava isso de racionalização do trabalho – com vistas a uma maior eficiência. Os operários passam a executar tarefas específicas quase como se fossem máquinas, ou seja, com gestos e comportamentos padronizados e que lhes são ensinados em cursos de treinamento.

No taylorismo, os trabalhadores não eram incentivados a ter iniciativas próprias, mas apenas a obedecer ao que foi programado. No formato taylorista, a produtividade e os lucros aumentaram, bem como os salários dos trabalhadores, que se baseavam na produtividade. Entretanto, o trabalho extremamente repetitivo também aumentou o sentimento de frustração dos trabalhadores.

Mulheres trabalham na linha de produção de uma fábrica em Essex, Inglaterra, em 1916.

O fordismo foi desenvolvido por Henry Ford (1863-1947) – empreendedor estadunidense, fabricante de automóveis – e é tido como um aprimoramento do taylorismo. Ele mantém o sistema de divisão do trabalho do taylorismo, mas introduz a esteira, a linha de montagem, que dá um ritmo ainda mais acelerado ao trabalho e aumenta a produtividade.

O lema do fordismo é "produção em massa e consumo em massa". Ou seja, se há produção tem que existir consumo, caso contrário, não há lucro. Por esse motivo, Ford defendia uma remuneração maior aos trabalhadores – a maioria da população – para que pudessem adquirir automóveis e também outros bens de consumo como eletrodomésticos, móveis, roupas, alimentos industrializados, etc.

Trabalhadores na linha de produção com esteira em uma das fábricas de Henry Ford, em Michigan, nos Estados Unidos, em 1913.

O taylorismo e especialmente o fordismo, ao aumentarem intensamente a produtividade do trabalho, colaboraram para que a jornada de trabalho se reduzisse para 48 horas por semana, ou até menos, embora isso tenha sido ocasionado principalmente pelas lutas sociais por direitos dos trabalhadores, que foram gradativamente conquistados no século XX: jornada de 8 horas ao dia, pagamento de horas extras, férias remuneradas, direito a indenização ao ser demitido sem justa causa, proibição do trabalho de menores de idade (de 14, 16 ou 18 anos, conforme o país), licença-maternidade para as mulheres (em alguns países, também para os homens).

Já a Terceira Revolução Industrial criou a **produção flexível**, também conhecida como **toyotismo**, por ter sido implantada inicialmente nas fábricas automobilísticas da Toyota, no Japão.

Esse método de trabalho visa evitar o desperdício, que era – e em grande parte ainda é – muito comum na Segunda Revolução Industrial e no fordismo. Como o fordismo introduz a produção em massa, existe um enorme desperdício, que já está embutido nos custos da produção (artigos defeituosos, objetos que não encontram compradores, etc.), o que encarece os produtos.

Já a produção flexível introduz o método *just-in-time*, uma forma de produção que leva em conta as necessidades do consumidor. Fabrica-se somente o necessário, com grande controle de qualidade para evitar artigos defeituosos. As empresas japonesas nas décadas de 1970 e 1980, e hoje até as estadunidenses e as europeias, já fabricavam carros e outros bens personalizados, ou seja, ao gosto dos clientes, com detalhes e diferenças que jamais o fordismo levou em consideração. Com essa mudança, o desperdício tende a diminuir, e também a relação produção-consumo passa a ser um pouco mais igualitária, com maior influência do consumidor sobre a produção.

> **De olho na tela**
>
> **Tempos modernos**
> Direção: Charles Chaplin. Estados Unidos, 1936.
>
> O filme mostra o início da Segunda Revolução Industrial nos Estados Unidos, com os trabalhadores tendo que se adaptar à linha de montagem, engrenagem implantada pela primeira vez nas fábricas da Ford.

▶ *Just-in-time*: em inglês, "no tempo exato". Método de produção que surgiu no Japão (onde recebe o nome de sistema *kanban*) e, atualmente, difundido por vários outros países. Consiste em produzir no tempo certo e na quantidade exata, evitando a necessidade de estocagem e também os desperdícios.

Essa mudança significa também a substituição da linha de montagem (na qual cada objeto é produzido de forma idêntica aos demais, com controle de tempo sobre cada trabalhador) por uma produção mais flexível. A mudança ocorre com maior intensidade nas chamadas "novas indústrias", isto é, aquelas ligadas à informática, produção de *softwares*, biotecnologia, etc., que substituem as indústrias automobilísticas como o setor mais importante da economia.

Essa transformação no cenário laboral foi facilitada pela informática, pela robotização e pelo uso de uma força de trabalho mais qualificada, que substitui a mão de obra técnica típica do **taylorismo** e do **fordismo**. Significa também maior autonomia ou aceitação da iniciativa por parte dos funcionários, embora os operários sejam gradativamente substituídos por robôs. Passam-se, então, a predominar os funcionários do setor terciário – ou mesmo das fábricas e do comércio –, mas há uma maior exigência de qualificação.

Com a robotização crescente e o aumento ainda maior na produtividade, existe uma tendência de diminuição da jornada de trabalho, embora isso dependa mais de reivindicações e decisões políticas, mas em alguns países (como a França) a jornada atual de trabalho de parte da classe trabalhadora é de 6 horas por dia.

A mão de obra criativa substitui aos poucos a força de trabalho técnica, que somente realiza atividades repetitivas e padronizadas, embora estas continuem a existir. Os funcionários qualificados passam a ser essenciais na empresa moderna – tão ou mais importantes que as matérias-primas ou as fontes de energia. É por isso que se valorizam atualmente os chamados "recursos humanos", a força de trabalho qualificada e com elevado nível educacional. Muitos especialistas afirmam que as ideias criativas – novos *designs*, novos métodos de produção ou trabalho, novos *softwares*, etc. – são hoje mais importantes para uma empresa moderna que o capital (dinheiro), as matérias-primas ou as fontes de energia. Isso significa que, com a Terceira Revolução Industrial, a escolaridade da população, notadamente dos trabalhadores, é muito mais importante do que na Primeira ou na Segunda Revolução Industrial.

 De olho na tela

Ela
Direção: Spike Jonze.
Estados Unidos, 2013.

O filme mostra o futuro da Terceira Revolução Industrial (alguns diriam que é a Quarta), com um intenso desenvolvimento dos computadores pessoais interconectados com cada pessoa 24 horas por dia (até mesmo nas ruas as pessoas conversam com os computadores), fazendo com que cada um tenha uma relação maior com a tecnologia do que com os demais seres humanos.

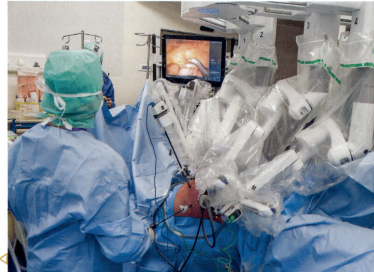

Cirurgia feita com a utilização de robô em hospital de Lyon, na França, em 2017.

Texto e ação

1. Cite algumas inovações tecnológicas da Primeira, da Segunda e da Terceira Revolução Industrial. Em sua opinião, qual dessas inovações suscitou maior impacto social e ambiental? Por quê?

2. Descreva a Terceira Revolução Industrial e cite alguns produtos ou serviços que você usa no seu dia a dia característicos desta etapa da industrialização.

3. Compare as relações de trabalho nas três revoluções industriais. Qual delas predomina no Brasil atualmente?

Geolink

Leia o texto.

A Quarta Revolução Industrial chegou, e você não passará imune a ela

[...] Durante o Fórum Mundial de Davos, seu *chairman* [presidente ou chefe administrativo] Klaus Schwab disse que uma mudança estrutural está em andamento na economia mundial, no que seria o início da Quarta Revolução Industrial. Segundo ele, esta revolução aprofundaria elementos da Terceira Revolução, a da computação, e faria uma "fusão de tecnologias, borrando as linhas divisórias entre as esferas físicas, digitais e biológicas". [...]

O mercado de trabalho será afetado dramaticamente, inclusive com trabalhos intelectuais mais repetitivos substituídos pela robotização. As mudanças são reais. Já estão aí. [...] Os *softwares* inteligentes estão chegando ao setor de serviços. Hoje são capazes de dirigir veículos, atender clientes em serviços de *telemarketing*, preencher formulários de Imposto de Renda, etc. [...]

A tecnologia, ao longo do tempo, vai reduzir a demanda pelos postos de trabalho que demandam menos habilidades [...]. Foi assim nas linhas de produção robotizadas, nas funções de datilografia [...] e hoje, na redução significativa das vagas de secretariado. Mas não é só. Na Suíça, drones estão sendo testados para entregar documentos em vilarejos distantes, substituindo os carteiros humanos nestas atividades. [...]

Como o custo da computação cai consistentemente ano a ano, torna-se atrativa economicamente a substituição de pessoas por máquinas. O processo é acelerado pela reindustrialização nos países ricos, como os EUA, que, após perderem suas fábricas para países de mão de obra barata como a China, começam a trazê-las de volta, mas de forma totalmente automatizada. Os empregos da indústria americana [...] não estão voltando com elas. Quem está ocupando as funções são os robôs. Este processo também está ocorrendo na China e já existem diversas fábricas totalmente automatizadas e cada uma delas emprega pelo menos dez vezes menos pessoas que as fábricas tradicionais.

A Quarta Revolução Industrial afetará de forma dramática o mercado de trabalho. Os primeiros estudos [...] mostram que a classe média será a principal prejudicada, pois ocupam trabalhos em escritórios e são autores de trabalhos intelectuais, como advogados e desenvolvedores de *software*, que tenderão a desaparecer ou demandarão muito menos vagas que hoje. Claro, novos empregos serão criados, mas exigirão conhecimentos muito especializados e altos níveis de educação. [...]

Aqui no Brasil este fenômeno acontecerá mais lentamente, primeiro porque o nível de automatização de nossa indústria é baixo (temos 10 mil robôs enquanto a Coreia do Sul compra 30 mil novos robôs por ano e a China 20 mil) e temos abundância de mão de obra não qualificada, que ao lado de um empresariado conservador, que não investe intensamente em inovação tecnológica, vai segurar o "tranco" por algum tempo.

Mas é inevitável que a Quarta Revolução Industrial chegue aqui também. Vai demandar um novo currículo educacional, que abandone a memorização de fatos e fórmulas para focar mais em criatividade e comunicação, coisas que as universidades brasileiras, em sua grande maioria, não estimulam. [...]

Robôs em indústria automobilística em Guangzhou, na China, em 2017, realizam trabalho antes executado por pessoas.

Fonte: TAURION, Cezar. *Computerworld*, 26 jan. 2016. Disponível em: <http://computerworld.com.br/quarta-revolucao-industrial-chegou-e-voce-nao-passara-imune-ela>. Acesso em: 24 jul. 2018.

Agora, responda:

1. O que seria a Quarta Revolução Industrial? Quais os seus impactos no mercado de trabalho?
2. Explique como a Quarta Revolução Industrial pode contribuir para a elevação do nível educacional da população brasileira.

4 Colonialismo e subdesenvolvimento

Uma das marcas do subdesenvolvimento é a industrialização fraca ou incompleta. No entanto, atualmente, há países do Sul geoeconômico bastante industrializados. É o caso da China, principalmente, e da Índia, Brasil, México, Coreia do Sul, Taiwan, Malásia e outros países em desenvolvimento e de industrialização recente. Alguns deles, como a Coreia do Sul ou Cingapura, têm um Índice de Desenvolvimento Humano (IDH) muito alto, típico dos países desenvolvidos, o que fez alguns autores considerarem-nos parte do Norte geoeconômico.

Todavia, salvo os países em desenvolvimento ou economias emergentes, a economia dos Estados do Sul geoeconômico é baseada na agropecuária e na mineração. A atividade industrial geralmente é frágil, com predomínio de indústrias leves ou de bens de consumo não duráveis (têxteis, de móveis, bebidas, construção civil, alimentos enlatados, etc.).

Boa parte das economias subdesenvolvidas vive ainda a Primeira Revolução Industrial, com indústrias de baixo nível tecnológico. Outras já atingiram o estágio da Segunda Revolução Industrial, com a consolidação da indústria automobilística, como o Brasil, a Argentina, a Turquia, a Índia ou o México, e iniciam a terceira etapa da Revolução Industrial. Um pequeno grupo, todavia, já alcançou plenamente o estágio da Terceira Revolução Industrial: China e Hong Kong, Coreia do Sul, Cingapura e Taiwan, países que já produzem e exportam grande quantidade de bens com tecnologia avançada.

O atraso de grande parte do mundo diante dos líderes da Revolução Industrial teve outro motivo: a colonização. Praticamente todas as nações do Sul foram colônias antes de se tornarem países independentes. Poucas nações, como a China, o Irã ou a Turquia, não foram oficialmente colônias. Mas foram indiretamente colonizadas pela perda de partes de seus territórios, tomadas pelas potências europeias, pela submissão econômica (como a obrigação de fornecer certas matérias-primas e comprar produtos industrializados de países europeus), pela introdução de empresas estrangeiras poderosas e de hábitos culturais oriundos do centro do capitalismo mundial.

Ilustração do *Códice Durán*, de autoria de indígenas mexicanos, de 1517, representando a chegada dos colonizadores espanhóis na costa do México (dimensões desconhecidas).

O mapa a seguir mostra os países que foram colônias dos países europeus durante o final do século XIX e início do século XX. Mostra também alguns impérios que se apossaram durante algum tempo (décadas ou séculos) de áreas vizinhas com outros povos: o império Otomano, que controlou áreas onde hoje estão Israel, Síria, Jordânia, Líbano, parte do Iraque, Armênia e outros; o império japonês anterior à Segunda Guerra Mundial, que dominou a Coreia (que na época não era dividida em norte e sul), Malásia, Cingapura e parte da China; o império Russo, que dominou grande parte da Ásia central e de países europeus vizinhos (Ucrânia, Geórgia e outros). Nota-se que quase todos os países não europeus, com raríssimas exceções, foram em algum momento colonizados pelas potências europeias.

No entanto, nem todos os países que foram colônia de algum império europeu se tornaram subdesenvolvidos, pois, dos atuais países desenvolvidos, os Estados Unidos, o Canadá, a Austrália e a Nova Zelândia foram colônias de **povoamento do Reino Unido**.

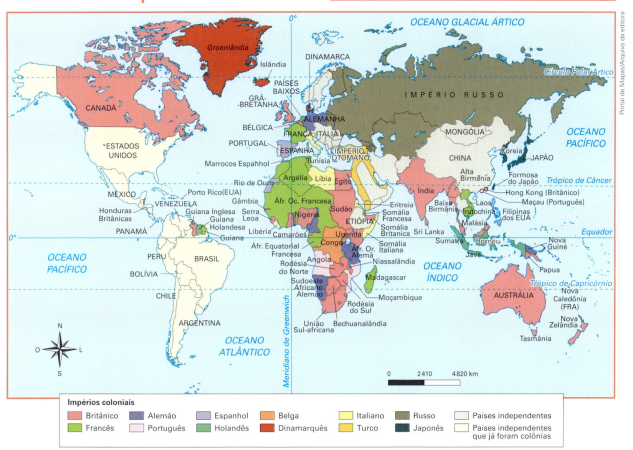

Mundo: colônias e impérios dos séculos XIX e XX

Fonte: elaborado com base em O'BRIEN, Patrick K. *Philip's Atlas of the World History*. London: Institute of Historical Research, University of London, 2005. p. 208.

Durante a época moderna, do século XVI ao XVIII, os europeus unificaram a superfície terrestre estabelecendo relações de troca entre quase todos os povos e regiões. Nesse período existiram dois tipos principais de colonização: de exploração e de povoamento. As colônias de exploração, como México, Brasil, Peru e Bolívia, localizadas geralmente em áreas tropicais, serviram de fonte de enriquecimento de suas metrópoles entre os séculos XVI e XIX.

Elas, produziam, a partir do trabalho intensivo e mal remunerado (ou mesmo, escravo), gêneros necessários ao mercado europeu da época (ouro, prata, açúcar, fumo, algodão, etc.) a preços baixos. Não eram áreas a serem povoadas, e sim fontes momentâneas de riquezas, cujo futuro pouco importava aos colonizadores. O mesmo ocorreu no continente africano, colonizado pelas potências europeias no século XIX e início do XX.

Nesse sentido, as colônias de povoamento, como os Estados Unidos, o Canadá, a Austrália e a Nova Zelândia, não foram colônias mercantilistas. Por serem territórios situados na zona temperada, com condições naturais semelhantes às da Europa, não serviam para produzir os gêneros agrícolas tropicais que eram reclamados pelo mercado europeu de então. O ouro e a prata só foram encontrados nos Estados Unidos e no Canadá após a independência.

Como as áreas temperadas não serviam para os objetivos da colonização europeia nesse período, foram deixadas de lado e acabaram se tornando a nova pátria dos europeus que saíram do seu continente em razão dos conflitos e das guerras religiosas, muito frequentes nesses séculos. Muitos dos europeus que foram para essas áreas queriam reconstruir o modo de vida que tinham na Europa, povoar esse "novo mundo", adotar uma nova pátria. Nessas áreas predominavam as pequenas propriedades familiares que praticavam a policultura e muitas vezes até atividades manufatureiras.

A Argentina também está localizada na zona temperada. No entanto, os espanhóis encontraram prata nesse território – o nome do país vem do latim *argentum*, que significa "prata". Isso acabou atraindo aventureiros e exploradores, desejosos de obter riqueza e voltar para a Europa.

Na parte sul dos Estados Unidos também se estabeleceu o modelo de colônia de exploração, baseada principalmente na monocultura do algodão, com mão de obra escravizada. Com a independência estadunidense (1776) e a guerra civil norte-americana (1861-1865), porém, o Norte industrializado do país acabou predominando sobre o Sul, agrícola e escravista.

O **colonialismo mercantilista** foi um fator que contribuiu para a condição de alguns países subdesenvolvidos atualmente. Suas riquezas naturais foram exploradas com força de trabalho escravizada ou muito mal remunerada, o que contribuiu para a enorme diferença entre a massa da população e uma elite rica e dominante. Somente depois de muito tempo é que eles passaram a se industrializar e, em certos casos, alcançaram o atual padrão de modernidade ou de industrialização dos países do Norte, o estágio da Terceira Revolução Industrial.

Texto e ação

1) Observe o mapa da página 67 e faça o que se pede.

    a) Mencione alguns países não europeus que nunca foram dominados pelo colonialismo ou pelo imperialismo. Depois explique quais se tornaram desenvolvidos e quais ainda são economias em desenvolvimento.

    b) Que país criou o maior império na história humana a partir do século XIX?

2) De que forma o colonialismo mercantilista contribuiu para o subdesenvolvimento da maior parte dos países que existem atualmente?

CONEXÕES COM LÍNGUA PORTUGUESA E HISTÓRIA

- Leia o texto a seguir e depois faça as atividades.

Origens da Revolução Industrial na Inglaterra

Até a metade do século XVIII, o mundo era extraordinariamente pobre, considerando-se qualquer um dos padrões atuais. A expectativa de vida era muito baixa; as crianças morriam em grande quantidade nos países hoje ricos, bem como nos pobres. Muitas ondas de doenças e epidemias, da peste negra da Europa à varíola e ao sarampo, varriam periodicamente a sociedade e matavam gente em massa. Episódios de fome e flutuações extremas de tempo e clima destroçavam as sociedades. [...] A história econômica sempre foi de altos e baixos, com crescimento seguido de declínio, em vez de um progresso econômico sustentado. [...]

O que mudou foi o choque da Revolução Industrial, sustentada por um aumento na produtividade agrícola no noroeste da Europa. A produção de alimentos aumentou com os aperfeiçoamentos sistemáticos na prática agrícola, inclusive o controle dos nutrientes do solo por meio da melhoria na rotação dos plantios. A abertura para um novo tempo aconteceu na Inglaterra, por volta de 1750, quando a nascente indústria britânica mobilizou pela primeira vez novas formas de energia para a produção em escala que até então jamais havia sido alcançada. A máquina a vapor marcou o momento decisivo da história moderna. Ao mobilizar um vasto reservatório de energia primária, os combustíveis fósseis, a máquina a vapor desencadeou a produção de bens e serviços em massa [...]

Por que a Inglaterra foi a primeira? Por que não a China, que foi a líder tecnológica do mundo durante cerca de mil anos, entre os anos 500 e 1500? Por que não outros centros de poder no continente europeu ou na Ásia? [...] Em primeiro lugar, a sociedade britânica era relativamente aberta, com mais espaço para a iniciativa individual e a mobilidade social do que a maioria das outras sociedades do mundo. [...] Em segundo lugar, a Grã-Bretanha havia fortalecido instituições de liberdade política. O Parlamento britânico, com suas tradições de liberdade de expressão e debate aberto, deu poderosa contribuição para a aceitação de ideias novas. Ele foi também um protetor cada vez mais poderoso dos direitos de propriedade privada, que, por sua vez, sustentaram a iniciativa privada. Em terceiro lugar, e de modo fundamental, a Inglaterra se tornou um dos principais centros da revolução científica europeia. Após séculos em que a Europa foi principalmente importadora de ideias científicas da Ásia, a ciência europeia fez avanços essenciais a partir da Renascença. [...]

Em quarto lugar, a Grã-Bretanha tinha várias vantagens geográficas cruciais. Primeiro, por ser uma economia insular próxima do continente europeu, podia manter um comércio costeiro barato com todas as partes da Europa. [...] Outra vantagem geográfica importante era a proximidade com a América do Norte. As novas colônias americanas proporcionavam vastos territórios novos para a produção de alimentos e matérias-primas, tais como algodão para a indústria britânica, e eram a válvula de escape que facilitava o êxodo de pessoas pobres do campo inglês. Enquanto a produtividade agrícola da própria Inglaterra crescia, com mais alimentos produzidos por menos gente, milhões de pobres sem-terra iam para a América do Norte. [...]

Em quinto lugar, a Inglaterra era soberana e enfrentava riscos menores de invasão do que seus vizinhos. [...] Outras partes do mundo não tinham a sorte de ter essa confluência de fatores favoráveis. A entrada delas no crescimento econômico moderno seria atrasada. [...]

Fonte: SACHS, Jeffrey. *O fim da pobreza*. São Paulo: Companhia das Letras, 2005. p. 50-53.

a) O fato de a Revolução Industrial ter se originado no Reino Unido foi resultado do acaso ou de várias condições favoráveis? Justifique sua resposta.

b) Faça uma relação das condições geográficas favoráveis que, segundo o texto, contribuíram para que essa industrialização pioneira se iniciasse na Inglaterra.

c) O autor se refere à revolução científica europeia que seguiu ao Renascimento e foi essencial para a eclosão da Revolução Industrial. Faça uma pesquisa em livros e bons *sites* e escreva um texto sobre o que foi essa revolução científica, não esquecendo de mencionar nomes como Nicolau Copérnico, Galileu Galilei e Isaac Newton.

d) No texto são mencionadas algumas doenças que atingiram as pessoas durante séculos. Aponte quais são essas doenças e como elas foram combatidas em países como o Brasil.

ATIVIDADES

 + Ação

1▸ Leia o texto e faça o que se pede.

Brasileiros criam máquina para extrair metais preciosos de lixo eletrônico

Pensando em diminuir o impacto ambiental do descarte de lixo eletrônico, pesquisadores do Centro de Tecnologia da Informação Renato Archer, de Campinas, São Paulo, desenvolveram uma máquina capaz de extrair metais preciosos presentes em celulares, peças de computador e componentes eletrônicos em geral.

O projeto foi iniciado em 2014 como parte do programa *Ambientronic* e combina diversos processos mecânicos capazes, inclusive, de separar o metal pesado existente em cada peça. A ideia agora é ampliar a iniciativa e desenvolver uma planta industrial [uma fábrica] capaz de realizar esse tipo de reciclagem em larga escala.

O programa [...] conta com parcerias de empresas e representantes da indústria no Brasil, a fim de estabelecer normas para produção, descarte e reciclagem de equipamentos eletrônicos [...]. A ideia é garantir que todos os envolvidos nesse processo sejam capacitados para reduzir o impacto ambiental do lixo eletrônico.

Fonte: CIRIACO, Douglas. *Tecmundo Ciência*, 4 jul. 2018. Disponível em: <www.tecmundo.com.br/ciencia/131891-brasileiros-criam-maquina-extrair-metais-preciosos-lixo-eletronico.htm>. Acesso em: 1º ago. 2018.

Agora, pesquise o lixo eletrônico e responda às questões:

a) O que é lixo eletrônico?
b) Qual os impactos do lixo eletrônico no meio ambiente?
c) Há leis que regem o descarte de lixo eletrônico?
d) Em seu município, há pontos de coleta desse tipo de lixo?

2▸ Leia o texto abaixo.

Consumo, consumismo e seus impactos no meio ambiente

O ato de consumo em si não é um problema. O consumo é necessário à vida e à sobrevivência de toda e qualquer espécie. Para respirar precisamos consumir o ar; para nos mantermos hidratados, temos que consumir água; para crescermos e nos mantermos saudáveis, necessitamos de alimentos. [...] São atos naturais que sempre existiram e que precisamos para nos mantermos vivos.

O problema é quando o consumo de bens e serviços acontece de forma exagerada, levando à exploração excessiva dos recursos naturais e interferindo no equilíbrio estabelecido do planeta. [...]

É verdade que a população mundial cresceu muito desde sua existência. [...] E segundo a Organização das Nações Unidas (ONU), a população mundial deve chegar a 8,6 bilhões de habitantes até 2030.

Isso naturalmente proporciona um aumento no consumo dos recursos do planeta. No entanto, esse consumo é extremamente desigual. Enquanto uns consomem muito mais do que suas necessidades básicas, outros sofrem com a falta de recursos. [...]

Um outro problema [...] é a produção de lixo, os restos gerados diariamente pela sociedade. Segundo o Panorama dos Resíduos Sólidos no Brasil 2016, anualmente, o Brasil produz cerca de 71,3 milhões de toneladas de RSU (Resíduos Sólidos Urbanos).

[...] Essa quantidade monumental de lixo provoca um grande impacto socioambiental, especialmente se considerarmos que a maioria das cidades brasileiras não possui um depósito adequado para o mesmo. [...]

Há uma pandemia mundial sem precedentes na história da humanidade e que aproveitou a globalização para se expandir e entranhar em quase todas as sociedades: o consumismo. São bilhões de pessoas que em algum momento perderam a racionalidade do ato de comprar e passaram a fazer deste o (des)caminho para a felicidade [...]. A suposta felicidade trazida pela aquisição de bens é pueril, transitória e acaba por nos levar a um círculo vicioso sem fim de compra-felicidade-frustração-compra-felicidade-frustração...

Fonte: QUEIROZ, Tais. Recicloteca, 15 mar. 2015. Centro de informações sobre reciclagem e meio ambiente. Disponível em: <www.recicloteca.org.br/consumo/consumo-e-meio-ambiente/>. Acesso em: 1º ago. 2018.

a) Qual é a diferença entre consumo e consumismo?
b) O consumo se dá de forma igualitária no planeta?
c) Na sua opinião, o consumo excessivo dos produtos tem alguma relação com o sistema econômico atual?

Autoavaliação

1. Quais foram as atividades mais fáceis para você? Por quê?
2. Algum ponto deste capítulo não ficou claro? Qual?
3. Você participou das atividades em dupla e em grupo e expressou suas opiniões?
4. Como você avalia sua compreensão dos assuntos tratados neste capítulo?
   » **Excelente**: não tive dificuldade.
   » **Bom**: consegui resolver as dificuldades de forma rápida.
   » **Regular**: tive dificuldade para entender os conceitos e realizar as atividades propostas.

Lendo a imagem

1. Observe o mapa e responda às questões:

Mundo: exportações de produtos industrializados com alta tecnologia* – em bilhões de dólares (2016)

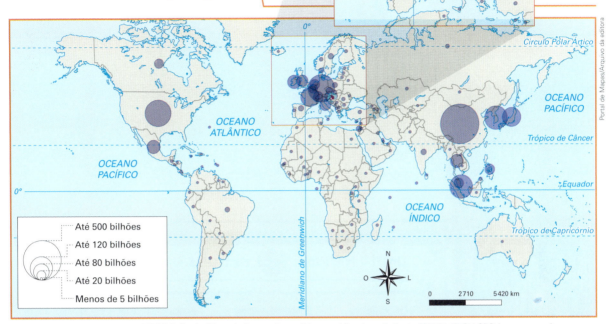

Fonte: elaborado com base em WORLD Bank. Disponível em: <https://data.worldbank.org/indicator/TX.VAL.TECH.CD?view=map>. Acesso em: 1º ago. 2018.

*Produtos com alta tecnologia são os que resultaram de pesquisas científicas e tecnológicas como computadores, produtos farmacêuticos, instrumentos médicos, máquinas, produtos aeroespaciais, etc. Os países que não têm dados sobre o assunto são todos países que praticamente não exportam produtos com alta tecnologia.

a) Para exportar produtos com alta tecnologia é necessário primeiro produzi-los. Você acha que somente países desenvolvidos produzem mercadorias com alta tecnologia? Justifique.

b) Quais são os países que exportaram em 2016 mais de 120 bilhões de dólares em produtos com alta tecnologia?

c) Com base na leitura do mapa, é possível dizer que existe uma concentração ou uma pulverização na produção dos produtos industrializados de alta tecnologia exportados no mundo? Por quê?

d) De acordo com o mapa, o Brasil pode ser considerado um grande exportador de mercadorias com alta tecnologia? Com base no que você estudou, como é possível explicar a posição do Brasil?

2. Observe a imagem e converse com os colegas:

- Qual etapa da Revolução Industrial é mostrada na imagem? Justifiquem a resposta.

Trabalhadores em linha de montagem em fábrica de eletrônicos, nos Estados Unidos, na década de 1930.

CAPÍTULO 4

Organizações internacionais

Entrada da sede da Organização das Nações Unidas (ONU) em Genebra, na Suíça. Foto de 2017.

▶ Para começar

1. Você sabe o que são organizações internacionais? Explique sua resposta.

2. Você já ouviu falar da Organização das Nações Unidas (ONU)? Qual é o papel dela no mundo? Qual é a sua opinião sobre ela?

3. Além da ONU, que outras organizações internacionais você poderia citar?

Neste capítulo, você vai estudar as principais organizações internacionais, suas características, seus membros e seu papel na ordem mundial. Vai conhecer também os campos de atuação dessas organizações, que contribuem para a construção de uma cidadania global na medida em que tentam promover o desenvolvimento econômico-social em todos os países. Por fim, verá algumas das organizações que atuam na América do Sul e na América Latina, percebendo a importância delas para a economia dos países da região.

1 O fortalecimento das organizações internacionais

Com o final da **Guerra Fria** e a globalização, estudiosos e governos passaram a perceber a existência de problemas comuns no mundo inteiro, como a poluição do ar ou das águas, a perda de biodiversidade, as mudanças climáticas e os perigos dos armamentos de destruição em massa.

Após o final da disputa entre Estados Unidos e União Soviética e por causa de vários problemas comuns a todos os povos, houve fortalecimento das organizações internacionais. Elas congregam – ou atuam – múltiplos países e se ocupam de temas variados: manutenção da paz, meio ambiente, saúde, trabalho, comércio e outros. A principal delas é a Organização das Nações Unidas (ONU).

Minha biblioteca

Organizações internacionais. São Paulo: Moderna, 2014.

Livro sobre as organizações internacionais, que explica sua história, seus temas ou áreas de atuação, bem como fatos, casos ou polêmicas que ajudam a entender por que e como elas se relacionam com a nossa vida.

Saiba mais

A Guerra Fria

Período que se iniciou após o término da Segunda Guerra Mundial, em 1945, e perdurou até a dissolução da União Soviética, em 1991. Durante esse período duas potências mundiais – ou superpotências, como eram chamadas – disputavam a hegemonia (supremacia, predominância) mundial: os Estados Unidos, líder do chamado mundo capitalista, e a União Soviética, líder do chamado mundo socialista ou países com economia planificada.

A ONU

A ONU foi fundada em 1945, após o final da Segunda Guerra Mundial, com o objetivo de manter a paz e a segurança internacionais. Também são seus objetivos promover a cooperação entre os povos e o desenvolvimento econômico e social dos Estados mais pobres, garantir os direitos humanos e criar condições que mantenham a justiça e o direito internacional. Ela também se ocupa da proteção do meio ambiente e promove ajuda humanitária em casos de fome, desastres naturais e conflitos armados.

O financiamento da ONU é feito por contribuições voluntárias dos países-membros (os mais ricos pagam mais e os mais pobres menos – ou nada, em alguns casos). Ela foi sucessora da Liga das Nações, criada após a Primeira Guerra Mundial, em 1919, que não conseguiu atingir seu principal objetivo: assegurar a paz mundial, evitando uma nova guerra, em especial entre as grandes potências.

Primeira sessão da Liga das Nações em Genebra, na Suíça, em 1920.

O principal órgão decisório da ONU é o **Conselho de Segurança**, que é formado por quinze membros e decide os problemas de guerras e conflitos militares, ajuda vítimas de um conflito, etc. Dez desses membros são provisórios, escolhidos através de um sistema de rodízio para um mandato de dois anos, e cinco são permanentes e têm poder de veto: Estados Unidos, Rússia (antes era a União Soviética), China (até 1971 era Taiwan ou República da China), França e Reino Unido. Esses países adquiriram *status* de membros permanentes por ocasião da criação da ONU, quando foram considerados os "cinco grandes" entre os vencedores da Segunda Guerra.

Na verdade, pode-se dizer que, em 1945, os únicos vencedores foram os Estados Unidos, o Reino Unido e a União Soviética. A França só foi libertada do domínio alemão, bem como a China do domínio japonês, graças à ajuda militar principalmente dos Estados Unidos. A China entrou na ONU pelo fato de ter a maior população do mundo e ser (na época) um país capitalista, portanto aliada dos Estados Unidos.

Dessa forma, a única maneira encontrada pelos soviéticos para garantir que as decisões propostas pelos Estados Unidos fossem aprovadas por seus aliados, que constituíam a maior parte do Conselho de Segurança, foi a criação do poder de veto. Embora não seja mencionado explicitamente na Carta fundadora da ONU, de 1945, as decisões do Conselho de Segurança exigem unanimidade de aprovação, ou seja, "os votos de todos dos membros permanentes", o que significa que qualquer um deles pode impedir a adoção de qualquer resolução.

Até o final dos anos 1980, com a Guerra Fria, a ONU ficava paralisada frente às grandes questões mundiais, pois tanto Estados Unidos quanto União Soviética apresentavam posições contrárias e detinham poder de veto. Com o fim dessa bipolaridade, o problema deixou de existir ou, pelo menos, já não é tão intenso como anteriormente.

Com o fim da Guerra Fria, a ONU passou a ter um papel mais ativo. Ela se fortaleceu também em função da globalização, isto é, da interdependência cada vez maior de todos os povos e Estados e do reconhecimento da existência de problemas comuns da humanidade.

Nota-se a presença mais ativa da ONU nos problemas mundiais a partir de 1991: a aprovação do envio das "tropas aliadas" na Guerra do Golfo; a formação das "tropas de paz" da ONU, com soldados de vários países, para tentar manter a paz na África (Somália, Ruanda) e na antiga Iugoslávia (particularmente na Bósnia-Herzegovina e no Kosovo), bem como no Timor-Leste (para onde foram tropas brasileiras, além de outros países) e no Haiti (em que tropas brasileiras ficaram encarregadas de manter a paz).

> **Poder de veto:** é a prerrogativa que têm os cinco membros permanentes do Conselho de Segurança da ONU, que consiste em poder vetar (proibir, impedir) qualquer resolução, mesmo que os demais membros do órgão a aprovem.

Missão brasileira enviada pela ONU em Chantal, no Haiti, em 2016. Na foto, os soldados desbloqueiam a estrada para passagem de caminhões de distribuição de alimentos e água.

O fortalecimento da ONU pode ser observado pelo aumento do seu orçamento e pela amplitude de sua atuação. O orçamento da ONU em 1989, por exemplo, foi de 870 milhões de dólares, enquanto o de 2018 foi de 5,4 bilhões de dólares. Além disso, muitos novos programas e agências da ONU foram criados no mundo pós-Guerra Fria: o Escritório das Nações Unidas sobre Drogas e Crimes (1997), o Programa de Assentamentos Humanos (2002), o ONU Mulheres (2010), entre outros.

Neste século, vários países solicitaram mudanças na ONU, argumentando que a organização deve se adaptar às transformações ocorridas após 1945. Entre essas mudanças, pode-se citar: o número de membros se ampliou (de 51 países, em 1945, para os atuais 193) e o Japão e a Alemanha, que hoje são a terceira e a quarta economias do mundo e também países sem armas atômicas, já não são mais vistos com desconfiança por outras nações.

Além disso, o poderio econômico dos membros permanentes do Conselho de Segurança hoje já não é avassalador, em comparação ao restante do mundo, como era observado em 1945. Novas potências médias ou regionais surgiram nas últimas décadas, com grande influência sobre seu entorno, como é o caso da África do Sul, do Brasil e da Índia. Essas nações pleiteiam maior protagonismo na ONU. Soma-se ainda a argumentação de alguns países muçulmanos de que não existe nenhum representante islâmico como membro permanente no Conselho de Segurança. Por fim, há críticas de que o poder de veto dos cinco membros permanentes do Conselho é prerrogativa não democrática. Afirma-se que o número de membros permanentes deve ser ampliado para incluir as novas potências, como Japão e Alemanha, além de países em desenvolvimento, como Brasil, Índia e África do Sul.

Alemanha, Japão, Brasil e Índia formaram o G-4, grupo de quatro países que pleiteavam um lugar permanente no Conselho de Segurança. Devido à forte oposição da China, que não quer o Japão e tampouco a vizinha Índia como membros permanentes desse Conselho, o G-4 perdeu força e o Japão saiu do grupo. É improvável que essas mudanças ocorram, principalmente porque os cinco membros permanentes não admitem perder o seu direito de veto e não querem outros países com essa prerrogativa.

Assembleia Geral da ONU no Dia Internacional da Mulher, em Nova York, nos Estados Unidos, em 2018.

A ONU estrutura-se por meio de alguns órgãos: a Assembleia Geral, o Conselho de Segurança, o Conselho de Tutela, o Secretariado e a Corte Internacional de Justiça. Existem ainda vários programas, entre os quais se destacam o Programa das Nações Unidas para o Desenvolvimento (Pnud), o Programa das Nações Unidas para o Meio Ambiente (Pnuma), o Fundo das Nações Unidas para a Infância (Unicef), o Escritório do Alto Comissariado das Nações Unidas para os Direitos Humanos (ACNUDH) e o Fundo de População das Nações Unidas (UNFPA).

Há também agências especializadas em assuntos cruciais para a humanidade, como a Organização das Nações Unidas para a Alimentação e a Agricultura (FAO, sigla em inglês), a Organização Internacional do Trabalho (OIT), a Organização Mundial da Saúde (OMS) e a Organização das Nações Unidas para a Educação, a Ciência e a Cultura (Unesco, sigla em inglês). No plano econômico, o Fundo Monetário Internacional (FMI) é uma agência vinculada à ONU que objetiva a estabilidade econômica dos países, enquanto o Banco Mundial é uma agência com maior grau de autonomia que procura fornecer assistência financeira para o desenvolvimento dos seus países-membros.

A **Assembleia Geral** é um órgão deliberativo para o qual todos os países-membros enviam um representante oficial, que participa dos debates e deliberações. Nesse órgão, cada país tem direito a um voto e nenhum deles tem poder de veto. A **Corte Internacional de Justiça**, principal órgão judiciário da ONU, tem sua sede na cidade de Haia, nos Países Baixos (Holanda). É composta de 15 juízes, eleitos pela Assembleia Geral e pelo Conselho de Segurança para um mandato de 9 anos (um terço do pessoal é eleito a cada três anos, tendo em vista a continuidade dos trabalhos). Cabe-lhe solucionar as disputas legais dos Estados nacionais, nos termos do direito internacional, e emitir pareceres consultivos sobre questões legais colocadas por órgãos e agências especializadas da ONU. O **Secretariado**, formado por um secretário-geral e milhares de funcionários procedentes de vários Estados nacionais, é incumbido da execução das tarefas diárias da organização, dentro e fora da sede da ONU. Por recomendação do Conselho de Segurança, o Secretário-Geral é eleito pela Assembleia Geral para um mandato de cinco anos, que pode ser renovado.

Sede do Banco Mundial em Washington D.C., nos Estados Unidos, em 2017.

Texto e ação

1► Dos programas e fundos criados pela ONU, qual deles mais chama a sua atenção? Justifique sua resposta e compartilhe com os colegas.

2► Qual a importância do "poder de veto" na ONU? Você considera o "poder de veto" democrático?

Geolink

Leia o texto.

Três reformas de que a ONU necessita

A ONU representa a inovação política mais importante do século XX. [...] se ela quiser continuar a cumprir seu papel global único e vital no século XXI, ela deve se atualizar em três aspectos principais.

O valor preciso da paz, da redução da pobreza e da cooperação ambiental possibilitada pela ONU é incalculável. Se fôssemos colocá-lo em termos monetários, poderíamos estimar seu valor em trilhões de dólares por ano. No entanto, os gastos de todos os órgãos e atividades da ONU – da Secretaria e do Conselho de Segurança com as operações de manutenção da paz, respostas de emergência às epidemias e operações humanitárias para desastres naturais, fome e refugiados – totalizaram cerca de 45 bilhões de dólares em 2013 (aproximadamente 6 dólares por pessoa no planeta). Isso é uma pechincha. Dada a crescente necessidade de cooperação global, a ONU não consegue sobreviver com esse orçamento.

Diante disso, a primeira reforma que sugiro é o aumento no financiamento da ONU, com os países de alta renda contribuindo com pelo menos 40 dólares *per capita* anualmente, os países de renda média alta com 8 dólares, os países de renda média baixa com 2 dólares e os países de renda baixa com 1 dólar. Com essas contribuições – que representam aproximadamente 0,1% da renda média de cada grupo –, a ONU teria cerca de 75 bilhões de dólares por ano, que iriam fortalecer a qualidade e o alcance dos seus programas vitais, começando pelos ODS [Objetivos de desenvolvimento sustentável]. [...]

Isso nos leva à segunda grande reforma: adequar a ONU para a nova era de desenvolvimento sustentável. A ONU precisa fortalecer seus conhecimentos em áreas como meio ambiente oceânico, energia renovável, design urbano, controle de doenças, inovação tecnológica, parcerias público-privadas e cooperação cultural pacífica. [...]

A terceira grande reforma seria na governança da ONU, começando pelo Conselho de Segurança, cuja composição não reflete mais a realidade geopolítica global. Na verdade, a Europa ocidental [com Reino Unido e França] e os Estados Unidos representam três dos cinco membros permanentes, havendo apenas uma vaga para o leste europeu (Rússia), uma para a região Ásia-Pacífico (a China) e nenhuma para a África ou para a América Latina.

Os assentos rotativos desse Conselho também não refletem o equilíbrio global. A região Ásia-Pacífico ainda está subestimada, pois possui cerca de 55% da população mundial e 44% do PIB global, mas tem apenas três lugares dos 15 do Conselho de Segurança. A representação inadequada da Ásia é uma séria ameaça à legitimidade da ONU, que só aumenta à medida que essa região mais dinâmica e populosa do mundo assume um papel global cada vez mais importante.

Fonte: SACHS, Jeffrey. *World Economic Forum*. Disponível em: <www.weforum.org/agenda/2015/08/3-reforms-the-un-needs-as-it-turns-70/>. Acesso em: 25 jul. 2018. (Traduzido pelos autores.)

Agora, responda:

1. O autor, importante economista da atualidade e professor na Universidade de Columbia, nos Estados Unidos, tem uma opinião positiva ou negativa em relação à ONU? Justifique sua resposta.

2. Quais são as três grandes reformas que o autor sugere para a ONU? Comente cada uma delas e opine sobre sua viabilidade (isto é, se são de fato executáveis ou exequíveis).

3. Qual é a região do globo que o autor considera a menos representada no Conselho de Segurança da ONU? Por quê?

4. A ONU algumas vezes é alvo de acirradas críticas que afirmam que a organização falhou no seu objetivo de manter a paz no mundo (várias guerras ocorreram e ainda ocorrem desde que a ONU foi fundada) ou de promover o desenvolvimento dos Estados mais pobres. Em sua opinião, essas críticas são corretas ou exageradas? Justifique sua resposta.

5. Os Objetivos de Desenvolvimento Sustentável (ODS) e os Objetivos de Desenvolvimento do Milênio (ODM) são metas de desenvolvimento traçadas pela ONU. Pesquise sobre elas, evidenciando seus objetivos e diferenças.

    a) Em sua opinião, alguma das metas foi alcançada no Brasil? Justifique sua resposta.

    b) Quais são os objetivos que parecem mais complexos de alcançar? Justifique sua resposta.

Agências especializadas e programas da ONU

Espalhadas pelo mundo, a ONU conta com agências especializadas, que cooperam com ela no estabelecimento de seus programas humanitários.

Unesco

Fundada em 1945, com o objetivo de promover a cooperação intelectual ou cultural entre os Estados nacionais, a Organização das Nações Unidas para a Educação, Ciência e Cultura (Unesco) tem a sua sede em Paris, na França. É responsável pela coordenação da cooperação internacional em educação, ciência, cultura e comunicação.

Essa agência procura fortalecer os laços entre nações e mobilizar o público para que cada criança e cidadão tenha acesso a uma educação de qualidade, possa crescer e viver em um ambiente cultural rico em diversidade e diálogo, beneficie-se plenamente dos avanços científicos e desfrute de plena liberdade de expressão.

Uma das importantes áreas de atuação da Unesco diz respeito aos patrimônios da humanidade, sítios ou obras reconhecidos como valiosos para todo o mundo, que devem ser preservados. Eles são classificados em culturais, naturais ou mistos.

O patrimônio cultural é composto de monumentos e grupos de edifícios ou sítios que tenham valor histórico, estético, arqueológico, científico, etnológico ou antropológico. Por exemplo: Ouro Preto (MG), Brasília (DF), Veneza (Itália), o mausoléu do imperador Qin Shihuang (China), a cidade velha de Jerusalém (Israel), etc.

Os patrimônios naturais são formações físicas, biológicas e geológicas excepcionais, *habitat* de espécies animais e vegetais ameaçadas e áreas que tenham valor científico, de conservação ou estético. Por exemplo: a Área de Conservação do Pantanal ou o Parque Nacional da Serra da Capivara (PI), as ilhas Galápagos (Equador), etc.

Os patrimônios mistos são áreas naturais com intervenção humana, sendo difícil classificá-los apenas como culturais ou naturais. Em 2017, já existiam quase mil patrimônios da humanidade, 21 deles no Brasil. Há também patrimônios transfronteiriços, locais que abrangem áreas vizinhas de dois ou mais países. A oficialização de um local como patrimônio da humanidade faz com que a Unesco ajude financeiramente o país – ou países – na conservação dessa área.

A serra da Capivara, no estado do Piauí, é considerada um patrimônio natural da humanidade e abriga pinturas rupestres que datam de milhares de anos. Foto de 2018.

FAO e OIT

A Organização das Nações Unidas para a Agricultura e Alimentação (FAO) tem sede em Roma, na Itália. Seus objetivos são eliminar a fome, a insegurança alimentar e a má nutrição no mundo; ajudar a eliminar a pobreza e promover o desenvolvimento econômico-social no mundo; gerir de maneira sustentável os recursos naturais, como a terra, a água, o ar, os recursos genéticos, em favor das gerações presentes e futuras.

Para atingir esses objetivos, a FAO atua em várias frentes, procurando, por exemplo, implantar sistemas agrícolas e alimentares que melhorem as condições de vida no campo.

A Organização Internacional do Trabalho (OIT) tem sede em Genebra, na Suíça, e existe desde a antiga Liga das Nações. Com o final dessa liga, ela foi incorporada à ONU. É uma agência tripartite: Estados nacionais, empresas e trabalhadores participam de seus trabalhos, com o objetivo de promover o direito ao trabalho, fomentar a criação de empregos decentes, desenvolver a proteção social e reforçar o diálogo social no campo do trabalho.

Missão da FAO visita a cozinha do Centro Municipal de Educação Infantil em Vitória (ES), em 2017.

Banco Mundial e FMI

Em 1944, quase no final da Segunda Guerra Mundial, foi realizada uma conferência internacional sobre questões monetárias e financeiras mundiais na cidade de Bretton Woods (Estados Unidos). Estiveram presentes representantes de 44 nações aliadas, que assinaram os chamados Acordos de Bretton Woods, pelos quais foram criados, em 1945, o Fundo Monetário Internacional (FMI) e o Banco Mundial, também conhecido como Banco Internacional para Reconstrução e Desenvolvimento (Bird). O objetivo dessa conferência, que levou à fundação dessas duas instituições, foi discutir a situação financeira global no mundo, procurando ajudar na reconstrução dos países arrasados pela guerra.

Após a recuperação econômica desses países, principalmente os da Europa ocidental e o Japão, os objetivos do FMI e do Banco Mundial passaram a ser ajudar os países necessitados de empréstimos e diminuir a pobreza no mundo. Suas sedes ficam em Washington D.C., nos Estados Unidos. Essas instituições ficaram em evidência nas últimas décadas devido às dificuldades de alguns países em pagar suas dívidas externas.

O Banco Mundial tem como função conceder empréstimos aos países que necessitam de recursos para investimentos (em infraestrutura, saúde, educação, meio ambiente, etc.) ou às vezes para pagar parcelas de sua dívida externa. O FMI desempenha o papel de coordenador e fiscalizador dos empréstimos e das políticas de desenvolvimento postas em prática pelos países devedores ou endividados.

Mais que o Banco Mundial, o FMI tem sido alvo de críticas e protestos de grupos que consideram a instituição responsável por manter os países em dificuldades na recessão. Isso porque o FMI impõe aos países endividados uma política econômica recessiva, ou seja, que entrava as atividades econômicas e dificulta novos investimentos.

Em geral, o FMI propõe aos governos endividados restrições aos gastos públicos e aos aumentos salariais, taxas de juros elevadas para desacelerar o consumo e, consequentemente, a inflação. Ainda costuma propor a desvalorização da moeda do país endividado como forma de incentivar as exportações e restringir as importações. Nos últimos anos, contudo, o FMI vem reformulando suas recomendações.

O grande problema é que as medidas do FMI geralmente recaem sobre a maioria da população, pois é mais fácil para os governos controlar os salários e reduzir os gastos públicos relacionados a áreas sociais, como educação e saúde.

Manifestantes protestam contra o FMI em Buenos Aires, na Argentina, em 2018. No cartaz, lê-se, em espanhol, "FMI nunca mais".

Texto e ação

Leia o texto a seguir:

Nesta segunda-feira [18/09/2017], o [então] presidente da República, Michel Temer, desembarcou em Nova York, nos Estados Unidos, para participar da sessão de debates da Assembleia Geral das Nações Unidas [...]. Assim como no ano passado [...] ficará responsável por discursar na abertura do encontro. Tradicionalmente, o Brasil abre os trabalhos nesse encontro, prática que remonta a 1947, quando Oswaldo Aranha – então chefe da delegação brasileira – presidiu a primeira sessão especial da Assembleia.

Desde sua criação, a ONU se manteve como a mais relevante organização internacional. Apesar de ser criada para impedir um novo conflito após duas grandes guerras, a organização foi além: sua atuação abrange desde a criação de leis internacionais até a supervisão de questões de saúde e humanitárias, por exemplo. [...]

Para a professora do Instituto de Relações Internacionais da Universidade de Brasília (UnB), Ana Flávia Granja e Barros, a organização permanece relevante diante dos problemas em nível mundial, apesar das mudanças geopolíticas dos últimos anos. "Ela tem se esforçado para integrar os atores privados [...], tanto do mercado quanto da sociedade organizada, e também para responder às questões mais atuais, como clima, as migrações do Oriente Médio" [...]

Fonte: PRESIDÊNCIA DA REPÚBLICA. Disponível em: <www2.planalto.gov.br/acompanhe-planalto/releases/2017/09/criada-para-promover-a-paz-onu-atua-em-diversas-frentes-entenda>. Acesso em: 12 jul. 2018.

1▸ Com base na leitura e em seus conhecimentos prévios, responda às questões.

a) Por que é o representante do Brasil quem costuma abrir a Assembleia Geral das Nações Unidas?

b) A ONU procura responder às grandes questões internacionais, como mudanças climáticas, situação de refugiados do Oriente Médio ou da África devido a guerras, perseguições ou ações terroristas, etc. Você saberia quais agências ou programas da ONU cuidam dessas novas questões? Se necessário, pesquise para responder.

2▸ Em sua opinião, qual é a importância dos patrimônios da humanidade?

3▸ Explique o contexto e o objetivo da fundação do Banco Mundial e do FMI.

4▸ Por que o FMI costuma ser alvo de protestos populares nos países endividados?.

2 Organizações militares internacionais

As organizações militares internacionais são entidades criadas por meio de acordos entre países com o intuito de contribuir para a segurança mútua ou a defesa comum em alguma região do globo.

Otan

Atualmente, o principal acordo ou tratado internacional de defesa é a Organização do Tratado do Atlântico Norte (Otan), que agrega 29 países e apresenta a maior força militar.

A Otan nasceu durante a Guerra Fria e, ao fim dela, parecia destinada ao declínio. Entretanto, não apenas sobrevive no mundo pós-Guerra Fria, como parece se fortalecer com o combate ao terrorismo. Fundada em 1949, sua sede fica em Bruxelas, na Bélgica. Entre os membros plenos da Otan estão Estados Unidos, Canadá, países da Europa ocidental em geral, a Turquia e algumas nações da Europa oriental.

Em 1999, Polônia, Hungria e República Tcheca entraram na organização. Em 2004, foram aceitos como membros Bulgária, Romênia, Estônia, Lituânia, Letônia, Eslováquia e Eslovênia; em 2009, ingressaram a Albânia e a Croácia. Em 2017, Montenegro foi aceita como membro pleno.

A Rússia pediu para entrar nesse bloco militar em 2002. Ela foi aceita na condição de membro observador, sem direito a veto nas decisões militares. A partir daí, a Otan passou a estabelecer parcerias diversificadas com países distantes, como Japão e Austrália, nações da Europa oriental, da antiga União Soviética e países mediterrâneos.

Além dos 29 membros plenos em 2018, a Otan tem diversas parcerias com países do mundo inteiro.

Otan: países-membros com data de adesão (2018)

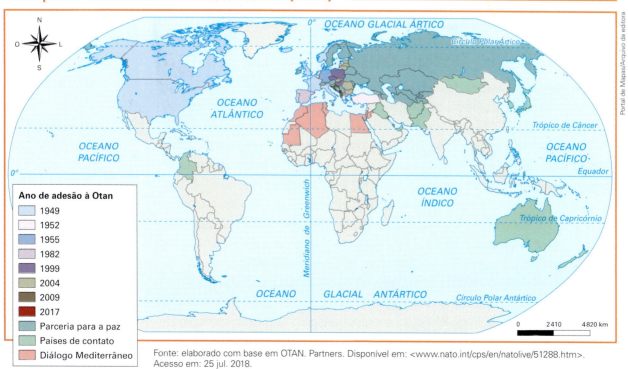

Fonte: elaborado com base em OTAN. Partners. Disponível em: <www.nato.int/cps/en/natolive/51288.htm>. Acesso em: 25 jul. 2018.

A Otan foi criada para defender seus países-membros – capitalistas – de uma possível ameaça socialista ou soviética. Seu grande rival era o Pacto de Varsóvia, organização militar, atualmente extinta, que congregava a União Soviética e a maioria dos Estados da Europa oriental. Com o fim do Pacto de Varsóvia, pensou-se que a Otan também seria extinta, o que não ocorreu. Ela adquiriu novos objetivos, como lutar contra ameaças terroristas ou fazer oposição a nações não parceiras que pretendem desenvolver armas de destruição em massa, como o Irã ou a Coreia do Norte, além de continuar atuando em defesa dos interesses comuns de seus países-membros.

A França e outros poucos Estados europeus já sinalizaram a intenção de criar forças armadas na União Europeia. Entretanto, atualmente, a Otan é a grande organização armada do mundo, a única que pode agir em praticamente toda a superfície terrestre e que poderia garantir a obediência a alguma decisão crucial da ONU.

Missão de paz da Otan em Pristina, no Kosovo, em 2018.

Organização para Cooperação de Xangai

Também conhecida pela sigla SCO (em inglês, Shanghai Cooperation Organisation), a Organização para Cooperação de Xangai é um tratado internacional criado em 2001, na cidade de Xangai (China), por seis países: Rússia, Casaquistão, Quirguistão, Tajiquistão, Usbequistão e a própria China. Em 2017, Índia e Paquistão ingressaram na organização. Além dos Estados-membros, a SCO conta com quatro países observadores: Afeganistão, Belarus, Irã e Mongólia.

A SCO seria, em tese, a principal rival da Otan, embora sua coesão seja precária por incluir países tradicionalmente adversários e com frequentes conflitos armados fronteiriços (Índia e Paquistão; e Índia e China), além dos países que a Rússia ainda considera sua periferia (Cazaquistão e as demais nações da Ásia central).

O principal objetivo da SCO é fortalecer a confiança mútua e a vizinhança entre os Estados-membros, promovendo cooperação efetiva em política, comércio, economia, pesquisa, tecnologia e cultura, educação, energia, transportes, turismo, proteção ambiental, etc. Além disso, visa fazer esforços conjuntos para manter e garantir a paz, a segurança e a estabilidade na região.

Outros tratados ou acordos militares

Os Estados Unidos possuem acordos ou tratados de defesa conjunta com vários países ou regiões do globo.

O **Anzus** (sigla de Austrália, Nova Zelândia e Estados Unidos da América) visa uma atuação militar defensiva no Pacífico Sul. Criada em 1951, tem sede em Camberra, na Austrália.

O **acordo de defesa entre Estados Unidos e Israel** assinala a cooperação entre esses dois países em caso de guerra. Além disso, com esse acordo, Israel recebe ajuda econômica e militar dos Estados Unidos, podendo até receber determinados aviões ou armamentos sofisticados que os estadunidenses não vendem para outros países. Acredita-se que Israel é o país mais militarizado da região. Lá o serviço militar é obrigatório para homens (3 anos) e para mulheres (1 ano) e estima-se que o país seja a quarta potência militar do globo, atrás apenas dos Estados Unidos, da China e da Rússia.

Os **acordos de defesa dos Estados Unidos com a Coreia do Sul** existem desde o final da Guerra da Coreia (1950-1953), quando o país ficou dividido em dois e o tratado para o fim da guerra não foi assinado. Essa divisão da Coreia começou com o combate, pelas tropas estadunidenses, das forças japonesas que ocupavam a península da Coreia desde 1910.

As tropas japonesas na Coreia só foram desalojadas em 1945, no final da Segunda Guerra Mundial. Os Estados Unidos, que estavam em guerra com o Japão, iniciaram essa desocupação da Coreia pela parte sul do país, mas os soviéticos, temendo que toda a península coreana ficasse sob o domínio capitalista, também declararam guerra ao Japão e iniciaram a desocupação pelo norte, dominando a porção setentrional do país. Em 1948, Estados Unidos e União Soviética resolveram que a Coreia ficaria dividida em duas porções, com governos separados.

Uma guerra aberta ocorreu quando os norte-coreanos, apoiados por tropas soviéticas e chinesas, invadiram a parte sul em 1950. A guerra se arrastou por três anos até que, em 1953, um armistício foi assinado. Ele estabeleceu uma zona desmilitarizada entre os países. Nenhum tratado formal de paz foi assinado entre as partes envolvidas, o que significa que, tecnicamente, as duas Coreias ainda estão em guerra. Porém, em abril de 2018, os líderes da Coreia do Norte e da Coreia do Sul assumiram publicamente o compromisso de futuramente assinar um acordo de paz para encerrar de vez essa guerra.

O presidente norte-coreano Kim Jong-un (à esquerda) cumprimenta Moon Jae-in, presidente da Coreia do Sul. A foto mostra uma tentativa de reaproximação e diálogo entre os governos da Coreia do Norte e da Coreia do Sul, em encontro realizado em Panmunjom, na Coreia do Sul, em 2018.

Texto e ação

- Você acha que a Organização para Cooperação de Xangai é um adversário para a Otan? Justifique sua resposta.

3 A OCDE e outros grupos

Tendo em vista promover o desenvolvimento econômico no mundo capitalista, em 1961, os países da Europa ocidental, os Estados Unidos e o Canadá fundaram a **Organização para a Cooperação e Desenvolvimento Econômico (OCDE)**, com sede em Paris. A OCDE defende os princípios do regime político democrático e a economia de mercado e apoia um crescimento econômico duradouro para todos os seus membros.

Atualmente, a OCDE é composta de 36 países-membros, tendo incluído membros da Ásia (Japão, Coreia do Sul), da Oceania (Austrália e Nova Zelândia) e dois membros latino-americanos (México e Chile). Veja o mapa abaixo.

Desde 2007, tem estabelecido alguns programas de trabalho com a China, o Brasil, a Rússia, a Índia, a África do Sul e a Indonésia. Tais programas poderão transformá-los em Estados-membros no futuro.

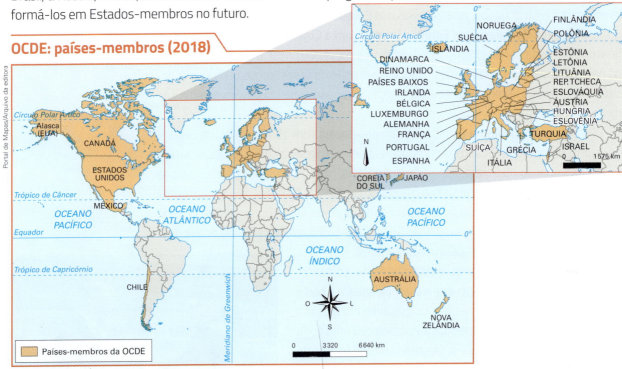

OCDE: países-membros (2018)

Fonte: elaborado com base em OCDE. *Members and Partners*. Disponível em: <www.oecd.org/about/membersandpartners/>. Acesso em: 26 jul. 2018.

G-7, G-8, G-20 e Brics

Alguns grupos de países se reúnem frequentemente para definir determinados objetivos comuns. Não são propriamente organizações internacionais, e sim conjuntos de países que se associaram e criaram grupos que deliberam sobre determinados assuntos e atuam em comum.

Uma importante associação internacional na atualidade é o chamado Grupo dos Sete, o G-7. Trata-se de um fórum de debates e decisões conjuntas das sete economias mais ricas do mundo desenvolvido: Estados Unidos, Japão, Alemanha, França, Itália, Reino Unido e Canadá. Foi constituído em 1975, época em que esses sete países tinham as maiores economias do mundo capitalista. Sem dúvida, isso mudou com os anos: hoje a China é a segunda maior economia do mundo, a Índia apresenta um Produto Interno Bruto (PIB) maior que o da Itália e o do Canadá, e o Brasil tem uma economia maior que a do Canadá.

▶ **Deliberar:** realizar reflexões e/ou discussões sobre (algo) com o objetivo de decidir o que fazer.

Entretanto, o grupo continua com os sete membros originais, que têm regimes democráticos e economias de mercado bem estruturados, grande poder de investir no exterior, conceder empréstimos ou custear gastos militares ou econômicos (ajudando países sem recursos, contribuindo com a ONU, etc.).

A Rússia solicitou insistentemente seu ingresso nesse grupo. Então, em 1997 foi criado o Grupo dos Oito (o G-8), que é composto do G-7 (que continua a existir) mais a Rússia, um Estado considerado importante pelo seu poderio militar. O G-8 se reúne periodicamente para tratar das questões políticas mundiais, como combate ao terrorismo ou ao narcotráfico; e o G-7 se reúne para discutir as questões econômicas internacionais.

Desde 2007, algumas autoridades dos países do G-7, e também de fora dele, vêm declarando que o grupo deveria incluir novos representantes e incorporar a Rússia como membro pleno.

Bastante parecido com o G-7, o Grupo dos 20 (G-20) é formado pelos ministros de finanças e chefes dos bancos centrais das 19 maiores economias do mundo, mais a União Europeia. Criado em 1999, após as sucessivas crises financeiras dessa década, visa favorecer a negociação internacional, levando em conta o peso econômico crescente dos membros que, em conjunto, representam 90% do PIB mundial e do comércio internacional, além de dois terços da população mundial.

Com o crescimento desse grupo, e diante de uma nova crise iniciada em 2008 nos Estados Unidos, os líderes participantes do G-20 anunciaram que ele seria o novo conselho internacional permanente de cooperação econômica, ofuscando o G-7. O objetivo do G-20 é reunir regularmente as mais importantes economias desenvolvidas e emergentes (nome dado para países como Brasil, Índia, África do Sul, Rússia, Turquia, etc., e para a superindustrializada China) para discutir questões-chave da economia global: dívidas externas, crises econômicas, privatização de empresas, desregulação dos mercados (para que se tornem mais abertos), bem como uma possível reforma de instituições internacionais como o Banco Mundial e o FMI.

Reunião do G-7 em Taormina, na Itália, em 2017. Da esquerda para direita: Donald Tusk (Conselho Europeu), Justin Trudeau (Canadá), Angela Merkel (Alemanha), Donald Trump (Estados Unidos), Paolo Gentiloni (Itália), Emmanuel Macron (França), Shinzo Abe (Japão), Theresa May (Grã-Bretanha) e Jean-Claude Junker (Comissão Europeia).

O **Brics** é um grupo ou associação internacional cuja sigla é formada pelas iniciais dos países participantes: Brasil, Rússia, Índia, China e África do Sul (South Africa, em inglês). Não é uma organização, nem um mercado regional ou uma área de livre-comércio, mas uma associação de países que consideraram ter algo em comum.

O grupo foi criado após um estudo elaborado no ano de 2001 por um grupo financeiro internacional com sede nos Estados Unidos, chamado Goldman Sachs, que apontou alguns países emergentes com grande potencial de crescimento econômico, cujas economias estavam se tornando cada vez mais importantes no mundo: Brasil, Rússia, Índia e China (Bric). Esses países passaram a promover reuniões para atuar em conjunto sobre algumas questões econômicas. Em 2011, convidaram a África do Sul, adotando a sigla Brics.

O Brics não é uma organização formalizada. É apenas um agrupamento com caráter informal. Não há documento constitutivo nem sede. Em última análise, o que sustenta o agrupamento é a vontade política de seus membros. O Brics defende uma melhor representação de seus interesses em instituições internacionais, como o FMI ou a Organização Mundial do Comércio (OMC). Entretanto, às vezes seus integrantes apresentam interesses conflitantes, como a tradicional rivalidade entre China e Índia ou as queixas dos demais países a respeito da moeda excessivamente desvalorizada da China, que inunda o mundo com as suas exportações.

Em 2014 foi criado o chamado "Banco do Brics", cujo nome oficial é NBD (New Development Bank), com o objetivo de financiar projetos de infraestrutura e desenvolvimento em países pobres e emergentes. Sua sede fica em Xangai, na China. O NBD também objetiva expandir o comércio entre os cinco países que compõem o grupo.

Apesar de os países do Brics terem sido vistos durante algum tempo como os principais mercados emergentes do mundo, a China sozinha tem uma economia maior do que todos os outros quatro países somados. Todo esse dinamismo apregoado pelo bloco – mais de 60% do crescimento mundial de 2003 até 2011 – foi majoritariamente produzido pela China e, em segundo lugar, pela Índia. Além disso, com crises na Rússia e no Brasil e com o modesto crescimento da África do Sul, essa sigla nos dias de hoje tornou-se praticamente esvaziada. Ela apenas exemplifica como, nesta época de globalização e rápidas mudanças, agrupamentos de países ou até mercados regionais são organizações ou conjuntos efêmeros.

Cerimônia de lançamento do New Development Bank (NBD ou Banco do Brics) em Xangai, na China, em 2017.

Texto e ação

1. Em 2017, Brasil, Argentina, Peru, Croácia, Romênia e Bulgária solicitaram a sua adesão à OCDE.

    a) Explique no que consiste essa organização.

    b) Em sua opinião, qual seria a vantagem de o Brasil ingressar nessa organização?

2. Você acha que a criação de todos esses grupos de países tem alguma relação com as frequentes crises monetárias e econômicas que ocorrem em diversos países e afetam os demais? Por quê?

4 Outras organizações internacionais

A **Organização Mundial do Comércio** (OMC) foi constituída em 1995 em substituição ao Acordo Geral de Tarifas e Comércio (GATT), criado em 1945 para gerenciar o comércio internacional. Sua sede fica em Genebra, Suíça, e contava, em 2016, com 187 nações (entre países-membros e observadores).

O GATT era considerado uma instituição fraca, que pouco promovia a abertura e a expansão do comércio internacional. Já a OMC tem regras e objetivos voltados para a expansão do comércio global e conta com um "sistema de resolução de controvérsias". Assim, se um país se sentir prejudicado por medidas protecionistas tomadas por algum outro, pode entrar com uma reclamação e um pedido de retaliação, que serão avaliados pela organização. O Brasil, por exemplo, chegou a enviar queixas contra os subsídios concedidos pelo governo estadunidense aos produtores de algodão.

A **Organização dos Países Exportadores de Petróleo** (Opep) foi fundada em 1960, e sua sede fica em Viena (Áustria), apesar de a Áustria não ser membro e tampouco exportar petróleo. Porém, é considerada pelos membros da organização um local acessível e politicamente neutro.

A Opep foi instituída pelas autoridades da Arábia Saudita, Irã, Iraque, Kuwait e Venezuela, grandes exportadores de petróleo e que objetivavam criar um cartel para negociar com vantagem os preços do produto no mercado internacional. Posteriormente, outros países ingressaram na organização, que em 2018 contava com 15 membros. Veja abaixo.

▶ **Medidas protecionistas:** ações que o governo de um país pode tomar para dificultar ou proibir a entrada de produtos de outros países (importação de mercadorias) no seu território. O objetivo é privilegiar os fabricantes do próprio país.

▶ **Cartel:** acordo comercial entre empresas – ou países – com o objetivo de manipular determinado mercado, fixando cotas de produção para cada membro. Essa é uma forma (ilegal) de controlar os preços do produto e limitar a concorrência. No âmbito internacional é muito difícil combatê-los, especialmente quando organizados por governos e não por empresas.

Opep: países-membros (2018)

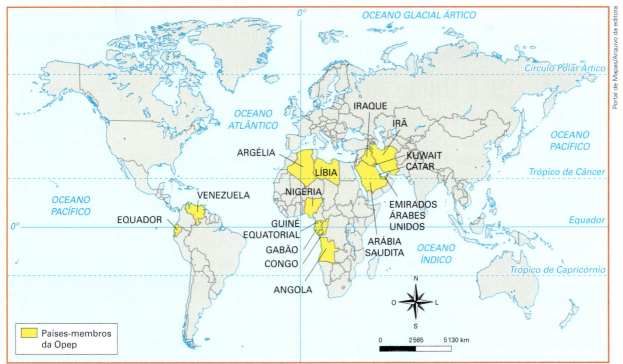

Fonte: elaborado com base em OPEC. Member Countries. Disponível em: <www.opec.org/opec_web/en/about_us/25.htm>. Acesso em: 3 jul. 2018.

Em razão da importância do petróleo na economia mundial, a Opep provocou os chamados choques do petróleo: o primeiro, em 1973, quando o preço do barril de petróleo bruto aumentou de 5,5 para 24 dólares. A Arábia Saudita, além de outros países, reduziu a oferta do produto no mercado mundial, em resposta à ocupação das tropas israelenses no Egito e na Síria, por ocasião da Guerra Árabe-israelense de 1973.

Um segundo choque petrolífero ocorreu em 1979, após a Revolução Iraniana e a Guerra entre Irã e Iraque, dois dos maiores exportadores mundiais, ocasião em que o preço do barril chegou a custar 35 dólares. Outra acentuada subida nos preços do petróleo ocorreu na primeira década deste século, devido ao aumento da procura por parte da China, que se tornou o maior importador mundial, ao lado de outras economias emergentes, como a Índia. O preço do barril do petróleo ultrapassou a barreira dos 100 dólares.

Desde 2014 os preços do combustível têm apresentado uma tendência de declínio. Isso se deve, entre outros motivos, à descoberta de novos campos petrolíferos ou de gás natural, ao aumento no número de países exportadores, principalmente de não membros da Opep, à diminuição na procura (especialmente por parte da China) e ao notável aumento na produção dos Estados Unidos, em especial pela extração de óleo e gás combustível do xisto (o país tem as maiores reservas do mundo).

Atualmente, a Opep enfrenta vários desafios, como a disputa geopolítica entre a Arábia Saudita (tradicional aliada dos Estados Unidos) com o Irã e a Venezuela, contrários à influência dos Estados Unidos sobre a Opep. Além disso, a Rússia passou a produzir mais petróleo e gás natural que vários membros da organização juntos: em 2017, com 11,2 milhões de barris por dia, sua produção foi quase igual à da Arábia Saudita e superior às do Irã, da Nigéria, da Venezuela, da Argélia e do Equador reunidos.

A Opep não tem como pressionar os países que não são associados e isso se aplica não apenas à Rússia, mas também ao Canadá e ao México, também grandes exportadores mundiais. O resultado disso tudo é a diminuição considerável da influência geopolítica dessa organização nos dias de hoje.

Liga Árabe e União Africana

A Liga de Estados Árabes, ou **Liga Árabe**, foi fundada em 1945 na cidade do Cairo, Egito. É formada por Estados árabes, ou seja, que têm o idioma árabe como principal ou oficial. Seu objetivo é reforçar e coordenar os laços econômicos, sociais, políticos e culturais entre os seus membros, assim como mediar disputas entre estes.

O objetivo principal da Liga Árabe era incentivar a independência e a integridade dos Estados-membros, pois em 1945 vários dos atuais países árabes ainda eram colônias ou protetorados de potências estrangeiras: o Líbano, a Jordânia e a Síria só se tornaram independentes em 1946; a Líbia em 1951; o Marrocos e a Tunísia em 1956; a Argélia somente em 1962, etc.

Assim, os povos ou nações árabes fundaram a Liga como forma de aumentar as relações econômicas e as ligações históricas e religiosas. Atualmente, a Liga Árabe compreende 22 Estados, que possuem em conjunto uma população total de mais de 200 milhões de habitantes.

Pode-se dizer que a Liga Árabe nunca foi, de fato, coesa ou unida. Em 1990, por exemplo, um dos membros, o Iraque, invadiu e anexou outro, o Kuwait. Na guerra pela libertação deste país, outros membros – Arábia Saudita, Catar, Bahrein – apoiaram as tropas internacionais, principalmente estadunidenses, que entraram em guerra com o Iraque. Algo semelhante ocorre atualmente, por ocasião da guerra civil na Síria, iniciada em 2011: alguns países árabes, como Arábia Saudita e Kuwait, apoiam os rebeldes contra o governo sírio.

Sede da União Africana em Adis-Abeba, na Etiópia, em 2017.

A **União Africana** (UA) é uma associação criada em 2002 para substituir a antiga Organização da Unidade Africana (OUA), que existia desde 1963. Sua sede fica em Adis-Abeba (Etiópia). Devido ao exemplo bem-sucedido da União Europeia (UE), a OUA transformou-se em UA, com o objetivo de adquirir *status* de bloco comercial e até político. Foi criado um Parlamento Africano, e está em desenvolvimento a criação do Banco Central Africano, previsto para 2028.

A UA defende a disseminação da democracia, o respeito aos direitos humanos e o desenvolvimento econômico, entre outros princípios. Isso significa que, quando um de seus membros desconsidera algum desses princípios, pode ser suspenso temporariamente. Foi o que aconteceu com o Egito, após o golpe de Estado de 2013. Em 2014, o Egito voltou a fazer parte da UA. Atualmente, todos os países africanos são membros da UA, que reconhece quatro línguas oficiais: inglês, francês, árabe e português.

Texto e ação

- Observe o gráfico e responda às questões.

    a) O preço do barril de petróleo subiu para 65 dólares em 1985 e no ano seguinte caiu novamente. O que explica essa subida?

    b) Quais foram as mudanças nos maiores produtores de petróleo? Isso pode ter algum efeito nos preços do produto?

    c) A partir dos dados do gráfico, podemos afirmar que a Opep, na atualidade, vem perdendo consideravelmente a influência que exerce no mercado internacional do petróleo? Justifique sua resposta.

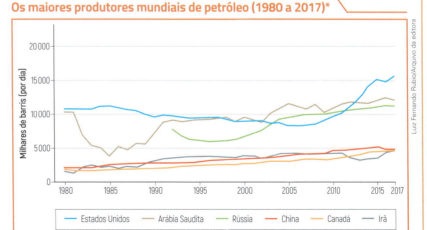

Os maiores produtores mundiais de petróleo (1980 a 2017)*

* Essa produção inclui petróleo, principalmente, e outros combustíveis líquidos de origem fóssil (óleo de xisto e gás natural liquefeito).
Fonte: elaborado com base em BETA. Disponível em: <www.eia.gov/beta/international/index.php?view=production>. Acesso em: 17 out. 2018.

5 Organizações regionais nas Américas

No continente americano existem algumas organizações constituídas por países com objetivos políticos, econômicos e outros interesses em comum.

OEA

A **Organização dos Estados Americanos** (OEA) foi criada em 1948 e sua sede fica em Washington (EUA). Conta atualmente com 35 países-membros, entre eles Estados Unidos, Canadá, México, Brasil, Argentina e Chile. Os países-membros da OEA se comprometem a defender os interesses do continente americano, expandir o regime democrático e buscar soluções pacíficas para o seu desenvolvimento econômico, social e cultural. Quase todos os Estados independentes do continente participam da organização, exceto Cuba, uma das fundadoras da organização, que foi expulsa em 1962, na época da Guerra Fria, sob a alegação de não ter um regime democrático. Porém, em 2009, Cuba foi aceita novamente, tendo sido constituído um grupo de trabalho para tratar do retorno do país à OEA.

Aladi e Unasul

A **Associação Latino-Americana de Livre-Comércio** (Alalc) foi criada em 1960, em Montevidéu (Uruguai), e deu origem à **Associação Latino-Americana de Integração** (Aladi), constituída por treze países latino-americanos. Em 2018, a Nicarágua se encontrava em processo de adesão.

Seu objetivo é incentivar o comércio entre os países-membros, de forma que no futuro se possa ter um Mercado Comum Latino-Americano.

Outra associação internacional importante no continente é a **União de Nações Sul-Americanas** (Unasul), instituição que dá sequência às antigas propostas de integração da América do Sul nas esferas da política e da economia. Criada em 2007, a Unasul substituiu a Comunidade Sul-Americana de Nações, criada em 2004. Em 2008, foi assinado em Brasília o Tratado Constitutivo da Unasul, que entrou em vigor em 2011. A associação, com sede em Quito, capital do Equador, é composta dos 12 países da América do Sul, mais Panamá e México, que têm *status* de Estados observadores. Pretende criar um mercado comum com a união política entre seus participantes no futuro; nesse sentido, essa associação buscava uma integração que possibilitasse o nascimento de uma "identidade sul-americana" e o diálogo político entre as nações que compõem o Mercado Comum do Sul (Mercosul) e a Comunidade Andina de Nações (CAN). A Unasul ainda fundou o Banco do Sul, cuja sede se localiza em Caracas (Venezuela).

Os países-membros da Unasul propuseram eliminar tarifas alfandegárias para produtos considerados não sensíveis até 2014 e para os demais produtos até 2019. Contudo, isso não aconteceu e alguns países-membros (Brasil, Argentina, Chile, Colômbia, Peru e Paraguai) abandonaram – não se sabe se temporária ou permanentemente – a organização em 2018. Nesse mesmo ano, a Colômbia também optou por retirar-se do bloco.

▶ **Produtos não sensíveis:** são aqueles inelásticos, ou seja, cuja procura em geral quase não diminui com o aumento nos preços, pois é difícil substituí-los por outros semelhantes. Exemplos: açúcar, sal, arroz, feijão, etc. O contrário são produtos elásticos, ou sensíveis, que podem ser facilmente substituídos por outros quando seus preços sobem, como manteiga (substituída pela margarina ou outros produtos), carne bovina (substituída pela carne suína ou de frango) e outros.

Comunidade Andina de Nações (CAN)

Em 1969, os países andinos – Bolívia, Chile, Colômbia, Equador, Peru e Venezuela – tentaram se integrar regionalmente, criando o Pacto Andino. Em razão de seu maior interesse em integrar-se com os Estados Unidos e os países asiáticos do Pacífico, o Chile se retirou em 1977; e a Venezuela, por causa de divergências com a Colômbia e o Peru, se retirou em 2006. Em 1996, os outros Estados adotaram a denominação atual de Comunidade Andina de Nações (CAN). Sediada em Lima (Peru), seu objetivo é promover a cooperação econômica entre os Estados associados por meio de um fundo de reserva. Além disso, funciona como órgão consultivo em questões políticas. Seu desempenho, contudo, tem sido precário e, em 2004, os quatro membros restantes do bloco assinaram uma declaração de compromisso de integrar essa comunidade ao Mercosul, criando assim a Unasul.

Secretaria-Geral da Comunidade Andina, em Lima, no Peru, em 2016.

Alba-TCP

A Alternativa Bolivariana para as Américas (Alba) foi fundada em 2004 pelos dirigentes da Venezuela e de Cuba. Em 2009, com a adesão da Bolívia, seu nome foi alterado para Aliança Bolivariana para os Povos da Nossa América – Tratado de Comércio dos Povos, resultando daí a sigla Alba-TCP. Atualmente, conta com a participação do Equador e mais cinco países da América Central e defende uma integração política e social entre seus membros, além do estreitamento das relações econômicas.

Organização de Estados Ibero-Americanos (OEI)

A Organização de Estados Ibero-Americanos para Educação, Ciência e Cultura (OEI) foi fundada em 1949, e é composta dos países da América Latina, da península Ibérica (Portugal, Espanha e Andorra), além da Guiné Equatorial (África). Tem o objetivo de promover a cooperação nos campos da educação, da cultura e do desenvolvimento científico-tecnológico entre os países ibero-americanos, sob os princípios da democracia e da integração regional.

Outras organizações foram formadas com diversos objetivos e compostas de diferentes países do continente americano. Entre elas temos a **Aliança do Pacífico**, organização que objetiva articular política e economicamente quatro países da América Latina: Chile, Colômbia, México e Peru. A intenção do bloco é promover o crescimento econômico dos países-membros da organização, além de aumentar a competitividade dessas nações no mercado mundial. Também devem ser destacados o **Mercado Comum do Sul** (Mercosul) e o **Tratado Norte-Americano de Livre-Comércio** (Nafta), organizações fundamentais para a compreensão das relações comerciais e políticas entre alguns países da América do Sul e da América do Norte, respectivamente. Por conta da relevância desses blocos econômicos, estudaremos com maior profundidade essas organizações nos próximos capítulos.

As ONGs internacionais

Muitas Organizações Não Governamentais (ONGs) são internacionais e atuam em praticamente todo o mundo. As ONGs são iniciativas de grupos constituídos por pessoas da sociedade civil que se reúnem em torno de objetivos comuns. Portanto, são instituições privadas, que contam com o trabalho de voluntários ou não, e atuam nas mais diversas áreas: educação, saúde, meio ambiente, atividades econômicas, cultura, direitos humanos, direitos dos animais, etc. Elas fazem parte do chamado Terceiro Setor, ou seja, essas iniciativas não partem do setor público (órgãos e instituições estatais) nem do setor privado (empresas que visam lucros).

As ONGs não devem ter fins lucrativos; seu propósito é o de atender às necessidades de grupos sociais ou do meio ambiente, muitas vezes negligenciados pelo Estado e pelo mercado.

No cenário internacional, as ONGs podem atuar em conjunto com os Estados, complementando suas atividades, ou com as organizações internacionais como a ONU e seus órgãos ou programas. Elas estão cada vez mais presentes na cena internacional, seja trabalhando para colocar na prática o desenvolvimento sustentável, seja denunciando injustiças sociais e agressões ao meio ambiente, ajudando em crises humanitárias devido a guerras, fome e epidemias, lutando pelos direitos das minorias, etc.

Crianças de comunidade carente de Dacca, capital de Bangladesh, recebem livros de ONG internacional, em 2015.

Texto e ação

1. Comente a atuação das organizações internacionais não governamentais no cenário internacional.

2. Na cidade onde você mora, existe alguma ONG de atuação local, nacional ou internacional? Pesquise para saber quais são seus objetivos, qual é o número de voluntários, como se mantém e como atua para auxiliar a comunidade.

CONEXÕES COM HISTÓRIA

- Leia o texto.

A maior parte das organizações internacionais com as quais convivemos hoje foi criada a partir da segunda metade do século XX. Entretanto, para compreendermos o fenômeno, é importante voltarmos para o século anterior, quando foram estabelecidas as bases para as práticas das organizações internacionais intergovernamentais e quando surgiram as primeiras organizações não governamentais internacionais. [...]

O processo de industrialização gerou avanços nos transportes e nas comunicações e produziu problemas impossíveis de serem resolvidos no âmbito do Estado-nação. O aumento da produção e do comércio, aliados à penetração do imperialismo europeu, permitiu a criação de uma rede complexa de relações econômicas em todo o globo. Da mesma forma, a maior interação entre as elites e as lideranças de movimentos sociais na Europa e nos Estados Unidos favoreceu o estabelecimento das primeiras organizações não governamentais de caráter internacional. [...]

Um número grande de agências foi criado para responder às necessidades de coordenação e cooperação em áreas diversas, como saúde, agricultura, tarifas, estradas de ferro, pesos e medidas, patentes e tráfego de drogas. A necessidade de criar padrões universais no campo da comunicação, controle de epidemias, pesos e medidas era premente, em particular para aqueles envolvidos no mundo dos negócios transnacionais. [...]

As grandes guerras, o desenvolvimento econômico, as inovações tecnológicas e o próprio crescimento do número de Estados no sistema internacional, a partir da desagregação dos impérios, favoreceram um enorme crescimento do número de OIGs [Organizações Internacionais Governamentais, formadas por acordos entre países] e ONGIs [Organizações Não Governamentais Internacionais, formadas por grupos de pessoas, não por governos] na segunda metade do século XX. [...] O final da Guerra Fria trouxe consigo o crescimento do número de países que compõe as OIGs e um otimismo inicial sobre o papel dessas, deflagrado com a intervenção no Iraque em 1991, sob a bandeira da ONU, e a Conferência sobre o Meio Ambiente no Rio de Janeiro em 1992. A ONU, a OTAN e a Organização para Segurança e Cooperação na Europa, por exemplo, incorporaram um número grande de países. [...]

O novo ativismo da ONU e de suas agências foi uma característica marcante do período pós-Guerra Fria. O processo decisório no Conselho de Segurança foi descongelado, e a organização foi chamada a exercer um papel central na administração da segurança internacional. Observa-se também um ressurgimento das atividades das agências funcionais com a criação de novas agências e maior ênfase em temas como meio ambiente, assistência humanitária, combate às atividades criminais e epidemias, além da proteção aos direitos humanos. [...] Durante as últimas décadas, mudanças importantes na política mundial modificaram drasticamente o ambiente no qual as organizações internacionais operam. A crescente consciência face aos problemas sociais, ambientais e de saúde pública, de natureza global, o desenvolvimento tecnológico, o acesso à internet e a própria proliferação de organizações internacionais compõem esse quadro. As organizações internacionais são, portanto, um tema em constante transformação e que têm gerado um debate cada vez mais intenso entre os especialistas em relações internacionais [...].

Fonte: HERZ, Mônica; HOFFMAN, Andrea Ribeiro.
Organizações internacionais: história e práticas. Rio de Janeiro: Elsevier, 2004. p. 23-31.

Agora responda:

a) Explique a relação entre a Revolução Industrial e a o advento das modernas organizações internacionais.

b) Quais foram os motivos que levaram à grande expansão das organizações internacionais a partir da segunda metade do século XX?

c) Qual foi a importância do ativismo da ONU e de suas agências no período pós-Guerra Fria?

d) Por que as organizações internacionais estão em constante transformação?

ATIVIDADES

+ Ação

1 ▸ Em 2015, a Unesco organizou – junto com outras agências e programas da ONU (Banco Mundial, Unicef e outros) – em Incheon, na Coreia do Sul, o Fórum Mundial de Educação, que contou com a participação de representantes de 160 países. Leia um trecho do documento desse encontro e responda às questões.

> As metas do Objetivo de Desenvolvimento Sustentável 4: "Assegurar a educação inclusiva e equitativa de qualidade, e promover oportunidades de aprendizagem ao longo da vida para todos". Até 2030, garantir que todas as meninas e meninos completem uma educação primária e secundária gratuita, equitativa e de qualidade, que conduza a resultados de aprendizagem relevantes e eficazes. [...] Além disso, notamos com preocupação que, na atualidade, grande proporção da população mundial fora da escola vive em áreas afetadas por conflitos. Notamos também que crises, violência e ataques a instituições de ensino, assim como desastres naturais e pandemias, continuam a prejudicar a educação e o desenvolvimento em âmbito mundial. Comprometemo-nos a desenvolver sistemas educacionais mais inclusivos, com melhor capacidade de resposta e mais resilientes para atender às necessidades de crianças, jovens e adultos nesses contextos, inclusive de deslocados internos e refugiados. Destacamos a necessidade de que a educação seja oferecida em ambientes de aprendizagem saudáveis, acolhedores e seguros, livres de violência.

Fonte: UNESCO. Declaração de Incheon e Marco de Ação para a implementação do Objetivo de Desenvolvimento Sustentável 4. Disponível em: <http://unesdoc.unesco.org/images/0024/002456/245656por.pdf>. Acesso em: 28 jul. 2018.

Sobre o "Objetivo de Desenvolvimento Sustentável 4", responda:

a) O que você entende por: "sistemas educacionais mais inclusivos com melhor capacidade de resposta e mais resilientes"?

b) Na sua opinião, é importante a elaboração de alternativas para que todos, em quaisquer circunstâncias, possam ter acesso à escola? Argumente.

2 ▸ A ONU Mulheres, um braço de atuação das Nações Unidas, foi criada em 2010 para unir, fortalecer e ampliar os esforços mundiais em defesa dos direitos humanos das mulheres. No Capítulo I do documento Declaração e Plataforma de Ação da IV Conferência Mundial sobre a Mulher, organizada pela ONU e realizada em Pequim (China), em 1995, afirma-se que:

> A Plataforma de Ação é um programa destinado ao empoderamento da mulher. Tem por objetivo [...] a eliminação de todos os obstáculos que dificultam a participação ativa da mulher em todas as esferas da vida pública e privada, mediante uma participação plena e em igualdade de condições no processo de tomada de decisões econômicas, sociais, culturais e políticas. Isto supõe o estabelecimento do princípio de que mulheres e homens devem compartilhar o poder e as responsabilidades no lar, no local de trabalho e, em termos mais amplos, na comunidade nacional e internacional. A igualdade entre mulheres e homens é uma questão de direitos humanos e constitui uma condição para o êxito da justiça social, além de ser um requisito prévio necessário e fundamental para a igualdade, o desenvolvimento e a paz. Para se obter um desenvolvimento sustentável orientado para o ser humano, é indispensável uma relação transformada entre homens e mulheres, baseada na igualdade. É necessário um empenho contínuo e de longo prazo para que as mulheres e os homens possam trabalhar de comum acordo para que eles mesmos, seus filhos e a sociedade estejam em condições de enfrentar os desafios do século XXI. [...]

Fonte: ONU Mulheres. Declaração e Plataforma de Ação da IV Conferência Mundial sobre a Mulher, Pequim, 1995. Disponível em: <www.onumulheres.org.br/wp-content/uploads/2014/02/declaracao_pequim.pdf>. Acesso em: 23 jul. 2018.

a) Os direitos humanos incluem a igualdade de gênero? Por quê?

b) A educação é importante para o empoderamento das mulheres? Argumente.

Autoavaliação

1. Quais foram as atividades mais fáceis para você? Por quê?
2. Algum ponto deste capítulo não ficou claro? Qual?
3. Você participou das atividades em dupla e em grupo e expressou suas opiniões?
4. Como você avalia sua compreensão dos assuntos tratados neste capítulo?
   » **Excelente**: não tive dificuldade.
   » **Bom**: consegui resolver as dificuldades de forma rápida.
   » **Regular**: tive dificuldade para entender os conceitos e realizar as atividades propostas.

> **Lendo a imagem**

1 ▸ Observe a charge e responda às questões:

Poder do veto: 64 anos de injustiça, charge de Xavier Salvador, de 2009. A charge diz: "Conselho de Segurança da ONU 1945", "Conselho de Segurança da ONU 2009" e "Poder do veto: 64 anos de injustiça".

a) O que a charge pretende ironizar? Ela é a favor ou contra o direito de veto para os cinco países no Conselho de Segurança da ONU? Justifique sua resposta.

b) Você concorda com o ponto de vista da charge?

2 ▸ A foto abaixo mostra membros de uma ONG internacional resgatando migrantes à deriva no mar Mediterrâneo.

Migrantes são resgatados pela ONG SOS Mediterranée no mar Mediterrâneo, na costa da Líbia, em 2017.

a) Na sua opinião, por que ONGs como essas são fundamentais para a humanidade?

b) Pesquise em jornais, revistas ou na internet como e por que pessoas são encontradas em embarcações semelhantes à desta imagem.

ATIVIDADES 95

PROJETO
História

Migrações na minha cidade

Ao longo da Unidade 1, você estudou temas relacionados à população e às desigualdades econômicas entre as nações do mundo.

As pessoas migram para outras localidades por diversos fatores, como a busca por melhores condições de vida em outras cidades e em outros países.

Junte-se a dois ou três colegas e troquem ideias sobre a população do município em que vocês moram. Tentem responder a estas questões:

- Vocês conhecem pessoas que migraram de outros estados para morar no mesmo município que vocês?
- Vocês sabem de alguém que tenha nascido em outro país e que more no seu município?
- Na família de vocês, há pessoas cujos pais ou avós vieram de outro estado ou país?
- No município em que vocês moram, há bairros que concentram migrantes de outros municípios, estados ou países?

Se vocês tiverem dúvidas, conversem com os outros grupos, com seus familiares e também com o professor.

Evento da comunidade boliviana no bairro do Glicério, região central da cidade de São Paulo (SP), em 2016.

Canteiro na cidade de Chuí, Rio Grande do Sul, 2017. Do lado esquerdo, Uruguai; do lado direito, Brasil. O município de Chuí, segundo o Censo Demográfico do IBGE, é o que apresenta maior concentração de estrangeiros, principalmente de uruguaios e palestinos.

Neste projeto, vocês vão entrevistar migrantes que residam no município em que vocês moram (ou no município em que fica a escola) para conhecer a história de vida deles: o que motivou a migração; por que escolheram o município para morar; que atividade econômica exercem e como se sentem morando no município.

Etapa 1: O que fazer

Cada grupo de trabalho deve entrevistar dois ou três moradores migrantes que vivam no município.

Se na família de vocês houver migrantes, esse é um bom momento para conhecer mais sobre a sua origem. Se não houver, vocês podem entrevistar vizinhos ou colegas.

Em muitos municípios, organizações como igrejas, universidades, ONGs e os próprios consulados oferecem auxílio aos migrantes. Com a ajuda do professor, entrem em contato com essas instituições e consultem a possibilidade de realizar uma entrevista com um(a) migrante.

Etapa 2: Como fazer

Primeiro, elaborem o roteiro da entrevista, que é uma lista com as perguntas necessárias para que vocês conheçam mais sobre a história do(a) entrevistado(a).

Vejam uma sugestão de roteiro:

1.	Qual é seu nome e seu sobrenome?
2.	Qual é sua nacionalidade?
3.	Qual é sua cidade e seu estado de origem? Por quanto tempo você viveu nesse lugar?
4.	Do que você mais gosta de seu lugar de origem? E do que menos gosta?
5.	O que motivou você a mudar de [município/estado/país]?
6.	Há quanto tempo você mora aqui?
7.	Qual é a sua profissão? Você consegue exercê-la aqui?
8.	Do que você mais gosta neste município? E do que menos gosta?
9.	Você tem vontade de voltar para seu município de origem? Por quê?

Vocês também podem perguntar se o(a) entrevistado(a) tem algum *hobby* ou passatempo predileto, se sentirem que ele está à vontade com o bate-papo.

Entrem em contato com as pessoas que vocês gostariam de entrevistar e agendem um horário com elas. A entrevista pode acontecer na escola, sempre acompanhada do professor, ou, ainda, pode ser feita por telefone ou por meio de alguma ferramenta que permita a comunicação pela internet.

Se for possível e o(a) entrevistado(a) autorizar, tirem uma foto dele(a) para anexar às respostas.

Etapa 3: A produção final

Após as entrevistas terem sido concluídas, reúnam-se em grupo novamente e compartilhem o que aprenderam e também o que sentiram ao realizar a entrevista.

Então, para a produção final do projeto, elaborem 3 seções:

1. **Quem é o entrevistado?**

    Informem o nome, a idade, a profissão e alguma outra informação que julguem interessante, como o *hobby*. Aqui também pode entrar a foto.

2. **Perguntas e respostas**

    Aqui entram as perguntas que vocês fizeram e as respostas dadas pelo entrevistado.

3. **Mapa da migração**

    Confeccionem um mapa que localize o país ou município de origem das pessoas entrevistadas e também o município em que moram atualmente. O mapa também pode ser elaborado coletivamente, com todos os dados pesquisados pela turma.

Em data combinada com o professor, cada grupo deverá apresentar a produção final para a turma. Depois de concluídas as apresentações, compartilhem com a turma o que mais gostaram nessa atividade.

Mapa-múndi elaborado por Abraham Ortelius (1527-1598), cartógrafo flamengo, em 1598.

UNIDADE 2

Regionalização do mundo

Nesta unidade vamos estudar as possibilidades de regionalização do mundo. No decorrer dos capítulos você vai conhecer os critérios utilizados para cada proposta de regionalização desses espaços.

Observe a imagem, converse com os colegas e responda:

- Que continentes você identifica na imagem?

CAPÍTULO 5
Regionalização físico-cultural do globo

Fonte: SANTIAGO. *O melhor do Macanudo Taurino*. Porto Alegre: L&PM, 1997. p. 33.

Neste capítulo, vamos iniciar os estudos sobre a regionalização do espaço mundial, isto é, aprender como dividir o mundo em grandes regiões. Você vai compreender a divisão regional fundada principalmente em fatores físicos ou naturais: **a divisão por continentes**, que leva em conta a localização e o tamanho das terras emersas. Também vai conhecer que fatores culturais são importantes para essa divisão, utilizada há vários séculos por navegantes e estudiosos da superfície terrestre.

> **▶ Para começar**
>
> Observe a imagem e responda às questões:
>
> 1. O que a charge mostra?
> 2. Todos os continentes estão representados na imagem? Falta algum? Qual?
> 3. Em sua opinião, os mapas do mundo sempre foram representados dessa forma?

1 Como regionalizar o espaço mundial?

Regionalizar um espaço – neste caso, a superfície terrestre – consiste em dividi-lo em regiões com características em comum. Há várias regionalizações possíveis para um mesmo espaço e cada uma delas visa um objetivo.

Não existe uma regionalização "melhor do que outra", mas uma pode ser mais adequada do que outra para determinada finalidade.

O mundo pode ser regionalizado por continentes, paisagens naturais, países desenvolvidos e subdesenvolvidos, grandes culturas ou civilizações, principais idiomas (veja o mapa abaixo), entre outros critérios. Neste capítulo vamos entender a divisão do mundo em continentes, a regionalização do espaço mundial mais tradicional e até hoje a mais frequente. No próximo capítulo vamos estudar a divisão do globo por critérios socioeconômicos, os chamados Norte e Sul geoeconômicos.

O mapa abaixo mostra os principais idiomas do mundo atual. Contudo, existem cerca de 7 mil idiomas praticados no mundo atualmente.

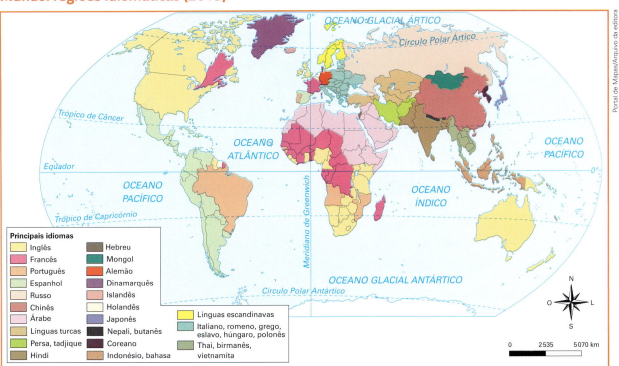

Mundo: regiões idiomáticas (2013)*

* O mapa mostra os idiomas oficiais dos países. No entanto, há países que possuem mais de um idioma oficial.

Fonte: elaborado com base em DEAGOSTINI, 2011; CHARLIER, J., 2012. In: CALDINI, V.; ÍSOLA, L. *Atlas geográfico Saraiva*. São Paulo: Saraiva, 2013. p. 180.

Texto e ação

1. Todas as formas de regionalização do espaço mundial são corretas? Todas elas são adequadas para a mesma finalidade? Por quê?

2. Observe o mapa acima. Escolha um dos idiomas e elabore outro mapa que mostre somente as regiões onde o idioma escolhido é a língua oficial.

2 O que são os continentes?

Costumam-se reconhecer seis continentes na superfície terrestre: América, Europa, Ásia, África, Oceania e Antártida. Este último continente, pelo fato de ser relativamente inóspito, é o único que não é intensivamente ocupado nem dividido em países ou Estados nacionais.

Os continentes são imensas massas sólidas na superfície terrestre, diferentes das ilhas, que são terras emersas menores.

Sabemos que a maior parte da superfície terrestre é constituída por oceanos e mares. Eles abrangem cerca de 73% dos 510 milhões de quilômetros quadrados que correspondem à superfície total do nosso planeta. Já os continentes e as ilhas abrangem apenas cerca de 27% da superfície da Terra.

> **Inóspito:** local em que não há condições de habitação permanente.

Os seis continentes da superfície terrestre (2016)

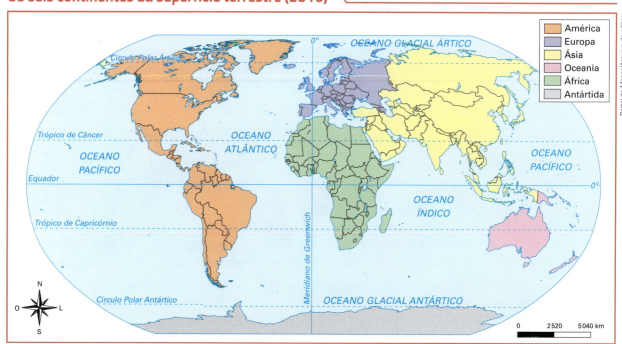

Fonte: elaborado com base em IBGE. *Atlas geográfico escolar*. 7. ed. Rio de Janeiro, IBGE, 2016. p. 34.

As partes sólidas emersas do globo terrestre são as que mais nos interessam, pois é nelas que os seres humanos vivem de forma permanente, construindo suas habitações, estradas e campos de cultivo. É nelas também que estão os países, os Estados nacionais com seus territórios e fronteiras. Portanto, uma regionalização do mundo com vistas a estudar os países, as regiões humanas e econômicas do globo, vai levar em conta essencialmente os continentes e ilhas.

Como saber se uma porção terrestre é uma ilha ou um continente? O critério é a extensão territorial. Sabemos que tanto as ilhas quanto os continentes são porções de terra cercadas de água por todos os lados. As ilhas, porém, são porções de terra bem menores que os continentes.

Por convenção, os estudiosos estabeleceram que a Austrália é o menor de todos os continentes, e a Groenlândia, a maior de todas as ilhas. A Austrália apresenta 7 741 000 km²; a ilha da Groenlândia, 2 175 600 km².

> **Minha biblioteca**
>
> **Dois continentes, quatro gerações**, de Beti Rozen e Peter Hays. São Paulo: Ed. do Brasil, 2014.
>
> Um garoto chamado Louis precisa fazer uma tarefa para a aula de História: pesquisar sobre suas raízes familiares. Ele não esperava fazer descobertas incríveis sobre as memórias de seus ascendentes em continentes diferentes.

É evidente que essa distinção entre ilhas e continentes não é totalmente objetiva, pois seria possível, por exemplo, considerar a Austrália a maior ilha, ou, então, a Groenlândia o menor continente. Mas a maioria dos estudiosos estabeleceu que a Austrália e o conjunto de ilhas que estão próximas formam o continente da Oceania. Praticamente todos os livros e revistas especializados consideram a Groenlândia uma ilha, apesar de sua grande extensão.

Portanto, todas as porções territoriais iguais ou maiores que a Austrália são continentes, e todas iguais ou menores que a Groenlândia são ilhas. É esse o critério geográfico para separar ilhas de continentes.

Groenlândia em imagem de satélite, 2015.

Austrália em composição de imagens de satélite, 2016.

Texto e ação

1. É correto afirmar que tanto as ilhas como os continentes são porções de terra cercadas de água por todos os lados? Por quê?

2. Qual é o critério adotado pelos estudiosos para diferenciar continentes de ilhas? Dê a sua opinião sobre esse critério.

3. Qual a diferença entre a regionalização proposta pelo mapa das principais línguas do mundo (na página 101) e uma regionalização por continentes? Como você chegou a essa conclusão?

As massas continentais

Existem quatro grandes massas continentais ou imensas porções territoriais na superfície da Terra (veja o mapa abaixo):

Mundo: físico

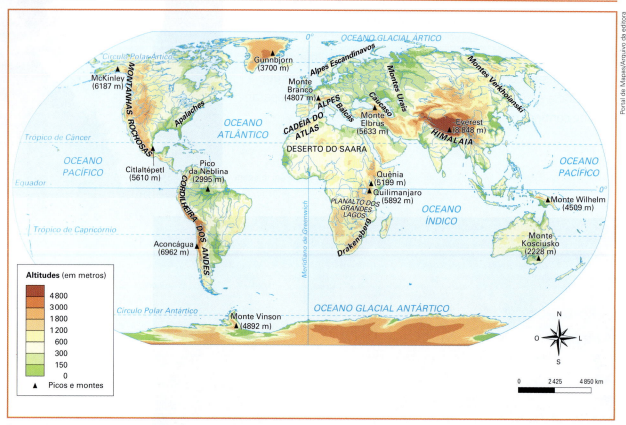

Fonte: elaborado com base em IBGE. *Atlas geográfico escolar*. 7. ed. Rio de Janeiro, 2016. p. 33.

- A grande massa formada por Ásia, Europa e África, que há séculos é conhecida pelos europeus como "**Velho Mundo**", tem cerca de 85 000 000 km², o que corresponde a 57% do total das terras emersas. Trata-se, portanto, da maior porção sólida da superfície do planeta.

- O continente americano, conhecido desde o final do século XV como "**Novo Mundo**" ou Novo Continente, é formado pela América do Norte, América Central e América do Sul. Com uma área de aproximadamente 40 700 000 km², corresponde mais ou menos a 28% da parte sólida da Terra.

- A Oceania, também conhecida como "**Novíssimo Mundo**" ou Novíssimo Continente, é constituída pela Austrália, principalmente, e por uma série de ilhas ao seu redor: a ilha de Nova Guiné, as duas principais ilhas que formam a Nova Zelândia, a ilha da Tasmânia, as ilhas Carolinas, as ilhas Marshall, as ilhas Salomão, Nova Caledônia, além de muitas outras. A Oceania tem aproximadamente 7 700 000 km², abrangendo cerca de 6% do total das terras do mundo.

- O continente Antártico, também conhecido por **Antártida**, tem aproximadamente 14 000 000 km², o que equivale a praticamente 9% das terras do globo.

Quantos continentes existem no chamado Velho Mundo?

No Velho Mundo há três continentes: Europa, Ásia e África. Essa divisão baseia-se em aspectos históricos e culturais. Durante milênios essas três porções territoriais foram palco de histórias diferentes, de distintas sociedades que foram se constituindo e se desenvolvendo.

Apesar de o Velho Mundo formar de fato um único bloco continental, admite-se que nele há três partes bem diferenciadas ou três continentes: a Europa, a Ásia e a África. Isso porque a ideia de continente não é apenas física ou natural, mas também histórica e cultural.

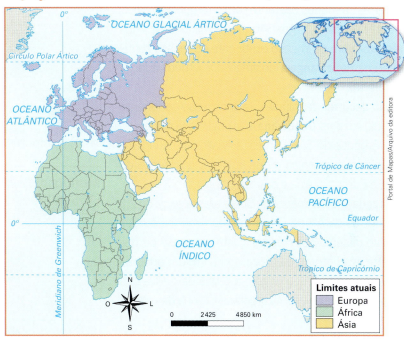

Espaço conhecido como "Velho Mundo" (2016)

Fonte: elaborado com base em IBGE. *Atlas geográfico escolar*. 7. ed. Rio de Janeiro, 2016. p. 34.

Do ponto de vista físico, a Europa pode ser considerada apenas uma península da Ásia. No entanto, do ponto de vista histórico e cultural, o continente europeu apresenta inúmeras diferenças em relação ao asiático. Europeus e asiáticos apresentam tradições, idiomas e nível de vida médio bem diferentes. Da mesma forma, os países europeus e os asiáticos em geral são bastante diferentes dos países africanos.

Portanto, é do ponto de vista humano, isto é, em uma perspectiva política, econômica e social, que podemos afirmar que o Velho Mundo é formado por três continentes. Veja o mapa ao lado que apresenta a separação, que é mais histórica e cultural, entre os três continentes.

3 A atual configuração dos continentes

No nosso planeta, tudo se transforma, ainda que algumas coisas se modifiquem mais rapidamente e outras mais lentamente. As mudanças nas sociedades humanas, por exemplo, apresentam um ritmo muito rápido quando comparadas ao ritmo de transformação da crosta terrestre.

Mil anos é um período de tempo extremamente longo para a humanidade, mas breve para a história natural do nosso planeta. Para as transformações das rochas ou a configuração dos continentes, por exemplo, mil anos é um período muito curto. Esse tipo de transformação leva mais tempo, geralmente, milhões de anos.

Dessa forma, podemos perguntar: Como seriam os oceanos e os continentes há milhões de anos? Quando os continentes adquiriram a atual configuração?

Eles se originaram da evolução natural ou geológica do nosso planeta, com a divisão da superfície terrestre em porções líquidas e partes sólidas ou terras emersas. As partes líquidas são os oceanos e mares. As sólidas são as terras emersas, que formam os continentes e ilhas.

A distribuição de terras emersas e águas na superfície terrestre mudou bastante com o tempo geológico. Na era Paleozoica, entre 540 a 220 milhões de anos atrás, havia um só imenso continente ou massa continental chamada **Pangeia** (do grego, *pan* = todos, tudo; e *geia* = Terra).

No decorrer de milhões de anos, esse continente se dividiu em dois: **Gondwana** (que englobava o que hoje são a América do Sul, a África, a Austrália e a Índia) e **Laurásia** (que abrangia o que hoje são a América do Norte, a Europa, a Ásia e o Ártico).

A cada ano, a América do Sul se afasta cerca de 2,5 centímetros da África. O formato da América do Sul, como se observa nos mapas, ajusta-se quase perfeitamente ao contorno da África, como em um quebra-cabeça. Esse fato deu origem à teoria da deriva dos continentes, que hoje foi incorporada à teoria das placas tectônicas.

A teoria da deriva continental começou no início do século XX com o cientista alemão Alfred Wegener, o qual argumentou que a América, a África e a Eurásia teriam formado no passado remoto um único continente.

Apesar de desacreditada durante muito tempo, a teoria de Wegener se fortaleceu a partir de 1960, quando surgiram vários indícios que a comprovaram. Atualmente ela é aceita e foi até aprimorada. Hoje, sabe-se que não são apenas os continentes que se movimentam lentamente, mas as placas tectônicas, que incluem também o fundo ou o assoalho dos oceanos.

Na realidade, tanto os continentes quanto o fundo dos oceanos, isto é, as terras imersas, formam enormes placas, enormes blocos de rochas chamados placas tectônicas. Dessa forma, é possível afirmar que a litosfera, ou seja, a crosta terrestre, não é um bloco de terras único e sem divisões. Ao contrário, a camada sólida do nosso planeta é fraturada, dividida em placas tectônicas. Os movimentos dessas placas geram zonas de atrito nos limites de duas placas convergentes, isto é, que se chocam. Nessas zonas estão as principais áreas de **instabilidade tectônica** do globo terrestre. É nessas áreas que frequentemente ocorrem **terremotos** e também **erupções vulcânicas**.

Pode-se dizer, então, que a configuração atual da superfície terrestre começou a se formar há cerca de 220 milhões de anos, quando Gondwana se separou da Laurásia. Posteriormente, a América do Sul iniciou seu movimento para oeste, separando-se da África e unindo-se à América do Norte; a Antártida iniciou a sua deriva para o sul e a Austrália para o sudeste.

Mundo: o supercontinente Pangeia (500 milhões de anos atrás)

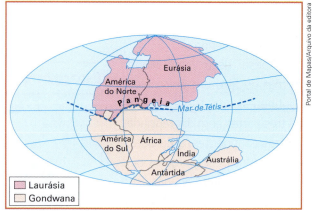

Fonte: elaborado com base em TEIXEIRA, W. et al. *Decifrando a Terra*. São Paulo: Companhia Editora Nacional, 2009. p. 80.

Mundo: distribuição dos continentes (105 milhões de anos atrás)

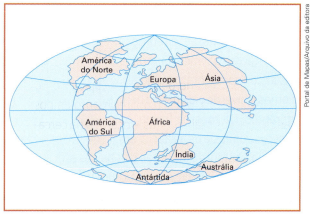

Fonte: elaborado com base em GIRARDI, Gisele; ROSA, Jussara Vaz. *Atlas geográfico*. São Paulo: FTD, 2016. p. 24.

No primeiro mapa, observa-se a Pangeia. A representação mostra a linha divisória do afastamento entre a parte norte (Laurásia) e a parte sul (Gondwana), que se iniciou há cerca de 220 milhões de anos. Na outra representação, de 105 milhões de anos atrás, percebe-se a deriva (deslocamento) da Antártida e da Austrália para o sul, além da separação entre a América do Norte e a América do Sul, e a separação da Índia do continente asiático, etc.

4 As noções de Velho, Novo e Novíssimo Mundo

Na página 105, você viu o mapa do chamado Velho Mundo. Por que o bloco continental formado pela Eurásia e pela África é chamado de Velho Mundo?

Evidentemente, não é porque ele se formou antes dos demais, e uma prova disso é que suas rochas não são mais antigas do que as dos outros continentes. Na realidade, todos os continentes possuem rochas recentes e outras bastante antigas. Portanto, não podemos afirmar com precisão que no aspecto físico algum continente é mais antigo do que os outros. De onde vêm então os termos **Velho**, **Novo** e **Novíssimo Mundo**?

Esses termos referem-se à história humana, ao processo de descoberta e colonização das diversas regiões do planeta por parte dos europeus. Não são termos baseados na geologia, na idade dos terrenos, mas sim na história das sociedades.

A Eurásia e a África receberam o nome de "Velho Mundo" porque foi aí que surgiram as mais antigas civilizações de que se tem conhecimento. Ao norte da África e em partes da Ásia desenvolveram-se, há cerca de 7 mil a 3 mil anos, sociedades como a fenícia, a suméria, a assíria e a egípcia.

Também foram encontrados em certas regiões do Velho Mundo, na África principalmente, como também na China e no Oriente Médio, fósseis, ou os esqueletos mais antigos do gênero *Homo*, em especial o *Homo sapiens* (o atual ser humano).

Dessa forma, tanto o aparecimento da nossa espécie, o *Homo sapiens*, como o das civilizações mais antigas – ocorrido há cerca de 7 mil anos – ocorreram em regiões da África (o advento do *Homo sapiens*) e da Ásia (as primeiras civilizações na região hoje conhecida como Oriente Médio). Segundo a teoria científica mais aceita atualmente, parece que nossa espécie, o *Homo sapiens*, surgiu inicialmente na África há cerca de 220 mil a 300 mil anos; e somente há cerca de 70 mil ou 80 mil anos é que alguns grupos migraram para a Ásia e a Europa, continentes interligados com a África, tendo posteriormente ocorrido migrações da Ásia para a América e para a Oceania. Dessa forma, todos os seres humanos têm ancestrais africanos, ou seja, nossa origem como espécie encontra-se nesse continente.

Entretanto, foi na Europa que surgiu a **civilização ocidental**. A partir do século XV, com as chamadas Grandes Navegações – a sua expansão marítimo-comercial –, e principalmente após a Revolução Industrial, acabou dominando o mundo. Por isso, a Europa às vezes é conhecida – de forma equivocada – como o "berço da civilização". Na verdade, ela é o berço somente da civilização ocidental, e não das primeiras civilizações.

> **Minha biblioteca**
>
> **A deriva dos continentes**, de Samuel M. Branco e Fábio C. Branco. São Paulo: Moderna, 1999.
> O livro apresenta de forma didática a teoria da deriva dos continentes, considerada um dos mais empolgantes desafios da ciência do século XX.

▶ **Fóssil**: resto ou vestígio de seres vivos de tempos remotos.

Crânio mais antigo que se conhece do *Homo sapiens*, de 160 mil anos, encontrado na Etiópia, em 1997.

A cultura e a civilização ocidentais começaram na Europa, com os gregos, há cerca de 2 800 anos. As realizações gregas nas áreas da filosofia, das artes, da arquitetura, da literatura e, posteriormente, a contribuição dos romanos, especialmente na área do direito, exerceram grande influência na formação da cultura dos povos europeus e, mais tarde, de grande parte do resto do mundo.

O momento de maior expansão da cultura ocidental, no entanto, foi entre os séculos XI e XV, com o desenvolvimento do comércio. Após o século XV, com a expansão marítima, os europeus descobriram terras e impuseram, mesmo que parcialmente, seus costumes, sua religião, festas, cultura e economia a vários povos dominados. Esse processo foi expandido após a Revolução Industrial, quando os europeus passaram a dominar também povos que antes com eles rivalizavam – como os chineses, os persas e os turcos – e também iniciaram a colonização da África e de boa parte da Ásia.

Com isso, escravizaram povos africanos, dizimaram milhões de indígenas para colonizar o continente americano e impuseram aos asiáticos um sistema comercial que beneficiava a Europa.

As nomenclaturas **Novo Mundo** para designar o continente americano; **Novíssimo Mundo** ou **Novíssimo Continente** para a Oceania podem ser explicadas do ponto de vista dos europeus.

A América foi denominada **Novo Mundo** porque os europeus a ocuparam somente a partir do século XV. Até esse momento, o único "mundo" que conheciam era a grande massa continental formada pela Eurásia e pela África. Por sua vez, a colonização da Austrália e do conjunto de ilhas que pertencem à Oceania deu-se apenas no século XVIII. Daí o adjetivo **novíssimo**, pois o termo novo já havia sido utilizado para o continente americano, explorado pelos europeus três séculos antes.

Rua na cidade de Tóquio, capital do Japão, em 2017. O Japão é um país asiático que se ocidentalizou rapidamente, embora mantenha tradições seculares. Chama-se ocidentalização o processo de alteração dos hábitos e do modo de vida de uma sociedade, que aos poucos vai incorporando valores, hábitos e tecnologia da cultura ocidental, que nasceu na Europa e se propagou por todo o mundo. Observa-se na foto o uso de roupas como o terno e a gravata ou o *jeans*, por exemplo, que aos poucos foram ocupando o lugar das vestimentas tradicionais da cultura japonesa.

5 A Antártida

O último continente ao qual chegaram os navegantes europeus, a Antártida, não recebeu nenhum adjetivo do tipo "novo" ou "novíssimo".

A Antártida, ao contrário dos outros continentes, não é habitada por nenhum povo. Ela é basicamente um mundo natural, de terras geladas, *habitat* para pinguins, focas, leões-marinhos e outros animais que conseguem viver em temperaturas muito baixas. Lá não existem cidades nem áreas agrícolas. Esse território não foi dividido em países e ninguém reside ali de forma permanente, a não ser pesquisadores que vivem durante algum tempo em estações ou bases científicas. No entanto, algumas nações reivindicam partes desse território.

A Antártida apresenta temperaturas extremamente baixas. Uma camada de gelo cobre o solo, impedindo o cultivo e congelando os rios; a espessura dessa geleira, às vezes, chega a 4 quilômetros. Isso torna praticamente impossível a agricultura. Grandes massas de gelo, os *icebergs*, deslocam-se para os oceanos quando se desprendem da geleira polar. As próprias montanhas são cobertas de camadas de gelo da base até o topo.

Há tanta água congelada na Antártida que, se ela descongelasse e fosse para os oceanos, o nível do mar subiria cerca de 60 metros em todo o planeta, inundando a maior parte das cidades litorâneas.

Calcula-se que o continente antártico tenha aproximadamente 14 000 000 km². É difícil medir a extensão real desse continente, pois a grossa camada de gelo cobre não apenas as terras, mas também grande parte do mar.

Diversos países disputam áreas nesse território, pois a Antártida possui uma importância estratégica. Trata-se de um local ideal para a instalação de bases militares e aeroespaciais e de bases de suprimento de aviões comerciais. Além disso, as massas de ar geladas que existem sobre a Antártida – que dão origem às frentes frias que às vezes chegam até a linha do equador – têm um importante papel na formação do clima da superfície terrestre.

Acredita-se que no subsolo da Antártida existam petróleo, carvão e alguns recursos minerais valiosos para a economia moderna – ferro, cobalto, cobre, ouro, platina, zinco, etc.

A quantidade de água potável armazenada sob a forma de geleiras na Antártida é a maior do mundo; além disso, suas águas oceânicas abrigam uma rica fauna, que inclui desde baleias até várias espécies de crustáceos, especialmente o *krill*.

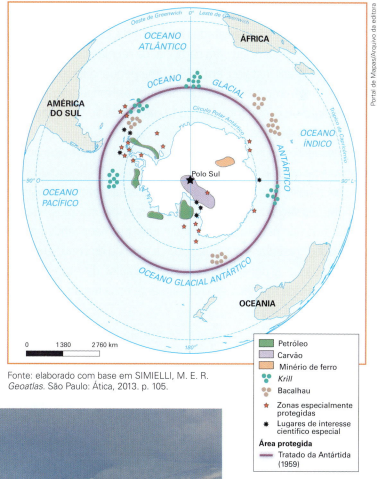

Antártida: recursos (2013)

Fonte: elaborado com base em SIMIELLI, M. E. R. *Geoatlas*. São Paulo: Ática, 2013. p. 105.

▷ *Iceberg* e montanhas no estreito de Gerlache, península Antártica, em 2017.

109

Alguns países, principalmente os Estados Unidos, a Rússia, a França e o Reino Unido, possuem várias bases científicas na Antártida. Em 1961, doze países assinaram o Tratado da Antártida, que posteriormente foi aceito por outros, inclusive o Brasil.

Esse tratado determinou que até 1991 a Antártida não pertenceria a nenhum país, embora todos tivessem o direito de instalar ali bases de estudos científicos. Entre outras medidas, proibiu-se a construção de bases militares e outras (visando à exploração de minérios, por exemplo), a realização de explosões nucleares e a construção de depósitos para armazenar resíduos nucleares.

Atualmente, trinta países, incluindo o Brasil, possuem bases científicas nesse continente gelado. As nações que instalaram mais bases científicas na Antártida são Estados Unidos, Rússia, Noruega, Japão, Polônia, Austrália, Nova Zelândia, França, Reino Unido, Espanha, Chile, China, Alemanha e Argentina.

O Tratado da Antártida de 1961 definiu ainda que apenas os países com bases científicas ou que tivessem realizado estudos nessas terras poderiam participar de decisões sobre uma possível divisão de seu território no futuro. O Brasil realizou, em 1984, uma expedição de estudos na Antártida, com o navio **Barão de Tefé**. Com isso, nosso país se credenciou para participar da reunião de 1991. Com essa mesma preocupação, o Brasil instalou, em 1984, uma pequena base de pesquisas na ilha do Rei George no extremo norte da Antártida, onde as temperaturas não são tão baixas como no restante do continente. Em 2012, um incêndio de grandes proporções destruiu cerca de 70% da base.

Desde 2015, uma nova estação vem sendo construída no mesmo local e a estimativa é de que ela esteja pronta em 2020.

Na reunião internacional de 1991, os atuais trinta países signatários do Tratado da Antártida decidiram prorrogá-lo por mais cinquenta anos. Isso significa que até 2041 a Antártida não pertencerá a nenhum país, permanecendo patrimônio de toda a humanidade. Preservar essa área evitou a partilha do continente em territórios pertencentes a países e, por enquanto, anulou ou adiou os interesses militares e mercantis, que sem dúvida modificariam radicalmente essa região do globo.

Base científica chilena nas ilhas Shetland do Sul, Antártida, em 2017.

Geolink

Leia o texto.

Brasil terá nova base de pesquisa científica na Antártida

A nova estação tornou-se necessária após o grave incêndio, ocorrido no dia 25 de fevereiro de 2012, que destruiu a edificação principal da Estação. Depois disso, foi realizado um planejamento logístico-operacional, envolvendo pesquisadores, militares e civis, além do emprego de cinco navios, para instalação dos Módulos Antárticos Emergenciais (MAE), que permitiu a permanência brasileira na Antártica e a continuidade das pesquisas.

O Programa Antártico Brasileiro, sob a coordenação da Marinha do Brasil, foi criado em 1982 por um grupo de pesquisadores com o objetivo de desenvolver um programa científico que incluísse o Brasil entre os países do Tratado da Antártica. Em 1991, a assinatura do Protocolo de Madri classificou a Antártica como reserva natural dedicada à paz e à ciência.

As obras para reconstrução da Estação Antártica Comandante Ferraz começaram em dezembro de 2015 [...].

A nova Estação

Para a concepção da nova base brasileira, foi levada em consideração uma arquitetura capaz de prover condições para que a vida humana possa estar presente até mesmo nos locais mais longínquos e inóspitos do planeta, em plenas condições de segurança e em harmonia com o meio em que estiver inserida.

Adotou-se um conceito de planejamento semelhante ao que seria empregado para a concepção de uma cidade de pequeno porte, isolada das demais facilidades urbanas, em que se devem ter condições de vida, com boa qualidade e segurança para toda a população residente.

Obras na nova Estação Antártica "Comandante Ferraz", na ilha Rei George, na península Antártica, 2018.

Proantar

Nas suas três décadas, o Programa Antártico Brasileiro realizou uma média anual de vinte projetos de pesquisas nas áreas de oceanografia, biologia, biologia marinha, glaciologia, geologia, meteorologia e arquitetura [...].

As atividades científicas são propostas e desenvolvidas por estudiosos de universidades e instituições de pesquisa de diversas regiões do Brasil que, de forma interdisciplinar e interinstitucional, conduzem investigações nas áreas de Ciências da Terra, Ciências da Atmosfera e Ciências da Vida.

Operações

As missões de apoio à Estação Antártica Brasileira são organizadas pela Marinha, por meio da Comissão Interministerial para os Recursos do Mar (CIRM) que, além da parte logística e operacional, prepara o cronograma de revezamento dos pesquisadores ao longo da operação.

O Proantar realiza atividades científicas na Antártica durante todo o ano, mas, a exemplo dos outros Programas, é no verão antártico (outubro a março) que ocorre a movimentação de pesquisadores, pessoal de apoio, equipamentos e material.

BRASIL. Ministério da Defesa. *Brasil terá nova base de pesquisa científica na Antártida*. Disponível em: <www.brasil.gov.br/editoria/seguranca-e-justica/2016/02/brasil-tera-nova-base-de-pesquisa-cientifica-na-antartida>. Acesso em: 19 ago. 2018.

Agora, responda às questões a seguir:

1. Aponte o trecho do texto que demonstra como as características desse espaço restringem a mobilidade humana no continente.

2. Em duplas, pesquisem o Tratado Antártico e conversem sobre a importância dessa região para as pesquisas desenvolvidas na área ambiental em todo o mundo.

A situação geopolítica da Antártida

Como vimos, por causa do Tratado da Antártida de 1961, nenhum país pode reivindicar o território desse continente para si; no entanto, alguns duvidam que essa situação perdure por muito tempo, argumentando que as grandes empresas e os governos poderosos logo vão encontrar um jeito de explorar os recursos antárticos.

Entre as ideias de exploração desse continente, existe uma de aproveitamento da água potável (acredita-se que a maior parte da água potável da superfície terrestre se encontra na Antártida sob a forma de gelo), com imensos navios que carregariam esse líquido até as regiões e países carentes desse recurso. Outros falam em sondas que vão perfurar o gelo para descobrir e explorar petróleo, carvão ou alguma outra riqueza mineral. Apregoam, ainda, o uso do subsolo desse continente gelado para armazenar milhões de toneladas de alimentos para uma hipotética futura era de escassez. Há inúmeras propostas para explorar a Antártida. Mas só o futuro dirá se alguma delas vai ser concretizada ou se o continente permanecerá como uma espécie de parque ecológico, um patrimônio de toda a humanidade.

A Argentina e o Chile, signatários do Tratado da Antártida e os dois países mais próximos da Antártida, vêm manifestando interesse por esse continente desde as primeiras décadas do século XX.

Base Carlini, pertencente à Argentina, na Antártida. Foto de 2017.

+ Saiba mais

A pesca do *krill*

O *krill* é um pequeno crustáceo semelhante ao camarão, muito rico em proteínas. A pesca do *krill* torna-se cada vez mais comum nas águas oceânicas vizinhas ao continente antártico, o que coloca em risco a sobrevivência de espécies de animais que o consomem. Dessa forma, poderá ocorrer grande redução ou até mesmo extinção de certos tipos de baleia, peixes e aves que se alimentam dele.

Barco de pesca de *krill* na baía Dallman, na Antártida, 2016.

Krill (*Euphausia superba*).

CONEXÕES COM CIÊNCIAS

Leia o texto.

Mudança climática provocará uma explosão de vida na Antártida

Estudo publicado na revista científica [...] afirma que degelo facilitará a expansão das espécies, algumas invasoras, à custa de outras endêmicas, como os pinguins-de-adélia.

A mudança climática provocará o derretimento de amplas zonas da Antártida. Como aconteceu em outras regiões e épocas, nos palcos do degelo haverá uma explosão de vida. Segundo um estudo sobre o futuro do continente branco, porém, a biodiversidade poderia sofrer com o aquecimento: as espécies antárticas são tão únicas e endêmicas que sucumbirão ao avanço da fauna e da flora invasoras que se adaptarem melhor a tempos mais cálidos. Dos 14 milhões de km² [...] de extensão da Antártida, apenas 0,5% é livre de gelo. No entanto, esta pequena porção de terra, quase toda concentrada na costa, abriga muita vida. As zonas sem vegetação são aproveitadas por aves marinhas, pinguins e mamíferos marinhos para a formação de grandes colônias. Mas também existem áreas – oásis no deserto gelado – que exibem verde em forma de musgo, líquen, fungos e algas. [...] Essas ilhas de vida são habitadas por muitas espécies de microfauna, que vão de pequenos artrópodes até bactérias [...].

Até o final do século, essas ilhas de vida serão ampliadas em cerca de 17 600 km². Esse é o principal dado de um estudo, realizado por pesquisadores da missão antártica da Austrália e de várias universidades desse país [...]. E, como já foi observado em regiões como o Ártico e os Alpes, onde o gelo se retira a vida avança. [...]

Até agora, quase todos os estudos sobre o impacto da mudança climática na Antártida tinham focado nas consequências do degelo para todos, menos para a vida do continente branco. Em particular, o interesse era na incidência do aquecimento global sobre o clima regional, a circulação marinha e o aumento do nível do mar. [...]

"Não sabemos ao certo qual será o impacto global sobre a biodiversidade. Ainda que, sem dúvida, haverá ganhadores e perdedores", afirma Jasmine Lee, [pesquisadora principal do estudo]. "A Antártida é hoje protegida pela dureza de seu clima, que impede o estabelecimento de espécies não nativas", diz a pesquisadora australiana. "Com a mudança climática, será mais fácil para essas espécies se estabelecer". [...]

Pinguins-imperador na Antártida.

Algumas dessas mudanças já estão ocorrendo. Por exemplo, a distribuição geográfica das duas espécies de pinguins antárticos, o pinguim-imperador e o pinguim-de-adélia, está se contraindo em direção ao polo à medida que o gelo se retira. Entre os ganhadores, parecem estar as duas únicas plantas vasculares que aguentam o clima extremo. Tanto a *Colobanthus quitensis* (mais conhecida como "erva-pilosa-antártica") como a *Deschampsia antárctica* estão se expandindo para o sul da Península Antártica. Mas isso também está sendo feito pela *Poa annua*, uma espécie de planta de outras latitudes que deslocou espécies autóctones nas ilhas mais próximas ao continente branco.

CRIADO, Miguel Ángel. Mudança climática provocará uma explosão de vida na Antártida. *El País*, 29 jun. 2017. Disponível em: <https://brasil.elpais.com/brasil/2017/06/28/ciencia/1498635829_266916.html>. Acesso em: 14 jul. 2018.

Agora responda:

1. Por que as espécies nativas da Antártida estão ameaçadas pelo aquecimento climático global?
2. Por que as espécies antárticas são únicas e endêmicas?
3. O principal símbolo do continente, o pinguim, será provavelmente um ganhador ou um perdedor com a expansão do degelo? Justifique.

ATIVIDADES

+ Ação

1. É muito comum, inclusive em documentos oficiais da ONU e da Unesco, o uso da expressão "Mãe África". Procure explicar qual é o significado dessa expressão.

2. Explique as principais consequências da chegada dos europeus na América.

3. Responda:

a) De onde vêm os termos Velho, Novo ou Novíssimo Mundo? Qual é o ponto de vista desses termos ou expressões?

b) Quando e como ocorreu o momento de maior expansão da cultura ocidental?

4. Plataformas de gelo localizadas no oeste da Antártida estão derretendo por causa da elevação das temperaturas. O mesmo fenômeno ameaça as plataformas na parte oriental do continente. Leia o texto abaixo e responda às questões.

Mais finas e quebradiças

Em 1995, uma plataforma de gelo de 2 500 quilômetros quadrados, equivalente a pouco mais de uma vez e meia a área da cidade de São Paulo, desgarrou-se do gelo continental, que cobre a terra firme, e desintegrou-se em poucas semanas no mar de Weddell, o trecho do oceano Austral que banha a península Antártica e parte do continente gelado. Era o fim da Larsen A, nome da plataforma. Sete anos mais tarde, em 2002, a Larsen B, uma plataforma vizinha cinco vezes maior, perdeu em um mês e meio cerca de um quarto de sua extensão. Blocos enormes de gelo passaram a vagar pelo oceano antes de derreter em decorrência das temperaturas em elevação naquela região. [...]

O afinamento e eventual sumiço das plataformas, que são extensões de geleiras e do manto de gelo que recobre a Antártida, não causa diretamente a elevação do nível do mar. Seu gelo já está sobre o oceano e sua liquefação não muda o nível do mar. O mesmo raciocínio vale para o gelo marinho, que é muito mais fino e vaga ao redor da Antártida. O efeito do afinamento das plataformas de gelo sobre o nível do oceano é indireto. "O derretimento das plataformas abre caminho para que o gelo aprisionado no manto, que está sobre o continente, deslize mais facilmente para o mar", diz o glaciologista Jefferson Cardia Simões, da Universidade Federal do Rio Grande do Sul (UFRGS), coordenador do Instituto Nacional de Ciência e Tecnologia da Criosfera. "Há um consenso de que o aquecimento global está atuando sobre o derretimento das plataformas de gelo na península antártica", afirma Ilana Wainer, do Instituto Oceanográfico da Universidade de São Paulo (IO-USP), que trabalha com modelos climáticos sobre a interação do oceano com a atmosfera na região antártica. "E não se trata apenas de uma variação natural do clima." Nos últimos 50 anos, a temperatura atmosférica média na península antártica aumentou 2,5 °C. [...]

Entre 1994 e 2012, de acordo com dados de altimetria obtidos por satélites da Agência Espacial Europeia, algumas plataformas se tornaram até 18% menos espessas. "A situação é mais crítica no oeste do continente, mas também há sinais de mudanças no leste", diz Paolo. Quando levam em conta o período analisado no estudo, os dezoito anos como um todo, os pesquisadores registraram um leve aumento na espessura das plataformas da Antártida oriental. Mas esse aumento se concentrou nos primeiros 10 anos monitorados. Ao olharem apenas os dados dos anos mais recentes, detectaram estabilização ou perda no volume de massa das plataformas do leste. É um sinal de que o afinamento também parece atingir as plataformas orientais.

PIVETTA, Marcos. *Mais finas e quebradiças*. Disponível em: <revistapesquisa.fapesp.br/2015/06/16/mais-finas-e-quebradicas/>. Acesso em: 26 jul. 2018.

a) Por que o afinamento das plataformas de gelo afeta, de maneira indireta, o nível do oceano?

b) Qual é a causa, segundo o texto, do afinamento ou derretimento do gelo das plataformas na península antártica?

Autoavaliação

1. Quais foram as atividades mais fáceis para você? Por quê?

2. Algum ponto deste capítulo não ficou claro? Qual?

3. Você participou das atividades em dupla e em grupo e expressou suas opiniões?

4. Como você avalia sua compreensão dos assuntos tratados neste capítulo?

» **Excelente**: não tive dificuldade.

» **Bom**: consegui resolver as dificuldades de forma rápida.

» **Regular**: tive dificuldade para entender os conceitos e realizar as atividades propostas.

Lendo a imagem

1 ▸ A Antártida é conhecida como "continente branco" em razão de sua superfície estar permanentemente coberta de gelo. Observe as imagens e depois responda às questões.

Ilha Meia Lua, ao norte da península Antártica, Antártida, 2017.

Ilha Pleneau, ao sul do canal Lemaire, 2016.

a) Que outras cores, além do branco, você observa nas imagens?

b) Por que você acha que atualmente é possível perceber outras cores, além do branco na paisagem da Antártida?

2 ▸ Observe a imagem e responda às questões.

Cientistas em acampamento-base, no interior do continente antártico, em 2012.

a) Que símbolo nacional há na imagem?

b) Quais elementos demonstram as condições adversas encontradas na Antártida?

c) Em duplas, troquem ideias: Qual é a importância de o Brasil estabelecer uma base de pesquisas na Antártida?

CAPÍTULO 6
Regiões geoeconômicas: o Norte e o Sul

O Norte e o Sul geoeconômicos (2016)

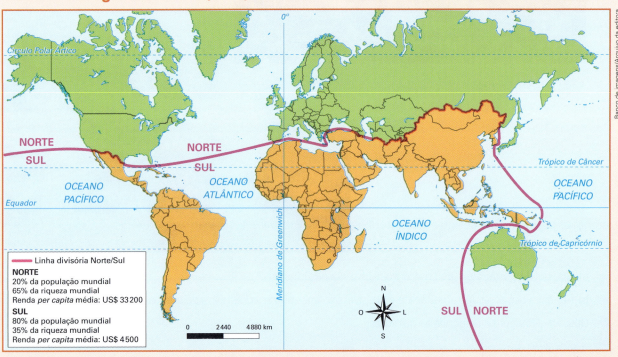

Fontes: elaborado com base em ATLANTE Geografico Metodico De Agostini 2017-2018. Novara: Istituto Geografico De Agostini, 2018; BANCO Mundial. World development indicators. Disponível em: <http://wdi.worldbank.org/table/WV.1>. Acesso em: 29 jul. 2018.

Neste capítulo, vamos estudar a regionalização do mundo com base no critério de desenvolvimento econômico e humano dos países. São o Norte e o Sul geoeconômicos, que não devem ser confundidos com o norte e o sul geográficos delimitados pela linha do equador. Vamos estudar quais são os critérios que permitem avaliar o desempenho da economia de um país, se há relação entre a situação econômica e o bem-estar da população e quais critérios utilizamos para avaliar o bem-estar ou o desenvolvimento humano. Veremos ainda que essa forma de regionalização nos permite compreender melhor as desigualdades internacionais.

▶ Para começar

Observe o mapa e responda às questões.

1. O Brasil pertence ao Norte ou ao Sul geoeconômicos?

2. Qual é a diferença entre a divisão do mundo em Norte geoeconômico e Sul geoeconômico e a divisão do globo em dois hemisférios delimitados pela linha do equador?

1 Países ricos e países pobres

Observe o mapa da página anterior, que divide o mundo em Norte e Sul geoeconômicos. Veja a linha imaginária sinuosa que separa os Estados Unidos do México (país que está no hemisfério norte, porém no Sul geoeconômico), a Europa da África e, no extremo leste, faz uma curva para incluir dois países do hemisfério sul (Austrália e Nova Zelândia) no Norte geoeconômico. Essa linha imaginária que divide o Norte e o Sul geoeconômicos é chamada de *limite Brandt*, porque foi proposta pela primeira vez em 1980 por uma comissão de estudiosos que, a pedido do Banco Mundial e sob a coordenação do então primeiro-ministro da Alemanha Ocidental, Willy Brandt, estudou a questão do desenvolvimento e as desigualdades internacionais. Apesar de esse relatório se ocupar mais do meio ambiente, dos limites dos recursos naturais do planeta em relação a um desenvolvimento não sustentável, ele criou uma nova regionalização do mundo com base em critérios socioeconômicos, dividindo o planeta em países do Sul (pobres) e do Norte (ricos), argumentando que as nações do Norte tinham na época mais de 80% da riqueza mundial, apesar de contarem com apenas cerca de 20% da população total do globo.

Essa regionalização foi elaborada em 1980 e se popularizou com o final da Guerra Fria, passando a ser bastante utilizada desde o final do século passado. Considera-se que o Norte é constituído por países desenvolvidos há bastante tempo – pelo menos desde o final do século XIX – e o Sul, por países subdesenvolvidos ou – em alguns casos – em desenvolvimento ou até desenvolvidos recentemente.

Com o término da Guerra Fria e da disputa entre a área de influência dos Estados Unidos e a da União Soviética, as organizações internacionais voltaram suas atenções para a grande desigualdade internacional entre os países do Norte e do Sul geoeconômicos.

No Norte geoeconômico temos países bastante desenvolvidos, como o Japão, a Alemanha, os Estados Unidos, a Noruega, a Suécia e outros. Mas existem também países com desenvolvimento mediano, como Grécia, Portugal, Rússia, Albânia e outros.

No Sul geoeconômico, as disparidades internacionais são maiores. Existem países de desenvolvimento recente e elevado padrão de vida, como Coreia do Sul, Taiwan e Cingapura; países bastante industrializados, como Índia, México, Brasil e, principalmente, China (mas todos com grandes desigualdades sociais e amplas camadas da população com baixo padrão de vida); e países extremamente pobres e quase sem industrialização, como Ruanda, Sudão, Sudão do Sul, Iêmen, entre outros.

Rio revitalizado no centro da cidade de Seul, na Coreia do Sul, em 2017. A Coreia do Sul está no Sul geoeconômico.

Já vimos que as diferenças internacionais se aprofundaram com a Revolução Industrial, iniciada em meados do século XVIII, embora até recentemente tenham sido objeto de pouca preocupação devido a dois fatores principais. Primeiro, porque, até o final da Segunda Guerra Mundial (1939-1945), a maioria dos atuais países subdesenvolvidos – especialmente na África e na Ásia – eram colônias das potências europeias. Como as metrópoles diziam estar "modernizando" as suas colônias, não admitiam o uso do termo **subdesenvolvimento**, ou a divisão do mundo em países ricos e pobres, principalmente porque as colônias não eram países independentes, e sim áreas sob a sua responsabilidade. Segundo, porque, após o final dessa guerra, o mundo ficou sob a perspectiva de uma guerra catastrófica entre Estados Unidos e União Soviética, que disputavam a hegemonia mundial e tinham as suas respectivas áreas de influência, nas quais – notadamente na América Latina, Ásia e África – o importante era o combate ao comunismo (do lado norte-americano) ou ao capitalismo (do lado soviético), e não tanto o combate ao subdesenvolvimento.

Charge do cartunista sírio Amer Al Zohbi que ilustra com humor a época da Guerra Fria (1945-1989), quando os Estados Unidos (representados pelo "tio Sam") e a antiga União Soviética (simbolizada por um urso) disputavam a hegemonia mundial.

2 Como medir o desenvolvimento?

Diversos critérios podem ser empregados para calcular o grau de desenvolvimento econômico e social de um país, uma região ou uma cidade. Mas é preciso diferenciar desenvolvimento ou crescimento econômico do desenvolvimento humano ou social. O primeiro significa aumento da produção econômica, do Produto Interno Bruto (PIB), da produção de bens e serviços e da renda média das pessoas, a renda *per capita*. O desenvolvimento social, ou humano, diz respeito principalmente à melhoria da qualidade de vida da população, por meio do aumento da expectativa de vida, da escolaridade, da distribuição da renda, do acesso à saúde, à educação, à água tratada, etc. Portanto, o crescimento econômico é uma condição necessária para o desenvolvimento humano.

Conheça alguns indicadores utilizados para avaliar o desenvolvimento econômico e social dos países.

Indicadores econômicos

Os principais indicadores utilizados para medir o desenvolvimento econômico são o PIB, que é o valor de todos os bens e serviços produzidos no país durante um ano (ou um mês, um semestre, etc.), e a renda média da população, ou renda *per capita*. Esta última, apesar de medida inicialmente na moeda nacional de cada país, costuma ser convertida em dólar norte-americano para efeito de comparação com os demais países.

Como o valor do dólar pode variar (subir ou descer) com o decorrer do tempo (às vezes no mesmo dia), especialmente em relação às moedas cujo câmbio (troca por outras moedas) é muito instável, muitas vezes se calcula a renda *per capita* PPC, que significa paridade de poder de compra, ou seja, é uma maneira de levar em conta o custo de vida (os preços dos alimentos, moradia, educação, saúde, etc.) de cada país.

O quadro ao lado apresenta dados econômicos de alguns países do Norte e do Sul geoeconômicos. Note que a economia norte-americana, em 2017, representou um total superior a 19 trilhões de dólares, enquanto a Guiana teve um PIB de cerca de 3,6 bilhões e a Mauritânia de 5 bilhões de dólares. No tocante à renda *per capita*, a da Noruega, superior a 60 mil dólares, representava mais de quinze vezes esse rendimento médio na Mauritânia, que era de menos de 4 mil dólares.

O crescimento ou expansão econômica de um país é outro fator importante para medir seu desenvolvimento. O ritmo de crescimento econômico é o aumento, ou eventualmente a diminuição, nos períodos de crise, de seu PIB. Mas, para um país crescer de fato, o ritmo de expansão da economia tem de ser superior ao crescimento demográfico, pois, se for menor, ocorre um empobrecimento da população, já que a renda *per capita* diminui. Por exemplo, se uma economia crescer em média 1,5% ao ano durante uma década, mas a população crescer em média 2% nesse mesmo período, então teremos uma diminuição – e não um aumento – da renda média da população.

Em muitos países subdesenvolvidos, especialmente entre os mais pobres, que também são os que possuem as mais elevadas taxas de natalidade, às vezes ocorre um crescimento da economia inferior ao crescimento da população. Mas, em outros, como a China, a Índia e, num ritmo um pouco menor, a Turquia, o Brasil ou o México, vem ocorrendo nas últimas décadas um crescimento da economia superior ao crescimento demográfico. Isso significa que suas rendas *per capita* estão aumentando e, em geral, a pobreza está diminuindo.

Os países com a maior economia do mundo são os Estados Unidos, com um valor do PIB de cerca de 19,3 trilhões de dólares em 2017, e a China, que atingiu a cifra dos 12,2 trilhões de dólares nesse mesmo ano. Em contrapartida, há países cujas produções econômicas anuais nem sequer atingem um bilhão de dólares, às vezes até menos de 100 milhões.

Dados econômicos de países do Norte e do Sul goeconômicos (2017)

Regiões	País	PIB em 2017 (em milhões de dólares)	Renda *per capita* em 2017 (em dólares PPC)
Norte geoeconômico	Estados Unidos	19 390 604	59 531
	Japão	4 872 136	43 875
	Alemanha	3 677 439	50 715
	Noruega	398 831	60 978
	Suécia	538 040	50 069
Sul geoeconômico	Quênia	74 738	3 285
	Laos	16 853	7 023
	Mauritânia	5 024	3 949
	Bolívia	37 508	7 559
	Guiana	3 675	8 162

Fonte: elaborada com base em BANCO Mundial. Data. Disponível em: <https://data.worldbank.org/indicator/NY.GDP.MKTP.CD?view=chart>; <https://data.worldbank.org/indicator/NY.GDP.PCAP.PP.CD?view=chart>. Acesso em: 1º ago. 2018.

Texto e ação

- Para medir as desigualdades de desenvolvimento entre os países, são utilizados indicadores como o valor do PIB e a renda *per capita*. Em sua opinião, esses índices são discutíveis? Justifique.

Somente a produção econômica, isto é, o valor do PIB, não revela as condições de vida da população. Muitos países têm um PIB pequeno e uma população extremamente reduzida, resultando daí uma renda média muitas vezes maior do que a de outros países, como a Índia ou até a China, que têm populações gigantescas.

Distribuição da riqueza no mundo (2015)

A anamorfose cartográfica mostra proporcionalmente o tamanho da riqueza produzida (o PIB) em cada país. Observa-se que existe uma enorme desproporção entre o Norte – que concentra a imensa maioria da riqueza do globo – e o Sul.

Fonte: elaborado com base em WORLD Mapper. Wealth year 2015. Disponível em: <http://archive.worldmapper.org/posters/worldmapper_map164_ver5.pdf>. Acesso em: 29 jul. 2018.

Faça uma comparação para entender melhor o assunto: imagine duas famílias, A e B, com rendimentos mensais diferentes. A família A tem um rendimento mensal de 6 mil reais e a família B de 9 mil reais. Aparentemente, a família B vive melhor do que a A, afinal, ela tem um rendimento 50% maior. No entanto, a família A é composta somente de duas pessoas, ao passo que a família B é constituída por doze pessoas. Nesse caso, a família A terá menos despesas com alimentos, remédios, planos de saúde, escolas, transportes, etc., o que significa que é bastante provável que ela tenha um padrão de vida melhor do que o da família B.

É por esse motivo que, além do valor do PIB, a renda média das pessoas num país é importante, isto é, a sua renda *per capita*. A China, por exemplo, tem o segundo maior PIB do mundo. Porém, por causa da sua imensa população, cerca de 1 bilhão e 386 milhões de pessoas (em 2017), a divisão do PIB pelos habitantes resulta numa renda *per capita* de 8 827 dólares. Embora venha crescendo com rapidez, ainda é inferior à do Brasil, do México ou da Argentina e típica de um país não desenvolvido. Por outro lado, Luxemburgo e Suíça, embora não possuam enormes produções econômicas, tinham, em 2017, duas das mais elevadas rendas *per capita* do mundo (104 103 dólares e 80 189 dólares, respectivamente), em virtude de suas pequenas populações. Mas, como já vimos, a renda *per capita* pode ser medida em paridade de poder de compra (PPC) com vistas a uma melhor comparação entre as rendas médias de cada país para se avaliar os custos de vida em cada um deles.

Distribuição social da renda

Um dos indicadores usados para avaliar o desenvolvimento social de uma nação é a distribuição social da renda. A renda média é apenas uma abstração, uma situação hipotética, pois na verdade uma parcela da população tem uma renda maior e outra parte dispõe de rendimentos mais baixos. Isso significa que é importante conhecer como a renda nacional está distribuída entre os habitantes do país, já que uma renda mal distribuída, muito concentrada em poucas mãos, vai resultar em riqueza para uma minoria e em uma grande pobreza para a maioria da população.

Por sinal, essa é mais uma diferença entre os países desenvolvidos e os subdesenvolvidos: enquanto nos primeiros, em geral, a distribuição social da renda nacional é bem mais equilibrada, com desigualdades não muito pronunciadas, nos países subdesenvolvidos, geralmente, existe maior concentração da renda nas mãos de uma pequena parcela da população. Isso é bastante grave, já que nestes países a renda *per capita* é inferior à dos países desenvolvidos.

No Japão, cuja renda média foi de cerca de 38,4 mil dólares em 2017, os 10% mais ricos da população ficam com 21,7% da renda nacional, ao passo que os 60% mais pobres ficam com 42,4% desse total. Em contrapartida, no México, onde a renda *per capita* era de 8,9 mil dólares nesse mesmo ano, os 10% mais ricos dispõem de 38,8% da renda nacional e os 60% mais pobres ficam com apenas 26,4% desse total. Basta fazer alguns cálculos para notar que a renda média dos 60% mais pobres no Japão continuava elevada – quase 27 500 dólares –, ao passo que a renda média dos 60% mais pobres no México era de apenas cerca de 3 960 dólares.

Existem ainda muitos outros indicadores para avaliar o desenvolvimento social e humano de um país: expectativa de vida, taxa de mortalidade infantil, índice de alfabetização, anos de estudo de um adulto, leitura de livros por pessoa, participação das mulheres no trabalho e na renda, número de médicos e de leitos hospitalares para cada grupo de cem mil habitantes, índice de corrupção, etc. Vamos examinar alguns deles.

O índice ou coeficiente de Gini, geralmente, utiliza um número entre 0 e 1, em que 0 corresponde à completa igualdade e 1 corresponde à completa desigualdade. Para facilitar a compreensão, neste quadro substituiu-se o 1 por 100, ou seja, em vez de 0 a 1, o índice ficou de 0 a 100. Logo, quanto mais próximo de 0 for esse coeficiente, maior será a igualdade econômica entre as pessoas; inversamente, quanto mais distante de 0 (ou mais próximo de 100), maior a desigualdade social.

Distribuição social da renda em alguns países

País	Renda nacional nas mãos dos 10% mais ricos	Renda nacional nas mãos dos 60% mais pobres	Renda nacional nas mãos dos 30% intermediários	Índice de Gini
Noruega (2012)*	20,9%	41,8%	37,3%	25,9
Suécia (2012)	21,5%	40,8%	37,7%	27,32
Alemanha (2011)	23,6%	38,7%	37,7%	30,13
China (2010)	29,9%	29,8%	40,3%	42,06
México (2012)	38,8%	26,4%	34,8%	48,07
Brasil (2013)	41,8%	23,3%	34,9%	52,8
África do Sul (2011)	51,2%	15,2%	33,6%	63,3

Fonte: elaborado com base em WORLD Bank. Data, Indicators. Disponível em: <http://data.worldbank.org/indicator>; INDEX Mundi. Disponível em: <www.indexmundi.com/facts/indicators/SI.DST.10TH.10/rankings>; <https://www.indexmundi.com/facts/indicators/SI.POV.GINI/rankings>; <www.indexmundi.com/facts/indicators/SI.DST.02ND.20/rankings>. Acesso em: 15 ago. 2017.

* Entre parênteses, o último ano em que o dado foi pesquisado no país. Não é possível colocar todos no mesmo ano porque muitas vezes os governos só coletam essa informação num ano específico e durante vários outros não pesquisam ou não divulgam esses dados.

Expectativa de vida

A expectativa ou esperança de vida é a estimativa do número médio de anos que se espera que um grupo de indivíduos nascidos em determinado ano viva, se mantidas as condições sociais, ambientais e médico-hospitalares da sociedade em que se inserem. Essas condições são expressas por taxas de mortalidade, condições de atendimento médico-hospitalar, campanhas de vacinação, qualidade da água consumida, da educação, índices de criminalidade, poluição, etc. Assim, quando essas condições melhoram, há um aumento na expectativa de vida das pessoas.

Em alguns países, como o Japão, a Suécia, o Canadá ou a Austrália, a esperança de vida de um recém-nascido era, em 2017, de mais de 83 anos, ao passo que em países pobres, como Serra Leoa, Zâmbia, Chade ou Nigéria, a expectativa de vida era de apenas 55 anos ou até menos. Observe o mapa abaixo.

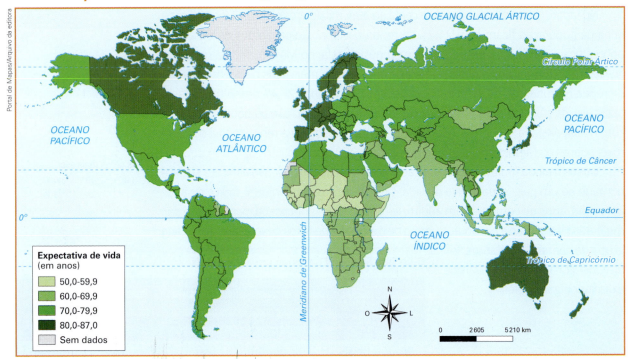

Mundo: expectativa de vida ao nascer (2016)

Fonte: elaborado com base em ORGANIZAÇÃO Mundial de Saúde. Life expectancy. Disponível em: <www.who.int/gho/mortality_burden_disease/life_tables/situation_trends/en/>. Acesso em: 25 out. 2018.

Quanto mais clara a cor do mapa, menor a expectativa de vida dos recém-nascidos nesses países, e vice-versa. A cor mais clara de todas indica uma esperança de vida de no máximo 59 anos; as cores mais escuras indicam países onde essa esperança de vida já ultrapassou os 80 anos.

Texto e ação

1. Por que a distribuição social da renda é um importante indicador para avaliar a situação social de um país?

2. Em que grupo de países a distribuição social da renda é menos desigual? E em que grupo ou conjunto de países ela é mais desigual?

3. O que a expectativa de vida indica? Do que ela depende?

Mortalidade infantil

Outro importante indicador do desenvolvimento humano de uma sociedade é a taxa de mortalidade infantil. É diferente do índice ou taxa de mortalidade geral, embora seja calculada de forma semelhante. A taxa ou índice de mortalidade geral mede quantas pessoas morrem por ano em cada grupo de mil. Já a taxa de mortalidade infantil indica quantas crianças de até 1 ano de idade morrem por ano em cada grupo de mil nascidas vivas. Algumas organizações calculam essa mortalidade infantil em crianças de até 5 anos de idade.

Observe alguns exemplos: a taxa de mortalidade infantil no Afeganistão, em 2017, era de 110‰, ou seja, para cada grupo de mil crianças com até 1 ano de idade, morriam 110. Nesse mesmo ano, o Brasil apresentava uma taxa de mortalidade infantil bem menor, de 13‰. Há países, geralmente desenvolvidos, onde esse índice foi extremamente baixo: apenas 2‰ em Cingapura, no Japão e na Islândia, por exemplo.

As taxas de mortalidade infantil nos dão uma ideia mais precisa do desenvolvimento social de um país do que as taxas gerais de mortalidade. Isso porque nos países desenvolvidos a porcentagem de idosos em sua população total é grande, resultado de uma elevada expectativa de vida, ao passo que a maioria dos países pobres apresenta proporção pequena de idosos e um grande percentual de jovens em sua população.

As taxas de mortalidade infantil nos países com menor grau de desenvolvimento são maiores do que nos países desenvolvidos, pois as crianças com até 1 ano de idade são bastante vulneráveis às condições de vida precárias. A alimentação e o atendimento médico-hospitalar deficientes são fatores que colaboram para os altos índices de mortalidade infantil.

As cores mais escuras no mapa indicam maiores taxas de mortalidade infantil.

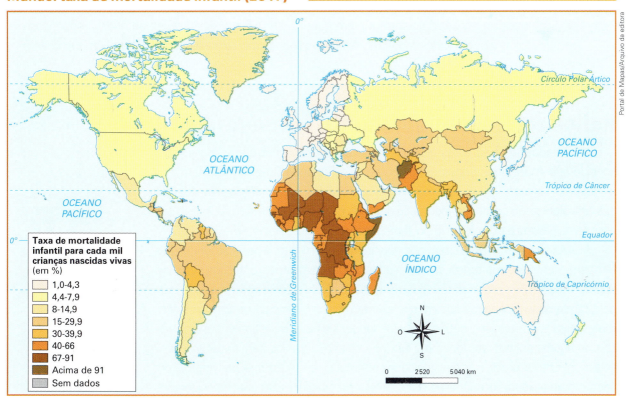

Mundo: taxa de mortalidade infantil (2017)*

Fonte: elaborado com base em CIA. The World Factbook. Disponível em: <www.indexmundi.com/map/?v=29>. Acesso em: 1º ago. 2018.

* Estimativa de taxa de mortalidade entre crianças de até 1 ano de idade para cada mil crianças nascidas vivas.

Educação

Em uma população é comum haver indivíduos analfabetos, outros que concluíram o Ensino Fundamental ou o Ensino Médio, os que cursaram o Ensino Superior ou até mesmo pós-graduação (mestrado, doutorado, pós-doutorado).

Há uma relação direta entre educação e desenvolvimento: os países mais desenvolvidos são os que têm populações mais escolarizadas. Os países com os menores graus de desenvolvimento apresentam sistemas escolares mais precários, e boa parte de sua população é analfabeta ou não chegou a cursar o equivalente ao Ensino Médio ou Superior.

A escolaridade influencia muitos aspectos da vida cotidiana das pessoas. Por exemplo, uma população mais esclarecida vive mais e adoece menos do que uma população com nível educacional baixo, pois tem acesso a noções de higiene e de alimentação saudável. A educação também influencia a produtividade do trabalho e o desenvolvimento tecnológico de um país, que depende de cientistas e técnicos com elevada escolaridade.

Sala de aula em escola na Suécia, em 2017. O país é um dos que mais investem em educação no mundo.

Texto e ação

1. O que é taxa de mortalidade infantil? Como ela é calculada? Observe o mapa da página 123 e cite três países com alta e um com baixa taxa de mortalidade infantil. Utilize um mapa-múndi político para procurar o nome dos países.

2. Compare os mapas das páginas 122 e 123. Qual é a relação entre esses dois fatores?

3. Com base no mapa da página 123, em duplas, citem uma região do globo onde predominam elevadas taxas e outra onde predominam baixas taxas de mortalidade infantil. Expliquem por que há essa diferença.

Índice de Desenvolvimento Humano (IDH)

Até meados do século XX as desigualdades internacionais não eram uma questão considerada importante. Somente após o final da Segunda Guerra Mundial, com a decadência das potências europeias e a desagregação dos seus impérios coloniais, isto é, a descolonização ou independência de dezenas de países da África e da Ásia, é que esse tema passou a ocupar um importante lugar nas discussões internacionais.

A ONU, criada em 1945, se ocupou não apenas em manter a paz no mundo, mas também – entre outras funções – em ajudar no desenvolvimento das nações mais pobres. Para isso, é preciso, antes de tudo, avaliar o nível de desenvolvimento de cada país, tarefa nada fácil na medida em que existem vários critérios ou indicadores diferentes, alguns econômicos, outros ligados à saúde, à educação, às condições ambientais, ao regime político, etc. É sempre difícil escolher os critérios para medir o desenvolvimento de cada país e as desigualdades internacionais. Até o final dos anos 1980, apenas os indicadores econômicos, como o PIB e a renda *per capita*, eram considerados nessas avaliações.

Mundo virtual

Atlas do Desenvolvimento Humano no Brasil
Disponível em: <http://atlasbrasil.org.br/2013/pt/>. Acesso em: 20 ago. 2018.

Neste *site* é possível inserir o nome de uma localidade (município) para ter acesso aos dados (econômicos, de saúde e educação) do IDH municipal.

Os estudiosos, todavia, sempre alertaram que esses indicadores econômicos, embora importantes, são insuficientes. Daí ter surgido um novo índice ou medida do desenvolvimento humano ou social (e não apenas econômico) de cada sociedade: o índice de desenvolvimento humano (IDH).

O IDH foi criado em 1990 e introduziu uma mudança significativa na maneira de medir o desenvolvimento de um país, porque leva em conta também indicadores de saúde e de educação. Ele passou a ser medido em praticamente todos os países do mundo – com exceção dos poucos que não são membros da ONU ou os que em determinado ano sofrem crises, guerras, etc. Consiste em uma média aritmética de indicadores desses três campos da sociedade: economia (PIB e renda *per capita* PPC), saúde (expectativa de vida) e educação (anos de estudo e expectativa de estudos de uma criança).

Para definir o IDH de cada país com base nos índices de economia, saúde e educação, calculou-se a média dos números encontrados em uma escala que vai de 0 a 1. Jamais alcançado por nenhum país, o índice 1 corresponderia a uma situação perfeita, isto é, taxas excelentes em todos os indicadores, como uma alta renda *per capita* PPC, toda a população adulta com muitos anos de estudo e expectativa de vida altíssima. O índice 0, também inexistente na prática, seria uma situação extremamente precária de baixíssima expectativa de vida e renda média, além de altas taxas de analfabetismo, que indicaria uma enorme pobreza.

Mundo: Índice de Desenvolvimento Humano – IDH (2017)

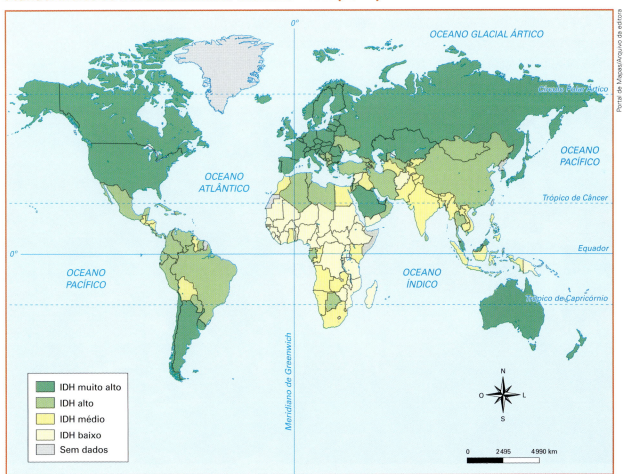

Fonte: elaborado com base em PNUD. *Human development indices and indicators*: 2018 Statistical update. Disponível em: <http://hdr.undp.org/sites/default/files/2018_human_development_statistical_update.pdf>. Acesso em: 25 out. 2018.

Análise sobre o IDH

De acordo com o relatório de IDH de 2016, havia 51 países com IDH muito alto, classificados pela ONU como "desenvolvidos". Já 41 países apresentaram IDH baixo. Os 96 restantes do total de 188 pesquisados, classificados como "países em desenvolvimento", apresentavam IDH alto ou médio. É uma classificação bastante discutível, pois entre os países considerados desenvolvidos há casos de economias frágeis e praticamente sem industrialização, como Chipre, ou de países que dependem de apenas um recurso natural, o petróleo, que algum dia vai se esgotar, como é o caso de Catar, Kuwait, Arábia Saudita ou Emirados Árabes Unidos. Ou seja, essa classificação não leva em conta o desenvolvimento sustentável, mas apenas uma situação momentânea de elevada renda média e alguns poucos indicadores de educação e saúde. As desigualdades sociais, por exemplo, são muito pronunciadas nesses países exportadores de petróleo, mas o IDH, assim como a renda *per capita*, é apenas um indicador das condições médias da população.

No grupo dos países com IDH muito elevado predominam os indiscutivelmente desenvolvidos, como Noruega, Austrália, Alemanha, Estados Unidos, Japão, França, Reino Unido e outros. No grupo dos 41 países com IDH baixo estão países extremamente pobres e subdesenvolvidos. Já o grupo de países com IDH considerado alto (54 nações) ou médio (42) abrange economias díspares (algumas altamente industrializadas, como China, Brasil ou México; e outras com fraca industrialização, como Venezuela, Guatemala, Panamá, Paraguai, Nicarágua ou Bangladesh).

O IDH não incorpora no seu cálculo um elemento importantíssimo para o desenvolvimento social: a democracia. Em países cujos regimes são extremamente autoritários, nos quais não se pode fazer oposição ou criticar o governo e não há o direito de ir e vir livremente, a qualidade de vida da população é prejudicada.

Foi apenas em 2018 que o governo passou a permitir que as mulheres na Arábia Saudita dirigissem. A desigualdade de gênero no país ainda é marcante e afeta a qualidade de vida das mulheres. Na foto, mulher saudita em aula de direção em Jidá (Arábia Saudita), em 2018.

Inúmeros estudos já demonstraram que o desenvolvimento dos atuais países ricos foi um processo pautado na crescente participação da população nas decisões, na melhor distribuição social da renda nacional e em maiores liberdades democráticas.

Os países de fato desenvolvidos têm uma longa tradição de regimes democráticos: além de eleições periódicas e livres, há liberdade religiosa e de pensamento, direito de ir e vir, de propriedade, de escolha do trabalho, direitos eleitorais, de protestar e de livre associação (partidos, sindicatos, etc.), direito a educação, saúde, transporte coletivo, lazer, acesso ao sistema judiciário, a um meio ambiente sadio, direito dos consumidores, dos idosos, dos adolescentes, das crianças, dos deficientes, etc.

No entanto, alguns dos países com IDH muito elevado – como Kuwait, Emirados Árabes Unidos, Arábia Saudita ou Catar – contam com uma expressiva parcela de estrangeiros em sua força de trabalho, os quais não têm os mesmos direitos dos nativos. Portanto, esses países não podem ser considerados de fato desenvolvidos.

Eleições para a Assembleia Nacional, em Paris (França), em 2017. A democracia é um dos aspectos dos países desenvolvidos.

Texto e ação

1. Por que o IDH representou um avanço em relação às outras formas de medir o grau de desenvolvimento das nações?

2. Observe o mapa da página 125 e responda às questões.

   a) Que cor representa os países com IDH baixo? E os com IDH muito alto?

   b) Qual cor representa o Brasil no mapa? O que isso significa?

   c) Os países com IDH muito alto estão mais concentrados ao norte ou ao sul? E aqueles com IDH baixo ou médio?

Geolink

Leia o texto.

Organização latino-americana de favelas realiza fórum em Porto Alegre

A La Poderosa, organização nascida em favelas da Argentina, se estende por 96 comunidades marginalizadas do continente

No final de julho [de 2018], Porto Alegre voltará a ser palco de um encontro de diversas lideranças e representantes de movimentos sociais da América Latina. [...] o 2º Fórum Latino-Americano da La Poderosa, organização nascida em favelas da Argentina e que se estende por 96 comunidades marginalizadas do continente.

Participarão do fórum moradores de favelas e comunidades rurais, referentes de direitos humanos de todos os países onde está La Poderosa, referências do feminismo, comunicação e educação popular, dos povos indígenas, da economia popular. O fórum também contará com a participação de representantes de movimentos sociais urbanos e rurais, de sindicatos, organizações e partidos políticos da região. Ainda será disputado o Primeiro Campeonato Latino-Americano de Futebol entre jovens de favelas. [...]

O movimento La Poderosa surgiu em 2004, na favela de Villa Zavaleta, em Buenos Aires. Nasce originalmente como uma assembleia para organizar partidas de futebol do bairro que eram disputadas sem juízes, mas ainda sim precisavam de uma mínima organização. Do futebol popular, as assembleias passaram a discutir problemas de Villa Zavaleta, como solucioná-los e, se fosse o caso, como pressionar o poder público para resolvê-los. Hoje, a La Poderosa se estende por pelo menos 80 bairros populares argentinos e mais 11 países da América Latina (Brasil, Uruguai, Chile, Paraguai, Bolívia, Peru, Equador, Colômbia, Venezuela, México e Cuba). O nome La Poderosa é uma referência à motocicleta com a qual Che Guevara e Alberto Granados viajaram pela América do Sul.

Legalmente constituído como uma associação civil sem fins lucrativos, atualmente o movimento adota um modelo de organização apartidário que busca realizar assembleias semanais autônomas em cada bairro e favela que está organizado com o objetivo de encontrar soluções para os problemas locais, sempre por consenso e não por votações em que uma opinião majoritária predomina sobre as demais. [...]

Em Porto Alegre, a organização está começando a se articular com moradores de áreas populares do bairro Menino Deus e arredores. No Rio de Janeiro, está na favela de Santa Marta e também está chegando a Niterói. A ideia é estar presente nas regiões mais marginalizadas do continente.

Anualmente, é realizado um fórum nacional na Argentina e, no ano passado, foi realizado o primeiro fórum latino-americano em Havana, Cuba, que contou com representações das favelas e bairros em que a La Poderosa atua. Para este ano, Porto Alegre foi escolhida para sediar o fórum em razão da "preocupante situação que assola o povo brasileiro e que põe em xeque o que aconteça não só nesse país, mas na região toda".

GOMES, Luís Eduardo. Organização latino-americana de favelas realiza fórum em Porto Alegre.
Disponível em: <www.brasildefato.com.br/2018/07/24/organizacao-latino-americana-de-favelas-realiza-forum-em-porto-alegre/>.
Acesso em: 19 ago. 2018.

Agora responda:

1. A reportagem informa sobre um fórum que ocorreu em julho de 2018 em Porto Alegre. O que chamou atenção nesse fórum foi a forte presença do movimento social chamado "La Poderosa". Após a leitura do texto, explique esse movimento destacando em qual país ele se originou, em quais países está presente e quais são as suas reivindicações sociais.

2. Em sua opinião, por que o movimento La Poderosa se tornou presente em "pelo menos 80 bairros populares argentinos e mais 11 países da América Latina (Brasil, Uruguai, Chile, Paraguai, Bolívia, Peru, Equador, Colômbia, Venezuela, México e Cuba)"? Converse com os colegas.

3. Qual é a relação entre esse texto e a questão do desenvolvimento social ou humano?

CONEXÕES COM LÍNGUA PORTUGUESA E COM MATEMÁTICA

1. Em 1948, a Assembleia Geral das Nações Unidas proclamou a Declaração Universal dos Direitos Humanos, segundo a qual "Todas as pessoas nascem livres e iguais em dignidade e direitos" (Artigo I). Os Estados que assinaram este documento decidiram promover o progresso social e melhores condições de vida em todos os países, visando à construção da paz no mundo.

   Leia como o escritor e poeta Thiago de Mello recorreu à poesia para tratar dos Direitos Humanos.

   ### Estatuto do homem

   Artigo 1 - Fica decretado que agora vale a verdade, agora vale a vida e de mãos dadas marcharemos todos pela vida verdadeira; [...]

   Artigo 3 - Fica decretado que, a partir deste instante, haverá girassóis em todas as janelas, que os girassóis terão direito a abrir-se dentro da sombra e que as janelas devem permanecer o dia inteiro abertas para o verde onde cresce a esperança; [...]

   Artigo 6 - Fica estabelecida durante dez séculos a prática sonhada por Isaías que o lobo e o cordeiro pastarão juntos e a comida de ambos terá o mesmo gosto de aurora; [...]

   Artigo 8 - Fica decretado que a maior dor sempre foi e será sempre no poder dar-se amor a quem se ama e saber que é a água que dá à planta o milagre da flor; [...]

   Artigo 11 - Fica decretado por definição que o homem é o animal que ama, e que por isso é belo, muito mais belo que a estrela da manhã; [...]

   MELLO, Thiago de. *Faz escuro, mas eu canto*. 23. ed. Rio de Janeiro: Bertrand Brasil, 2009. p. 102.

   - Em duplas, criem mais três artigos para esse Estatuto e, depois, compartilhem com a turma.

2. Observe o quadro, a seguir, que informa o tempo de escolaridade nos países da América do Sul. Com esses dados, elabore um gráfico de barras tal como no exemplo do gráfico de expectativa de vida dos países sul-americanos. No eixo vertical, faça uma escala para o tempo na escola; no eixo horizontal, escreva o nome dos países.

   América do Sul: média de escolaridade dos adultos de 25 anos ou mais (2015)

País	Tempo de escola (em anos)
Chile	9,9
Argentina	9,9
Venezuela	9,4
Peru	9,0
Uruguai	8,6
Guiana	8,4
Suriname	8,3
Equador	8,3
Bolívia	8,2
Paraguai	8,1
Brasil	7,8
Colômbia	7,6

   Fonte: elaborado com base em PNUD. *Human Development Report 2016*. Disponível em: <http://hdr.undp.org/en/2016-report>. Acesso em: 30 jul. 2018.

   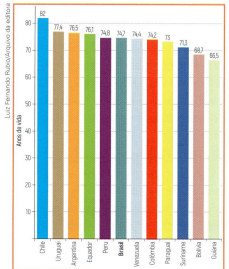

   América do Sul: expectativa de vida em anos (2015)

   Fonte: elaborado com base em PNUD. *Human Development Report 2016*. Disponível em: <http://hdr.undp.org/en/2016-report>. Acesso em: 30 jul. 2018.

   Agora que você construiu o gráfico de barras, responda:
   - Qual é a situação do Brasil em relação à América do Sul nos indicadores **expectativa de vida** e **média de escolaridade dos adultos**?

ATIVIDADES

+ Ação

1. Observe o quadro a seguir.

O IDH em alguns países selecionados (2016)*

	Classificação e país	IDH	PIB per capita (em dólares PPC)	Taxa de mortalidade infantil** (por mil: ‰)	População com 25 anos ou mais com pelo menos um ano de Ensino Médio (em %)	Expectativa de vida (em anos)
IDH muito alto	1. Noruega	949	67 614	2,6	95,3	81,7
	10. Estados Unidos	920	53 245	6,5	95,3	79,2
IDH alto	54. Uruguai	795	19 148	10,1	53,4	77,4
	79. Brasil	754	15 175	16,4	57,5	74,7
IDH médio	110. Paraguai	693	8 182	20,5	46,6	73,0
	131. Índia	624	5 663	37,9	48,7	68,3
IDH baixo	150. Angola	533	6 291	156,9	-----	52,7
	163. Haiti	493	1 669	69,0	32,0	63,1

Elaborado com dados do PNUD. *Human Development Report*, 2016.

* Na classificação do IDH de cada país, para aumentar o contraste, substituímos o 1 por mil, ou seja, em vez de 0 a 1 ficou de 0 a 1000.
** O Pnud calculou a mortandade entre o grupo de crianças de 0 até 5 anos de idade.

a) O que você conclui ao analisar a taxa de IDH dos países selecionados e as outras taxas do quadro?

b) Qual é a posição do Brasil em relação aos demais países apresentados?

2. Leia o texto e responda às questões.

> Os ricos brasileiros são pobres de tanto medo. Por mais riquezas que acumulem no presente, são pobres na falta de segurança para usufruir o patrimônio no futuro. E vivem no susto permanente diante das incertezas em que os filhos crescerão. Os ricos brasileiros continuam pobres de tanto gastar dinheiro apenas para corrigir os desacertos criados pela desigualdade que suas riquezas provocam: em insegurança e ineficiência. [...]
>
> Se os latifúndios tivessem sido colocados à disposição dos braços dos ex-escravos, a riqueza criada teria chegado aos ricos de hoje, que viveriam em cidades sem o peso da imigração descontrolada e com uma população sem miséria.
>
> A pobreza de visão dos ricos impediu também de verem a riqueza que há na cabeça de um povo educado. Ao longo de toda a nossa história, os nossos ricos abandonaram a educação do povo, desviaram os recursos para criar a riqueza que seria só deles, e ficaram pobres: contratam trabalhadores com baixa produtividade, investem em modernos equipamentos e não encontram quem os saiba manejar, vivem rodeados de compatriotas que não sabem ler o mundo ao redor, não sabem mudar o mundo, não sabem construir um novo país que beneficie a todos. Muito mais ricos seriam os ricos se vivessem em uma sociedade onde todos fossem educados. [...]
>
> Há um grave quadro de pobreza entre os ricos brasileiros. E esta pobreza é tão grave que a maior parte deles não percebe. Por isso a pobreza de espírito tem sido o maior inspirador das decisões governamentais das pobres ricas elites brasileiras.
>
> BUARQUE, Cristóvam. A pobreza da riqueza. Disponível em: <www.portalbrasil.net/reportagem_cristovambuarque.htm>. Acesso em: 30 jul. 2018.

a) Qual é a ideia central do texto?

b) Você concorda com a visão do autor? Por quê?

c) Você concorda com as observações do autor a respeito da educação? Explique.

Autoavaliação

1. Quais foram as atividades mais fáceis para você? Por quê?
2. Algum ponto deste capítulo não ficou claro? Qual?
3. Você participou das atividades em dupla e em grupo e expressou suas opiniões?
4. Como você avalia sua compreensão dos assuntos tratados neste capítulo?
   - » **Excelente**: não tive dificuldade.
   - » **Bom**: consegui resolver as dificuldades de forma rápida.
   - » **Regular**: tive dificuldade para entender os conceitos e realizar as atividades propostas.

> **Lendo a imagem**

1. Observe as charges abaixo.

IDH sobe, charge de Paulo André, 2016.

- Qual é a ironia nas charges **A** e **B**?

2. Em duplas, observem o esquema abaixo. Depois, elaborem um texto que relacione os itens do esquema ao que vocês aprenderam neste capítulo.

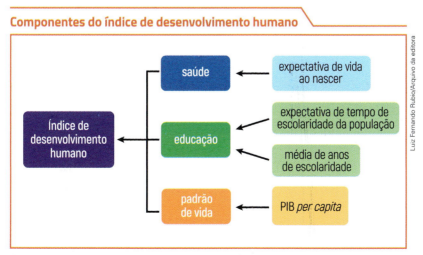

Fonte: elaborado com base em PUBLIC Health Notes. Disponível em: <www.publichealthnotes.com/human-development-index-hdi/>. Acesso em: 23 ago. 2018.

ATIVIDADES 131

PROJETO — Arte

Atlas: América e África

Ao longo da Unidade 2, você estudou a regionalização do mundo. Você já sabe que as regiões são formadas conforme os critérios adotados, que podem ser físicos, econômicos, sociais, políticos e culturais.

Se consideramos, por exemplo, a posição latitudinal e os aspectos físicos, podemos dividir a América em América do Norte, América Central e América do Sul. Porém, se adotamos o processo histórico, econômico e social desse mesmo continente, podemos dividi-lo em América Anglo-Saxônica e América Latina. Mudam-se os critérios, mudam-se as regiões. Nosso exemplo não se restringe ao continente americano; pode ser aplicado em qualquer lugar do mundo, em diferentes escalas.

A partir da análise de um atlas, é possível observar, analisar e também comparar as diversas regiões do mundo.

Neste projeto, a turma toda vai se engajar na criação de um atlas que compare alguns aspectos da América e da África.

Gazelas na Savana em Amboseli, no Quênia, em 2017.

Veados-campeiros no Cerrado do Parque Indígena do Xingu (MT), em 2018.

Etapa 1 – O que fazer

Cada equipe vai escolher um tema e elaborar um mapa-múndi destacando determinados aspectos da América e da África. Esse mapa permitirá a comparação de um mesmo tema nesses dois continentes.

Lembre-se: os mapas precisam ter um título que indique a área representada, orientação ou rosa dos ventos, legenda, fonte e escala. Eles poderão ser elaborados em papel sulfite, *canson* ou cartolina.

Etapa 2 – Como fazer

Reúnam-se em grupos de quatro a seis alunos e escolham um dos temas:
- Regiões de clima equatorial

- Regiões de clima tropical
- Regiões de Savana e Cerrado
- Taxa de mortalidade (escolham 6 países: 3 da América e 3 da África)
- Taxa de natalidade (escolham 6 países: 3 da América e 3 da África)
- Taxa de analfabetismo (escolham 6 países: 3 da América e 3 da África)

Cada grupo deverá pesquisar dados do tema escolhido e compor no mapa as informações que descobriu.

Por exemplo, imagine que você e seu grupo querem comparar a quantidade de países que têm o português como língua oficial. Primeiro, vocês precisam pesquisar para saber quais são os países falantes de português nesses dois continentes. Depois, devem elaborar o mapa mostrando essas informações. Observe:

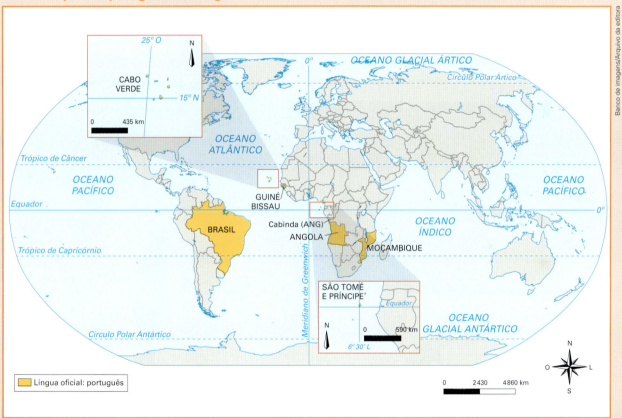

Planisfério político: português como língua oficial na América e na África (2016)

Fonte: elaborado com base em IBGE. *Atlas geográfico escolar*. 7. ed. Rio de Janeiro, 2016. p. 32.

Em data combinada com o professor, entreguem a ele a primeira versão do mapa que vocês estão elaborando. O professor vai apontar se há pontos a ser melhorados. Aproveitem para tirar as dúvidas.

Etapa 3: Montando o atlas

Após fazer as correções e orientar a finalização dos mapas, o professor vai estipular uma data para que todos os grupos levem as produções para a classe.

Cada grupo deve apresentar aos colegas as informações coletadas e o mapa finalizado. Montem um mural com as produções para que todos tenham acesso aos mapas.

Terminada a atividade, organizem os mapas da turma em um atlas. Depois, compartilhem com os colegas e com o professor o que mais gostaram de fazer nesse projeto.

Na foto, trecho da fronteira entre Estados Unidos e México, na praia de Tijuana (México), em 2017. Observe o muro que se estende mar adentro. Com aproximadamente 3 220 km, o muro separa os dois países, vizinhos territorialmente, mas diferentes no que diz respeito às suas características econômicas, culturais e sociais.

UNIDADE 3

As Américas: unidade e diversidade

Nesta unidade, você vai conhecer a formação territorial do continente americano, constituído de diversas regiões e países. Vai observar também a diversidade cultural presente em seu extenso território, os efeitos das desigualdades econômicas e sociais entre os países, os aspectos físicos da América e suas organizações econômicas.

Observe a foto e converse com os colegas:

1. Na sua opinião, quais são as causas da construção desse muro na fronteira entre os Estados Unidos e o México? E quais são as consequências?

2. Pense em um argumento que justifique e outro que critique a construção do muro na fronteira entre os Estados Unidos e o México. Compartilhe-os com os colegas.

CAPÍTULO 7
América: aspectos gerais

Fonte: elaborado com base em IBGE. *Atlas geográfico escolar*. 7. ed. 2016. p. 37, 39, 41.

Para começar

Observe o mapa e responda às questões.

1. Duas das formas de regionalização das Américas estão representadas no mapa. Uma delas divide o continente em três partes, que estão com cores diferentes. Qual é o nome de cada uma dessas partes do continente? Qual é o critério usado para essa divisão?

2. Mencione três países de cada uma dessas três Américas.

3. A outra forma de dividir o continente está assinalada pela linha vermelha, que separa os Estados Unidos do México. Quais são as duas Américas separadas por essa linha? Que critério foi usado para fazer essa divisão?

Neste capítulo, você vai estudar aspectos gerais do continente americano, que se estende pelos hemisférios norte a sul, do Ártico até as proximidades da Antártida. Há duas formas principais de dividir ou regionalizar as Américas: do ponto de vista fisiográfico e do ponto de vista histórico, econômico e social. Você também vai estudar os grandes contrastes desse continente, com especial atenção para a América Latina.

1 O continente

A América se alonga no sentido norte-sul, abrangendo desde o norte do Canadá até o sul da Argentina e do Chile. Há duas maneiras de regionalizar o continente.

Uma forma de regionalizar o continente americano é dividi-lo em três partes considerando os aspectos físicos, principalmente a forma e a localização de cada área. Observe o mapa e veja como, do ponto de vista fisiográfico, o continente tem duas imensas massas continentais (Américas do Norte e do Sul) e, ligando-as, há uma faixa estreita, um istmo com muitas ilhas. Essa parte é chamada América Central.

- **América do Norte**: compreende o Canadá, os Estados Unidos e o México, além da Groenlândia, possessão da Dinamarca;
- **América Central**: também chamada de Caribe, abrange um istmo (parte continental) e várias ilhas (parte insular), entre as outras duas partes do continente e onde se localizam países continentais, como Panamá, Guatemala e Costa Rica, e países insulares, como Cuba, Haiti e República Dominicana.

América: físico

Fonte: elaborado com base em IBGE. *Atlas geográfico escolar*. 7. ed. Rio de Janeiro, 2016. p. 33.

- **América do Sul**: onde estão o Brasil, a Argentina, o Chile, a Venezuela e outros países.

A forma mais adotada atualmente é a regionalização que se baseia no ponto de vista histórico-social e que divide a América em duas unidades ou regiões:
- **América Anglo-Saxônica**: abrange os Estados Unidos e o Canadá, países desenvolvidos em que predomina o inglês, língua de origem anglo-saxônica.
- **América Latina**: inclui todos os países do continente tidos como não desenvolvidos ou do Sul geoeconômico, nos quais predominam o espanhol e o português, línguas originadas do latim.

América Anglo-Saxônica e América Latina (2013)

Fonte: elaborado com base em GIRARDI, Gisele; ROSA, Jussara Vaz. *Atlas geográfico*. São Paulo: FTD, 2013. p. 108.

2 O idioma como diferença?

Na América Anglo-Saxônica

À primeira vista, a diferenciação entre a América Anglo-Saxônica e a América Latina estaria no idioma: nos Estados Unidos e no Canadá, predomina a língua inglesa; na América Latina, predominam o espanhol e o português, idiomas latinos. Dizemos que essa línguas predominam porque existe uma região do Canadá, Quebec, onde a maioria da população não adota o inglês, e sim o francês, idioma de origem latina. Embora a maioria da população fale o inglês, o Canadá é uma nação bilíngue, com duas línguas oficiais: o inglês e o francês. Além disso, há no país minorias que fazem uso do italiano, do alemão, do mandarim, do português e de outros idiomas.

Da mesma forma, em certas áreas dos Estados Unidos o número de falantes do espanhol é cada vez maior, apesar de o inglês ser a língua empregada predominantemente. Mas não existe idioma oficial, em nível federal, nos Estados Unidos: cada estado pode ter o seu ou os seus idiomas, pois, às vezes, há mais de um. Na maioria dos estados, o idioma oficial é o inglês, porém, em alguns deles, o espanhol também é considerado língua oficial. Em determinados locais, como em certos bairros de Nova York ou de Los Angeles, e em algumas regiões no sul do país, quase só se fala o espanhol, até mesmo nas escolas.

Assim, percebemos que a chamada América Anglo-Saxônica não é inteiramente anglo-saxônica do ponto de vista da língua falada pelo povo. Podemos dizer que ela é predominantemente anglo-saxônica, mas não exclusivamente.

Na América Latina

Também a América Latina não é exclusivamente latina, com apenas os idiomas latinos – espanhol, português e eventualmente francês. Existem vários outros idiomas. A colonização da América Latina não foi feita exclusivamente por espanhóis e portugueses, mas também por holandeses, franceses e ingleses. Além desses povos, vieram para o continente americano grande número de africanos, trazidos como mão de obra escrava e que exerceram grande influência sobre os idiomas falados. Por isso, podemos observar nos países latino-americanos a presença marcante dos idiomas desses ex-colonizadores e a sua mesclagem com línguas africanas e indígenas.

Assim, na Guiana e em vários países da América Central – como nas Bahamas, na Jamaica, em Barbados e outros –, o inglês é o idioma oficial. No Suriname, o holandês é o idioma oficial do país. O francês é a língua oficial no Haiti (ao lado do crioulo) e na Guiana Francesa. Também línguas indígenas são amplamente faladas em vários países, sendo às vezes consideradas oficiais junto ao espanhol: o guarani no Paraguai (é o idioma mais popular do país); o quéchua, no Equador, no Peru e na Bolívia; o aymará, na Bolívia e no Peru, etc.

Assim, a chamada América Latina constitui-se de uma multiplicidade de nações ou países e de várias línguas, às vezes mais de uma em um mesmo país. Mas, no conjunto, pode-se dizer que predominam os idiomas espanhol e português.

Estudantes descendentes de incas em escola de Chinchero (Peru), em 2015, onde a língua mais falada é o quéchua.

Texto e ação

- A divisão das Américas em Latina e Anglo-Saxônica, aparentemente, tem por base os idiomas falados em cada uma dessas regiões. Explique por que essa divisão por idiomas latinos e anglo-saxônicos não é inteiramente válida.

3 Qual é a identidade da América Latina?

Se os países desta região estão apenas parcialmente unidos pela língua, qual é o elemento unificador desse conjunto chamado América Latina?

A resposta é bastante complexa, porque a América Latina é formada por um conjunto de países muito diferentes entre si. Os elementos que dão sentido a esse conjunto, ao próprio nome América Latina, são basicamente: a formação histórica, o desenvolvimento econômico e social insuficiente em comparação com a outra parte do continente (América Anglo-Saxônica) e a existência como regra geral de regimes políticos autoritários, com algumas exceções.

Dois outros fatores caracterizam a América Latina no plano internacional: trata-se da região do planeta na qual, em média, existem as maiores desigualdades sociais e cujo processo de urbanização se deu de forma acelerada e problemática, reproduzindo no espaço urbano as desigualdades sociais.

Assim, a própria denominação "América Latina" é alvo de polêmicas. Muitos estudiosos e a Organização das Nações Unidas (ONU), além de outras organizações internacionais, preferem utilizar dois nomes para essa parte do continente: América Latina para as nações de fato latinas (México, Argentina, Brasil, Colômbia, Costa Rica, Nicarágua, etc.) e Caribe para os países insulares da América Central, que se localizam no mar do Caribe, além da Guiana e do Suriname, na América do Sul. Nos países insulares do Caribe, na Guiana e no Suriname, o idioma mais falado é o inglês, seguido do holandês. Alguns estudiosos e organizações internacionais, no entanto, usam o termo Caribe como sinônimo para América Central insular, e América Latina para o México, a parte continental da América Central e a América do Sul.

Há também autores que preferem empregar a expressão "América Ibérica" em vez de Latina pelo fato de a colonização dessa parte do globo ter sido feita predominantemente por Espanha e Portugal, países ibéricos.

Vista da cidade de Paramaribo (Suriname), às margens do rio Suriname, em 2015. O idioma oficial do país é o holandês, embora faça parte da América Latina.

A expressão "América Latina" só foi criada em meados do século XIX, na França, quando o então imperador Napoleão III almejava expandir seus domínios para essa parte do planeta; por isso, a expressão "latina" (que inclui também o francês, um idioma de origem românica ou latina) era mais adequada do que "ibérica".

O mapa a seguir apresenta a divisão política da América Latina. Observe-o.

América Latina: político (2016)

Fonte: elaborado com base em IBGE. *Atlas geográfico escolar*. 7. ed. Rio de Janeiro, 2016. p. 39, 41.

Texto e ação

1. Em que contexto a expressão "América Latina" foi criada? Quem foi seu criador? E qual era o seu objetivo?

2. Por que instituições como a ONU e outros autores propõem a divisão da América Latina em duas regiões: América Latina e Caribe?

3. Pesquise junto aos seus familiares ou na internet:

   a) Os principais povos que contribuíram para a formação da sua família;

   b) Qual ou quais os idiomas que predominavam entre esses povos;

   c) Aponte alguns termos utilizados por sua família que estão relacionados com o idioma de seus ascendentes.

4 Aspectos fisiográficos do continente

Relevo e hidrografia

Um aspecto que logo chama a atenção quando observamos o mapa físico do continente americano é a presença de extensas cadeias de montanhas jovens, com elevadas altitudes, na sua parte oeste, desde a América do Norte até a América do Sul. São as montanhas Rochosas e as serras Madre Ocidental e Madre Oriental, na América do Norte; a cordilheira dos Andes, na América do Sul; e as cordilheiras de Guanacaste e Talamanca, na América Central continental, o istmo que une as duas porções maiores das Américas. Veja o mapa da página 137. Elas são o resultado do encontro de placas tectônicas que ali se encontram: na América do Norte há o encontro da placa Norte-Americana (a leste) com a placa do Pacífico (a oeste); na América do Sul há o encontro da placa Sul-Americana (a leste) com a placa de Nazca (a oeste); e, na América Central continental, há o encontro da placa Caribenha (a leste) com a placa de Cocos (a oeste).

Essas placas tectônicas se chocam, ao contrário das placas Sul-Americana e Africana, que se afastam uma da outra. Isso significa que, além da formação dessas montanhas, há cerca de 70 milhões de anos, existe ainda a eventual ocorrência de terremotos (alguns bem fortes) e vulcões que podem entrar em erupção. Isso na parte oeste do continente, nas vizinhanças com o oceano Pacífico, pois nas partes central e leste geralmente predominam as planícies ou planaltos de baixa altitude, com a presença de algumas serras de montanhas de altitudes não muito elevadas a leste, que são mais antigas (entre 400 e 550 milhões de anos) e bastante desgastadas pela erosão. A presença dessas imensas cadeias de montanhas a oeste influencia a rica hidrografia da América do Norte e da América do Sul.

Os principais rios correm para o leste, desaguando no oceano Atlântico: Amazonas, Paraná e rio da Prata, Orinoco, Tocantins-Araguaia, Uruguai, São Francisco e outros, na América do Sul; Mississípi-Missouri, Grande, São Lourenço, Arkansas e outros, na América do Norte; e os principais rios da América Central, como Patuca, Coco, San Juan, Motagua e outros, embora bem menores, também fluem para leste, para o mar das Antilhas ou mar do Caribe.

Lago Moraine nas montanhas Rochosas, Parque Nacional de Banff (Canadá), em 2017.

Vista do Parque Nacional Chirripó na cordilheira de Talamanca (Costa Rica), em 2015.

Climas

Quanto aos climas, há enorme diversidade nas Américas e particularmente na América Latina. Por causa da grande extensão norte-sul – o continente estende-se de uma zona polar a outra e atravessa os trópicos –, há desde o frio polar ou subpolar no norte (Alasca e norte do Canadá) e também no sul (extremo sul do Chile e da Argentina) até o clima equatorial no norte da América do Sul e em parte da América Central, além dos climas frios de montanha nas maiores altitudes dos Andes e das Rochosas. Há ainda climas áridos ou semiáridos no oeste da América do Norte e da América do Sul, além do interior do Nordeste brasileiro; clima tropical úmido e semiúmido em extensas partes do Brasil, do Paraguai, do México e de vários outros países, incluindo a América Central; e climas temperados e subtropicais em parte dos Estados Unidos, Canadá, Argentina, Uruguai, México, Chile e sul do Brasil.

Essa diversidade climática resulta nos mais diversos tipos de vegetação e solos no continente, e também está ligada à enorme disponibilidade de água doce que existe no continente. Nas Américas encontram-se três dos quatro países com as maiores reservas de água potável do planeta, tanto em águas superficiais (rios, lagos e geleiras) como em águas subterrâneas: Brasil, Canadá e Estados Unidos (o outro país é a Rússia, na Eurásia).

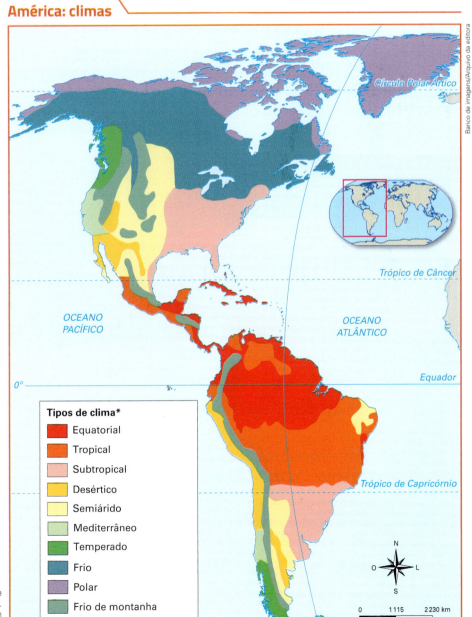

*Adaptado da classificação de Köppen-Geiger.
Fonte: elaborado com base em IBGE. *Atlas geográfico escolar*. 7. ed. Rio de Janeiro, 2016. p. 58.

O Brasil, que ocupa o primeiro lugar, se destaca pelos aquíferos transfronteiriços Grande Amazonas (Saga) e Guarani, considerados as duas maiores reservas mundiais de água subterrânea, além de ter a maior bacia hidrográfica do planeta (a Amazônica) e outras também importantes (Paraná, Tocantins-Araguaia, etc.). O Canadá destaca-se pelas imensas reservas hídricas representadas pelas geleiras no norte do país, na região polar, além de ter enormes lagos e aquíferos, e importantes bacias hidrográficas – como os Estados Unidos. O continente americano, portanto, de forma geral – salvo em algumas regiões desérticas e em alguns países da América Central –, apresenta enorme riqueza hídrica, com muitas bacias hidrográficas e aquíferos transfronteiriços, ou seja, que abrangem áreas de dois ou mais países.

Justamente uma das questões que mais preocupam os governos e estudiosos neste século é a perspectiva de maior escassez de água potável e a eclosão de conflitos armados envolvendo o uso de rios, lagos e aquíferos transfronteiriços. Várias resoluções – a última foi em 2014 – já foram aprovadas na ONU para que os países que dividem recursos hídricos – calcula-se que 60% da água superficial do mundo encontra-se em bacias hidrográficas transfronteiriças (e também boa parte da água subterrânea, embora neste caso ainda há muita falta de informação) – entrem em acordos para os estudos e principalmente para o compartilhamento desses recursos. Mas esse problema é bem mais grave em outras regiões do globo, particularmente no Oriente Médio e na África, e menos intenso no continente americano devido à grande disponibilidade hídrica.

O Atacama (Chile), é um exemplo de região desértica do continente americano. Foto de 2014.

Texto e ação

1. Consulte um mapa-múndi e identifique o acidente geográfico que separa os continentes americano e asiático.

2. As cadeias montanhosas destacam-se entre as formas de relevo do continente americano. Identifique as mais importantes, localize-as e explique o processo que as formou.

3. Dê alguns exemplos de locais na América onde há paisagens nas quais é possível observar a relação entre as cadeias montanhosas e as bacias hidrográficas do continente. Pesquise como ocorre essa relação e elabore um croqui para demonstrá-la.

4. Por que a maioria dos rios do continente corre para leste?

5. Explique a razão de existir tantas variedades de climas – desde o frio polar até o equatorial – no continente americano.

5 Formação histórica

Uma das explicações para as desigualdades no nível de desenvolvimento entre as duas Américas é o tipo de colonização que predominou em cada uma delas:

- A colonização de **povoamento**, tal como ocorreu no litoral nordeste dos Estados Unidos (e também no Canadá), cujo objetivo era fundar uma nova pátria, isto é, os colonizadores tinham intenção de morar permanentemente no lugar;
- A colonização **mercantilista ou de exploração**, que ocorreu no sul dos Estados Unidos e na América Latina, na qual o objetivo dos colonizadores era tão somente enriquecer e retornar para a metrópole.

As colônias de povoamento receberam pessoas que eram consideradas "excedentes" na Europa, ou seja, a população que emigrava desse continente em direção à América, fugia das guerras ou emigrava em épocas de fome e carência. Eles emigravam não em busca de riquezas, para depois retornar à Europa, mas sim em busca de um novo lar, de uma nova pátria para viver permanentemente.

Desde o princípio os colonizadores do nordeste dos Estados Unidos asseguraram certa autonomia em relação à metrópole. Isso se traduziu na organização econômica dessas colônias, que passaram a desenvolver manufaturas, como roupas e gêneros alimentícios, apesar da proibição da Inglaterra.

Na América Latina, as potências europeias estabeleceram as colônias de exploração, tipo de colonização dominante do século XVI ao XVIII. Essas colônias foram organizadas para atender aos interesses econômicos da metrópole. A função das colônias, portanto, era fornecer riquezas minerais ou produzir gêneros agrícolas a preços baixos, tais como açúcar, ouro, prata, etc. Para realizar esse trabalho de exploração, escravizavam indígenas e africanos para serem usados como mão de obra barata.

Esse tipo de colonização, mercantilista e exploradora, deixou profundas marcas nas sociedades latino-americanas. Como exemplo, pode-se mencionar o fato de que os países latino-americanos, em geral, exportam produtos primários (soja, café, minérios, açúcar, carnes, etc.), ou manufaturados de baixo valor agregado, e importam bens manufaturados ou industrializados, principalmente os com maior valor agregado (mais tecnologia).

Engenho de açúcar no Brasil, de Frans Post, 1640 (desenho aquarelado, sem dimensões específicas). Nele se vê a utilização da mão de obra de africanos escravizados no Brasil colonial.

América Latina: situação atual de subdesenvolvimento

O tipo de colonização dos países latino-americanos levou à situação atual de dependência e subdesenvolvimento.

A dependência é praticamente uma continuação da economia colonial. Após a independência política das colônias – fato ocorrido principalmente na primeira metade do século XIX –, o tipo de economia que então existia pouco mudou até meados do século XX. Os novos países continuaram subordinados aos interesses das grandes potências, dos atuais países desenvolvidos. A mão de obra, em geral, mesmo deixando de ser escrava, continuou e continua, em sua maioria, mal remunerada. Os salários médios continuaram bastante inferiores aos vigentes em países desenvolvidos ou mesmo aos de alguns países em desenvolvimento, como Coreia do Sul, Cingapura ou Taiwan, para as mesmas atividades.

Costuma-se classificar a dependência econômica em três tipos ou aspectos: a **financeira** (as dívidas com instituições estrangeiras), a **comercial** (exportam-se matérias-primas e importam-se produtos industrializados) e a **tecnológica** (uso de tecnologia importada, com baixíssimo índice de pesquisa e inovação tecnológica interna).

Indicadores de dependência das maiores economias da América Latina

País	Dívida externa em 2000 (em bilhões de dólares)	Dívida externa em 2016 (em bilhões de dólares)	Exportações em 2000			Exportações em 2017		
			Total (em bilhões de dólares)	Proporção de manufaturados	Manufaturados de alto valor agregado em relação ao total de exportações	Total (em bilhões de dólares)	Proporção de manufaturados	Manufaturados de alto valor agregado em relação ao total de exportações
Argentina	150,0	190,4	31,2	32,4%	3,0%	71,2	28,8%	2,5%
Brasil	242,5	543,2	66,7	58,4%	10,9%	258,3	37,5%	5,0%
México	152,5	422,6	179,8	83,5%	18,7%	435,5	82,1%	12,4%
Colômbia	34,2	120,2	15,8	32,4%	2,5%	45,6	28,8%	2,8%
Chile	—	—	23,7	16,2%	0,5%	79,5	14,1%	0,9%
Venezuela	42,7	113,9	34,8	9,1%	0,2%	80,5 (2014)	1,8% (2013)	0,6% (2013)

Fontes: elaborado com base em BANCO Mundial. Disponível em: <https://data.worldbank.org/indicator/DT.DOD.DECT.CD?locations=AR-BR-CL-CO-MX-VE&view=chart>; <https://data.worldbank.org/indicator/DT.DOD.DECT.GN.ZS?locations=AR-BR-CO-MX-CL&view=chart>; <https://data.worldbank.org/indicator/NE.EXP.GNFS.CD?end=2017&locations=MX-VE&start=1960&view=chart>; <https://data.worldbank.org/indicator/TX.VAL.MANF.ZS.UN?locations=BR-MX-VE>; <https://data.worldbank.org/indicator/TX.VAL.TECH.MF.ZS?view=chart>. Acesso em: 22 ago. 2018.

Como se vê pelo quadro acima, que apresenta dados das seis maiores economias da América Latina, que juntas representam 82,5% do PIB total da região, com exceção do México, todos os demais países exportam principalmente matérias-primas – e a porcentagem de produtos manufaturados exportados vem diminuindo neste século. O Brasil, maior economia da região, já exportou 58% de produtos industrializados, em 2000, tendo declinado para 37,5% em 2017. Os produtos com alto valor agregado – computadores e *softwares*, remédios, aviões, máquinas, etc. – representam uma proporção pequena nas exportações das maiores economias da América Latina. Além disso, o montante da dívida externa aumentou de 2000 a 2016 em todos esses países, com exceção do Chile (para o qual não há dados disponíveis).

A tecnologia mais avançada e boa parte das máquinas e técnicas de produção sempre vêm de fora em razão dos poucos incentivos à pesquisa tecnológica e a seu alicerce, a educação de qualidade. Desde o período colonial, as atividades econômicas mais modernas nos países latino-americanos estão voltadas para o mercado externo. Os melhores gêneros agrícolas, por exemplo, são exportados, enquanto o restante fica para o consumo interno, como acontece com o café no Brasil ou na Colômbia.

Café importado de países latino-americanos à venda em loja de Nova York (Estados Unidos), em 2017.

Contudo, a partir do fim do século XIX e no século XX, ocorreram transformações importantes em alguns países latino-americanos, tendo se iniciado um processo de industrialização e urbanização, sobretudo no Brasil, na Argentina e no México, além de Colômbia e Chile. Esse processo diversificou essas economias e, gradativamente, a estrutura social da população (aumento de funcionários públicos e de profissionais liberais, como médicos, engenheiros, advogados, etc., gerando assim uma crescente classe média), e permitiu a formação de um mercado consumidor interno, que se consolidou a partir de meados do século XX. Mas a dependência comercial e tecnológica – assim como a financeira para alguns países bastante endividados – permanece, mesmo tendo sido amenizada nos países latino-americanos mais industrializados.

Um fato marcante nos países da América Latina é a desigualdade social. Essa é a região do planeta onde, em média, existem as maiores desigualdades sociais, isto é, grandes concentrações de renda. Essas disparidades refletem-se nas condições em que vive a maioria da população: a expectativa de vida dos 60% da população com menores rendimentos é bem menor que a dos 1% mais ricos, assim como também os índices de escolaridade e o acesso a serviços como saúde, educação, lazer, cultura e entretenimentos, etc. Também as desigualdades internacionais são marcantes na região.

As taxas de analfabetismo, por exemplo, chegam a atingir 40% da população com mais de 15 anos em alguns países, como é o caso do Haiti, enquanto na Costa Rica, em Cuba ou no Uruguai essas taxas estão em torno de 1% a 2%. A expectativa de vida é de apenas 63 anos no Haiti e 66 na Guiana. Já no Uruguai é de 77 anos e, no Chile, 80 anos, segundo dados da Organização Mundial da Saúde (OMS) para 2017.

A situação de carência dos povos latino-americanos, embora tenha diminuído nas últimas décadas, se estende a outros indicadores da qualidade de vida, como acesso a moradia, número de hospitais por cada grupo de 100 mil habitantes, consumo diário de alimentos, acesso a água tratada e a rede de esgotos, etc. A América Latina possui alguns países – como Haiti, principalmente, Nicarágua, Bolívia, Paraguai, Suriname e Guiana, além de mais recentemente Venezuela – entre as nações mais pobres do mundo; também apresenta alguns países que se assemelham aos países do Norte geoeconômico menos ricos, tais como Portugal ou Espanha, como Brasil, Argentina ou Chile. Portanto, existem enormes disparidades não apenas sociais, mas também espaciais ou inter-regionais.

Bairro pobre em Medellín (Colômbia), em 2017.

Bairro nobre de Medellín (Colômbia), em 2018.

Texto e ação

1. A América Latina é a região do globo com maior desigualdade social e maior concentração da propriedade agrária. Em sua opinião, esses aspectos têm alguma relação entre si? Explique.

2. Em sua opinião, que medidas ou ações são necessárias para um desenvolvimento econômico e social efetivo? Justifique.

3. Analise o quadro "Indicadores de dependência das maiores economias da América Latina", da página 146, e responda:

    a) Qual é o país da região que exporta mais, inclusive produtos industrializados? Por que isso acontece?

    b) A proporção de produtos industrializados no total das exportações da região vem diminuindo neste século. Com base nesse fato, você considera isso negativo ou positivo? Por quê? E você saberia explicar o motivo disso?

6 População, economia e urbanização

A América Latina é constituída por 33 países independentes – um na América do Norte (o México), vinte na América Central e doze na América do Sul –, além de vários territórios pertencentes a outros países: Guiana Francesa, Ilhas Virgens Britânicas, Porto Rico (Estados Unidos da América), Martinica (França), Ilhas Cayman (Reino Unido), etc.

A população total da região era de 648 milhões de pessoas em 2017, segundo estimativas da ONU. Desse total, o Brasil contribuiu com 32,3% (um terço do total), o México com 21,4%, a Colômbia com 7,5%, a Argentina com 6,8% e o Peru com 5%. Esses são os cinco países mais populosos da América Latina e que, juntos, possuem cerca de 73% do efetivo demográfico da região.

Até o início dos anos 2010, a taxa média de crescimento demográfico foi de 1,2% ao ano, embora já tenha sido bem maior no passado. O menor crescimento demográfico pertence à Jamaica e ao Uruguai, com 0,3% ao ano.

No âmbito econômico, observa-se ainda que o PIB de todos os países latino-americanos somados foi de cerca de 5,9 trilhões de dólares em 2017. Desse total, o Brasil participa com 34,5%, o México com 19,3% e a Argentina com 10,5%. Já a renda *per capita* na América Latina é de 8 313 dólares (2017) de acordo com o Banco Mundial, sendo maior nas Bahamas (US$ 30 762) e em Barbados (US$ 16 788) e menor no Haiti (US$ 765) e na Nicarágua (US$ 2 221).

América Latina: PIB *per capita* (2016)

Fonte: elaborado com base em DEAGOSTINI Geografia. Disponível em: <http://www.deagostinigeografia.it/wing/confmondo/confronti.jsp?goal=100077&section=2&year=2018&title=PIL%20totale>. Acesso em: 7 ago. 2018.

Urbanização acelerada

A América Latina é a região do globo mais urbanizada, com cerca de 82% de sua população vivendo em cidades em 2015. A América Anglo-Saxônica também possuía cerca de 82% de população urbana nesse mesmo ano, porém, ao contrário da América Latina, o esvaziamento do campo é pequeno e essa porcentagem deverá se manter até 2020, ao contrário das estimativas de 89% de população urbana na América Latina em 2020. Para ter uma dimensão desse índice latino-americano, os estados que compõem a União Europeia têm 75% de população urbana e a Ásia, cerca de 45%.

Essa urbanização acelerada (que teve início apenas no século passado) e sem planejamento e investimentos públicos suficientes em infraestrutura (rede de água tratada e encanada, de esgotos, de eletricidade, de transporte coletivo, etc.) e em moradias populares gerou uma série de problemas urbanos que marcam as paisagens das grandes cidades latino-americanas.

Nessas cidades, nota-se a coexistência de bairros ou condomínios luxuosos e áreas pobres e comunidades, locais em que a segregação urbana é percebida pela enorme distância entre essas áreas e bairros nobres, que apresentam maior policiamento, ou uma quantidade maior de equipamentos de cultura, lazer e entretenimento, além de redes de eletricidade e saneamento básico, com bons hospitais e escolas, etc.

As áreas mais carentes dessas cidades apresentam altos índices de violência urbana. Essa percepção sobre o espaço foi diagnosticada num *ranking* das cidades mais violentas do mundo em 2017, que mostra que a América Latina possui 42 das 50 cidades mais violentas do mundo. Apesar de ter menos de 8% da população total do globo, a América Latina contou com 33% dos homicídios ocorridos no mundo em 2017, e também foi a região do globo com maior número de feminicídios, isto é, assassinatos de mulheres.

As medidas governamentais colocadas em prática, geralmente após a ocorrência de catástrofes naturais (enchentes, etc.) ou dramas humanos (incêndios em comunidades, matanças em bairros pobres), são paliativas. Faltam políticas públicas que levem à maioria da população os direitos sociais, econômicos, políticos, culturais e ambientais.

América Latina: urbanização em 2010

Fonte: elaborado com base em ONU/CEPAL. *Panorama multidimensional del desarrollo urbano en América Latina y el Caribe*. Nações Unidas, 2017. Disponível em: <https://repositorio.cepal.org/bitstream/handle/11362/41974/1/S1700257_es.pdf>. Acesso em: 22 ago. 2018.

▶ Manifestantes em frente ao Supremo Tribunal Federal pedem o fim da violência contra as mulheres, Brasília, em 2016.

Texto e ação

1▶ Analise as informações apresentadas sobre população, economia e urbanização na América Latina. O que você conclui? Qual é a posição do Brasil nesses quesitos?

2▶ Analise o mapa desta página e responda:
- Como era a urbanização da América Latina em 2010? Comente a posição do Brasil.

Geolink

Leia o texto.

Fragilidade nas cidades latino-americanas

A América Latina é uma das regiões mais urbanas do planeta. Três de suas cidades estão entre as maiores do mundo: Buenos Aires, Cidade do México e São Paulo. Atualmente, 82% da população da região mora em cidades. Muitas cidades latino-americanas sofrem da chamada "periferização": são fragmentadas, segregadas e excludentes. Em suma, são frágeis. Grande parte da urbanização da região se dá longe dos holofotes das megacidades, mas, em lugar disso, em 310 cidades com população superior a 250 mil habitantes e outras 16 mil cidades menores. [...]

A elite se beneficiou da revolução urbana na América Latina, mas os pobres continuam enfrentando dificuldades para ter acesso a serviços básicos como segurança, transporte público, água e saneamento. As cidades da região também estão entre as mais desiguais: aproximadamente 111 de seus 588 milhões de habitantes residem em favelas. Além disso, 47 das 50 cidades com maior número de homicídios do planeta são latino-americanas (dados de 2015) [disponibilizado pela publicação inglesa *The Economist*]. Cidades dos países El Salvador, Honduras, México e Guatemala encabeçaram a lista. Enquanto isso, o Brasil conta com o alarmante número de 32 cidades na lista, a maioria delas concentrada no litoral nordeste.

Há fortes indicadores de que a violência letal continuará aumentando nas cidades latino-americanas, ao contrário do que acontece em praticamente todos os outros lugares do mundo. Não é de se surpreender que quem mora nas cidades identifique a insegurança como principal problema a ser enfrentado.

Não são necessariamente as cidades grandes, e sim as que estão em crescimento acelerado as que estão mais suscetíveis à fragilidade. Como mostra uma nova visualização de dados sobre cidades frágeis, capitais como Buenos Aires, Cidade do México e São Paulo têm taxas de criminalidade violenta abaixo das médias nacionais. Cidades que crescem acima dos 4% ao ano, no entanto, tendem a apresentar taxas de homicídio desproporcionalmente mais altas.

Outros riscos de fragilidade urbana são: a presença de instituições não sólidas de segurança e justiça, o alto desemprego entre jovens e, principalmente, a desigualdade social e de renda. Cidades como San Juan (Porto Rico), Santo Domingo (República Dominicana), Salvador (Brasil) e Porto Príncipe (Haiti), por exemplo, registram taxas de desemprego de 14% a 49%. Quanto mais desigual o local, maiores as taxas de violência. [...]

Por outro lado, a região tem exemplos promissores de governos – em especial autoridades municipais – que estão incorporando novas abordagens para combater os fatores que promovem a criminalidade. Muitos estão adotando políticas baseadas em dados para melhorar a segurança pública. [...] Os bons resultados não se devem ao reforço do policiamento, ao aumento das penalidades ou à construção de mais prisões, e sim a novas abordagens preventivas, à reprodução de soluções inovadoras e à aplicação em escala de casos bem-sucedidos.[...] há algumas ações focalizadas, como estratégias de dissuasão de delitos, terapia cognitivo-comportamental e intervenções na primeira infância, que podem gerar dividendos positivos na prevenção da criminalidade. Já outras medidas comuns, como o patrulhamento comunitário, a recompra de armas e programas de abstinência, são menos eficazes na redução da violência. [...]

Fonte: CARVALHO, Ilona Szabó de; MUGGAH, Robert. Como reverter a fragilidade das cidades latino-americanas. *Nexo Jornal*. Disponível em: <www.nexojornal.com.br/ensaio/2016/09/13/Como-reverter-a-fragilidade-das-cidades-latino-americanas>. Acesso em: 9 ago. 2018.

Responda às questões:

1. Quais são os motivos para a elevada criminalidade nas cidades latino-americanas?

2. Em duplas, comentem a seguinte frase do texto: "Os bons resultados não se devem ao reforço do policiamento, ao aumento das penalidades ou à construção de mais prisões, e sim a novas abordagens preventivas".

7 Autoritarismo político

Um conjunto de fatores favorece a existência de governos corruptos na América Latina: a formação histórica mercantilista, com os seus valores culturais de enriquecer rapidamente e menosprezar os outros e até a nação; a grande diferença que há entre as pessoas pobres e as mais ricas; os meios de comunicação, em geral pouco críticos, com notícias e programas de baixa qualidade; e, principalmente, os baixos índices de escolaridade e a precariedade dos sistemas escolares.

Por causa disso, um governo democrático encontra muitas dificuldades para se consolidar na América Latina. Uma democracia efetiva pressupõe uma maior igualdade social — com menos desigualdades do que a América Latina apresenta —, além de uma população com maiores níveis de escolaridade e de consciência de cidadania. Em geral predominam os regimes políticos autoritários, com uma democracia e cidadania incompletas. Nessa região, foram frequentes as ditaduras, civis ou militares, que se mantiveram no poder até recentemente, graças ao uso da violência, da propaganda enganosa e da apatia de grande parte da população. Tal situação melhorou após o final das ditaduras militares que ocorreram na região nos anos 1960 a 1980 – Argentina, Brasil, Uruguai, Peru, Bolívia, Chile e outros países –, mas, longe de serem implantados regimes de fato democráticos, o que predominou foram regimes autoritários em que os governantes e políticos passaram a ser eleitos, mas continuam a tomar decisões que, salvo raras exceções, beneficiam minorias (empresas e pessoas), e não a maioria da população.

Ainda são fatos rotineiros na América Latina o desrespeito aos direitos humanos e o uso frequente da força bruta da polícia sobre a população mais pobre, além de prisões sem ordem judicial (apenas porque indivíduos de aparência humilde estão sem documentos ou são considerados suspeitos), espancamentos, abusos de autoridade, invasões de domicílios em comunidades e bairros pobres, além da tortura de presos comuns.

> **De olho na tela**
>
> **A história oficial.**
> Direção: Luis Puenzo, Argentina, 1985. Duração: 112 min.
>
> O filme conta a história, baseada em fatos verídicos, de uma professora da classe média que descobre que a criança que adotou pode ser filha de presos políticos da ditadura militar na Argentina de 1976 a 1983.

Tropas da Polícia Militar combatendo uma passeata de estudantes na cidade do Rio de Janeiro (RJ), em 1968, período de ditadura militar no Brasil.

Em países democráticos, situação de praticamente todos os países desenvolvidos, as escolas são de boa qualidade e a porcentagem da população adulta que conclui o ensino superior é grande, chegando a mais de 60% do total.

O desenvolvimento não é apenas aumento da renda média, da expectativa de vida ou do Índice de Desenvolvimento Humano (IDH). Mais do que isso, é ampliação da cidadania, criação e efetivação da prática de direitos democráticos essenciais: moradia, saúde e educação de qualidade, participação nas decisões, livre expressão de suas opiniões, etc.

Assim, num regime democrático, há imprensa e sindicatos livres (inclusive com a liberdade das pessoas de escolher o seu sindicato e não ter de pagar uma contribuição sindical obrigatória), direito de greve, eleições periódicas e respeito aos direitos individuais das pessoas, prestação rotineira de contas à população por parte das autoridades, etc. Nos Estados Unidos, por exemplo, cargos de poder como os de juízes, delegados de polícia e outros são preenchidos por meio de eleições, e não por concursos ou nomeações. Todo candidato a alguma dessas funções tem a obrigação de apresentar contas bancárias e declarações do imposto de renda para o público antes e durante o exercício do cargo. Essas exigências democráticas não interessam àqueles que são privilegiados na América Latina, que não prestam contas de seus atos – e muito menos de seus rendimentos ou propriedades – a ninguém.

O advento do populismo

Ainda no século XX, ocorreram importantes mudanças na maioria dos países da América Latina. Os regimes abertamente ditatoriais cederam lugar ao populismo, que também é uma forma de autoritarismo, porém menos escancarada. A urbanização e a industrialização foram intensas, tendo se formado grandes concentrações humanas, e cidades até então pequenas ou médias transformaram-se em metrópoles. É o caso de São Paulo, Rio de Janeiro, Buenos Aires, Cidade do México, Caracas, Lima, Montevidéu, Guadalajara, Bogotá, Santiago, etc.

Surgiu também uma significativa classe média, que praticamente não existia até então. Outro elemento importante para entendermos a mudança no autoritarismo latino-americano é que o número de eleitores se expandiu bastante principalmente na segunda metade do século XX, com a extensão do direito de voto para todos os maiores de 16 ou de 18 anos. Antes, somente os homens votavam (o direito de voto para as mulheres só foi conquistado no Brasil em 1932, na Argentina e na Venezuela, em 1947 e, no México, somente em 1953); durante muito tempo apenas os ricos podiam votar (até por volta da Primeira Guerra Mundial era necessário ter propriedades e determinado nível de renda para tirar o título de eleitor); e os analfabetos só adquiriram o direito ao voto nos anos 1960, 1970 ou 1980, conforme o país.

Todas essas transformações causaram mudanças na vida política, com o fim das ditaduras escancaradas (exceto em alguns países) e dos frequentes golpes militares que sempre derrubavam governos menos submissos às elites, aos bancos e às grandes empresas. Em geral, o autoritarismo permaneceu, ainda que amenizado.

Com o grande crescimento populacional, a intensa urbanização e a expansão do direito de voto, surgiu o populismo, uma forma de política em que os líderes se preocupam com os eleitores (algo que não ocorre nas ditaduras) e tomam algumas medidas que agradam ao povo para dar a impressão de que a melhoria do nível de vida da população é o grande objetivo da ação do governo.

No entanto, o objetivo de fato continua sendo o de atender aos interesses particulares, principalmente aos interesses pessoais dos governantes, de seus parentes, amigos ou do pequeno grupo a que eles pertencem – e logicamente também aos interesses das grandes empresas, nacionais ou estrangeiras, que concentram boa parte dos recursos financeiros e possuem enorme poder de barganha, de distribuir recursos para os que têm poder de decisão para fazer ou impedir obras, para fazer ou modificar leis, etc.

Essa prática representa a tentativa de políticos profissionais de obter o apoio das classes de baixa renda, que constituem a grande maioria dos eleitores, em troca de algumas melhorias materiais: iluminação ou asfaltamento de ruas de bairros periféricos, ajuda financeira para famílias carentes (o que as torna dependentes do governo), programas sempre insuficientes de construção de casas populares, escolas e hospitais (de qualidade precária), etc. Tudo isso sendo propagandeado como benevolência – e não obrigação, pois se trata do uso de recursos públicos – dos governantes.

Juan Domingo Perón (à direita), então presidente da Argentina, caminhando pelas ruas de Roma, na Itália, em 1973. Ele foi um dos primeiros ditadores populistas da América Latina.

Durante séculos, até mais ou menos as décadas de 1920, 1930 ou 1940, em várias nações da América Latina imperou uma vida política dominada direta ou indiretamente por países estrangeiros com a conivência dos grandes agricultores e comerciantes da região. Nesse período, as classes dominantes internas eram ligadas a atividades rurais ou ao comércio. Seu poder estava fundado na propriedade de terras, de gado ou de plantações.

Com o aumento da atividade industrial e as intensas migrações do campo para as cidades, especialmente a partir de 1950, surgiram novas classes dominantes: industriais, banqueiros, empresários do setor de serviços e de comunicações, etc. Essas novas classes estão ligadas a atividades urbanas. Por isso, elas não têm o mesmo poder que as elites rurais tinham no passado. No meio rural, a dominação foi exercida durante séculos pela força bruta e pelo "respeito" que os trabalhadores tinham em relação ao patrão. O proprietário das terras chegava a considerar que os trabalhadores eram parte de suas posses. Em razão do uso ou ameaça de violência, a situação de obediência total era comum. Por isso, nas décadas de 1920 a 1940, a política era dominada por grandes fazendeiros que eram também os líderes políticos de uma região.

Nos países de língua espanhola, esse líder era conhecido como **caudilho**, palavra que em espanhol significa "chefe". No Brasil, especialmente na região Nordeste, era conhecido como **coronel**. Esse chefe político era a "autoridade" econômica e política máxima em uma grande área rural e nas pequenas cidades vizinhas. Assim, em época de eleição, ele determinava em quem seus empregados deveriam votar, daí a expressão "voto de cabresto". Mas, com a acelerada urbanização e expansão do número de eleitores, esse sistema mudou.

Getúlio Vargas (lendo decreto para eleição da Assembleia Constituinte, no Rio de Janeiro, em 1932) foi um dos ditadores populistas da América Latina. Apresentava-se como o "pai" da nação ou dos pobres, sempre contava com o indispensável apoio das Forças Armadas e tentava controlar a mídia.

Com a urbanização, em especial nas grandes cidades, surgiram novas lideranças, exercidas por políticos profissionais com bases eleitorais no meio urbano, onde a população e os eleitores passaram a se concentrar. Eles procuram ganhar o voto das pessoas não mais com coação, e sim com promessas que, em grande parte, jamais são cumpridas, pois, nos países latino-americanos, os eleitores, de modo geral, não exigem nem cobram de um político que ele execute aquilo que constava em seu programa de governo antes das eleições. Para ganhar a fidelidade de eleitores, os governantes agora têm de implantar determinadas obras ou serviços que atendam a interesses da população, mesmo que sejam precários e insuficientes.

Com isso, pode-se dizer que na América Latina, salvo raras exceções, dificilmente existem regimes de fato democráticos. O que surge com frequência é o populismo, uma forma de autoritarismo disfarçada de democracia, em que o poder é exercido "de cima para baixo", e as classes populares são manipuladas pela propaganda e pela demagogia. Por isso os políticos populistas, pessoas carismáticas por excelência, procuram sempre controlar os meios de comunicação, especialmente as rádios e a televisão.

Texto e ação

1. De modo geral, na América Latina, as elites dominantes são autoritárias e não democráticas. Na sua opinião, por que isso acontece?
2. Explique a relação entre a atuação dos coronéis no Brasil, sobretudo na região Nordeste, e a expressão "voto de cabresto".
3. Diferencie populismo de democracia autêntica ou efetiva.
4. Você acredita que existe uma cidadania plena nos países latino-americanos em geral? Explique por quê.

8 Diferenças entre os países latino-americanos

Os países latino-americanos têm semelhanças entre si: o tipo de colonização, o desenvolvimento incompleto, a dependência, as desigualdades sociais, a urbanização acelerada com seus problemas e o autoritarismo político. Mas existem também muitas diferenças entre eles e até mesmo dentro de cada país.

Na América Latina, ao lado de países bastante industrializados, como o Brasil, o México e a Argentina, encontramos nações agrícolas com fraquíssima industrialização. Este é o caso da maioria dos países, principalmente os da América Central e alguns da América do Sul (Bolívia, Guiana e Paraguai, embora este último venha se industrializando nos últimos anos com a chegada de empresas brasileiras que buscam pagar menores impostos).

Nas grandes e médias cidades da América Latina, a vida moderna convive com a pobreza e a miséria. Ao lado de alguns luxuosos bairros de elite, há favelas superpovoadas; nas ruas congestionadas de carros particulares, encontram-se os ônibus precários do transporte coletivo. Enfim, o desperdício e o consumo em demasia de alguns convivem no mesmo espaço com o subconsumo e a pobreza relativa de muitos.

América Latina: indicadores em países selecionados (2016)

	País	IDH em 2016	Expectativa de vida em anos (2015)	Renda per capita PPC* (em dólares)	Anos de estudos da população adulta	Taxa de mortalidade infantil de crianças até 1 ano	Coeficiente de Gini**
IDHs mais altos	Chile	0,847	82,0	21 665	9,9	7‰	50,5
	Argentina	0,827	76,5	20 945	9,9	11,1‰	42,7
	Uruguai	0,795	77,4	19 148	8,6	8,7‰	41,6
	Bahamas	0,792	75,6	21 565	10,9	9,9‰	—
	Panamá	0,788	77,8	19 470	9,9	14,6‰	50,7
IDHs mais baixos	Haiti	0,493	63,1	1 657	5,2	52,2‰	60,8
	Honduras	0,625	73,3	4 466	6,2	17,4‰	50,6
	Guiana	0,638	66,5	6 884	8,4	32,0‰	—
	Guatemala	0,640	72,1	7 063	6,3	24,3‰	48,7
	Nicarágua	0,645	75,2	4 747	6,5	18,8‰	47,1

*Paridade de Poder de Compra, isto é, a renda média, em dólar, levando-se em conta as diferenças de custo de vida em cada país.
** Parâmetro internacional usado para medir concentração de renda ou desigualdade social; quanto maior o número, maior a desigualdade.
Fonte: UNDP. *Human Development Report 2016*. Disponível em: <http://hdr.undp.org/en/2016-report>. Acesso em: 7 ago. 2018.

Texto e ação

1. Faça uma lista das diferenças socioeconômicas entre os países e dentro de um país.

2. Observe o quadro desta página, que apresenta indicadores de 10 países latino-americanos, com os maiores e os menores IDHs, e responda:

   a) Na sua opinião, há desigualdades internacionais na América Latina? Justifique.

   b) As desigualdades sociais são intensas nessa região? Há alguma relação entre nível de desenvolvimento humano (IDH) e desigualdade social? Justifique.

   c) Qual é a relação entre renda *per capita* PPC e IDH?

CONEXÕES COM A HISTÓRIA E A LÍNGUA PORTUGUESA

- Leia o poema e responda às questões.

O coração latino-americano

Incas, ianomâmis, tiahuanacos, aztecas,
maias, tupis-guaranis, a sagrada intuição
das nações mais saudosas. Os resíduos.
A cruz e o arcabuz dos homens brancos.
O assombro diante dos cavalos,
A adoração dos astros.
Uma porção de sangues abraçados.
Os heróis e os mártires que fincaram no tempo
a espada de uma pátria maior.
A lucidez do sonho arando o mar.
As águas amazônicas, as neves da cordilheira.
O quetzal dourado, o condor solitário,
o uirapuru da floresta, canto de todos os pássaros.
A destreza felina das onças e dos pumas.
Rosas, hortênsias, violetas, margaridas,
flores e mulheres de todas as cores,
todos os perfis. A sombra fresca
das tardes tropicais. O ritmo pungente,
rumba, milonga, tango, marinera,
samba-canção
O alambique de barro gotejando,
a luz ardente do carnaval.
O perfume da floresta que reúne,
em morna convivência, a árvore altaneira
e a planta mais rasteirinha do chão.
O fragor dos vulcões, o árido silêncio
do deserto, o arquipélago florido,
a pampa desolada, a primavera
amanhecendo luminosa nos pêssegos e nos jasmineiros.
A palavra luminosa dos poetas,
o sopro denso e perfumado do mar,
a aurora de cada dia, o sol e a chuva
reunidos na divina origem do arco-íris.
Cinco séculos árduos de esperança.
De tudo isso, e de dor, espanto e pranto,
para sempre se fez, lateja e canta
o coração latino-americano.

Vista da Floresta Amazônica em Alta Floresta (MT), em 2015.

MELLO, Thiago de. O coração latino-americano. In: *De uma vez por todas*. Rio de Janeiro: Civilização Brasileira, 1996.

a) O que o poema revela sobre as paisagens naturais da América Latina?

b) Que outro título você daria para o poema? Por quê?

ATIVIDADES

+ Ação

1. O Objetivo de Desenvolvimento Sustentável (ODS) número 16, da Agenda 2030, pretende "promover sociedades pacíficas e inclusivas para o desenvolvimento sustentável, proporcionar o acesso à justiça para todos e construir instituições eficazes, responsáveis e inclusivas em todos os níveis". Entre as suas metas, três se destacam no contexto da América Latina:

> 16.1 Reduzir significativamente todas as formas de violência e as taxas de mortalidade relacionadas, em todos os lugares.
>
> 16.2 Acabar com abuso, exploração, tráfico e todas as formas de violência e tortura contra crianças. [...]
>
> 16.4 Até 2030, reduzir significativamente os fluxos financeiros e de armas ilegais, reforçar a recuperação e devolução de recursos roubados, e combater todas as formas de crime organizado.

Fonte: ONUBR. 17 objetivos para transformar nosso mundo. Disponível em: <https://nacoesunidas.org/pos2015/ods16/>. Acesso em: 13 ago. 2018.

Leia o texto e responda às questões:

> A maioria dos países da América Latina enfrenta desafios enormes nas áreas de segurança [...]. Apesar de contar com apenas 8% da população mundial, a região responde por 33% dos homicídios no mundo. [...] Mais de 120 cidades apresentam taxas de homicídio superiores a 30 por 100 mil habitantes, uma frequência superior à das encontradas em algumas regiões de conflito (Objetivo 16.1). Embora o perfil das vítimas varie, a maioria é composta de jovens do sexo masculino com até 29 anos. O Brasil, por exemplo, está atrás apenas da Nigéria no que tange a homicídios de crianças e adolescentes (menores de 19 anos), com 11 mil casos anuais nessa faixa etária (Objetivo 16.2).
>
> O número estarrecedor de homicídios na região está diretamente associado a atividades ilícitas, especialmente ao tráfico de drogas e de armas. As armas de pequeno porte são o principal elemento nesta epidemia de homicídios; o seu fluxo e comércio ilícitos através das fronteiras da região intensificam esses padrões violentos (Objetivo 16.4).

Fonte: GIANNINI, Renata Avelar. O contexto latino-americano. Disponível em: <https://igarape.org.br/wp-content/uploads/2016/09/FINAL-AE-17_Onde-esta-a-America-Latina-10-09.pdf>. Acesso em: 7 set. 2017.

a) Do ponto de vista da taxa de homicídios, qual é a situação da maioria dos Estados latino-americanos?

b) Identifique as atividades ilícitas que contribuem para elevadas taxas de homicídio.

2. Leia o texto e responda às questões.

> Em reunião no Chile, países da América Latina e do Caribe firmaram na terça-feira [4 de julho de 2017] um acordo para pôr fim às mortes evitáveis de mulheres, crianças e adolescentes até 2030. O documento, chamado Compromisso para Ação de Santiago, foi [...] adotado por representantes de nove nações, incluindo o Brasil. [...]
>
> Cerca de 196 mil crianças com menos de cinco anos morrem na América Latina e no Caribe a cada ano. Desse grupo, 85% têm menos de um ano de idade. Na região, mais de 6,2 mil mulheres morreram em 2015 por complicações durante a gravidez e parto, a maioria delas preveníveis.
>
> A saúde dos jovens e suas chances de prosperar também estão condicionadas às disparidades no acesso a saúde, educação e oportunidades de emprego. [...] Entre a principais causas de morte dos adolescentes, estão os homicídios (24%), os acidentes de trânsito (20%) e os suicídios (7%). [...]
>
> O acordo regional visa dar início à implementação nas Américas da Estratégia Global para a Saúde da Mulher, da Criança e do Adolescente 2016-2030, um roteiro lançado [...] para melhorar as condições de vida desses segmentos. [...]

Fonte: ONUBR. Países firmam compromisso pela saúde de mulheres, crianças e adolescentes na América Latina e Caribe. Disponível em: <https://nacoesunidas.org/paises-firmam-compromisso-pela-saude-de-mulheres-criancas-e-adolescentes-na-america-latina-caribe>. Acesso em: 7 ago. 2018.

a) Quais são as principais causas de morte dos adolescentes na América Latina e Caribe?

b) O Compromisso para Ação de Santiago tem alguma relação com a Agenda 2030? Argumente.

Autoavaliação

1. Quais foram as atividades mais fáceis para você? Por quê?
2. Algum ponto deste capítulo não ficou claro? Qual?
3. Você participou das atividades em dupla e em grupo e expressou suas opiniões?
4. Como você avalia sua compreensão dos assuntos tratados neste capítulo?
   - **Excelente**: não tive dificuldade.
   - **Bom**: consegui resolver as dificuldades de forma rápida.
   - **Regular**: tive dificuldade para entender os conceitos e realizar as atividades propostas.

Lendo a imagem

1. Observe as imagens e responda às questões.

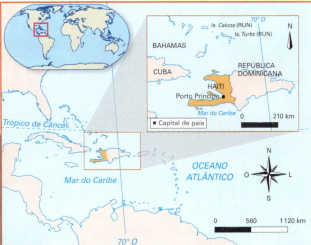

Haiti: localização (2016)

Fonte: elaborado com base em IBGE. *Atlas geográfico escolar.* 7. ed. Rio de Janeiro, 2016. p. 39.

Escombros em Jérémie, no Haiti, após a passagem do furacão Matthew, em 2016.

a) Por que a posição geográfica do Haiti favorece a ocorrência de furacões? Se necessário, realize uma pesquisa.

b) Na sua opinião, qual é o principal motivo para o Haiti ter uma economia tão frágil e o menor IDH do continente americano? Justifique.

2. Como vimos no decorrer deste capítulo, a urbanização não ocorre mais principalmente nas megacidades como a Cidade do México, Buenos Aires, São Paulo ou Rio de Janeiro, mas sim em cidades médias com mais de 250 mil habitantes, além de outras. Explique essa afirmação com base no esquema abaixo.

Linha do tempo dos processos econômicos e urbanos na América Latina

Aumento da população nos centros urbanos da América Latina

Concentração urbana produz economias de escala

Recursos fixos saturam, criando deseconomias de escala

Aumento da competitividade das cidades médias

Fonte: ONU/CEPAL. *Panorama multidimensional del desarrollo urbano en América Latina y el Caribe.* Nações Unidas, 2017. Disponível em: <https://repositorio.cepal.org/bitstream/handle/11362/41974/1/S1700257_es.pdf>. Acesso em: 6 nov. 2018.

CAPÍTULO 8
Estados Unidos, Canadá e USMCA

Nafta (atual USMCA): relações comerciais (2016)

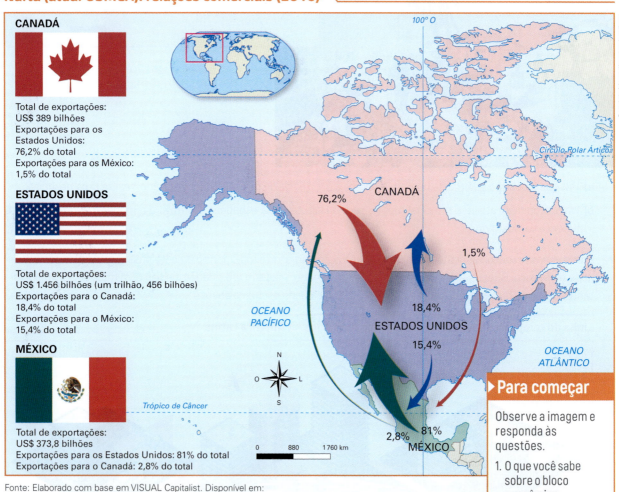

CANADÁ
Total de exportações: US$ 389 bilhões
Exportações para os Estados Unidos: 76,2% do total
Exportações para os México: 1,5% do total

ESTADOS UNIDOS
Total de exportações: US$ 1.456 bilhões (um trilhão, 456 bilhões)
Exportações para o Canadá: 18,4% do total
Exportações para o México: 15,4% do total

MÉXICO
Total de exportações: US$ 373,8 bilhões
Exportações para os Estados Unidos: 81% do total
Exportações para o Canadá: 2,8% do total

Fonte: Elaborado com base em VISUAL Capitalist. Disponível em: <www.visualcapitalist.com/nafta-mixed-track-record>. Acesso em: 30 ago. 2018.

Para começar

Observe a imagem e responda às questões.

1. O que você sabe sobre o bloco econômico representado?
2. O que o cartograma mostra? É possível afirmar que esses países são grandes parceiros comerciais entre si? Por quê?
3. Qual país tem o maior peso econômico dessa organização? Por quê?

Neste capítulo você vai aprofundar alguns conhecimentos a respeito dos dois países anglo-saxões da América. Estudará também a criação, em 1996, do Nafta (Tratado Norte-Americano de Livre-Comércio), que em outubro de 2018 foi substituído pelo USMCA (*United States-Mexico-Canada Agreement*, em inglês, ou Acordo Estados Unidos, México e Canadá). Além disso, ao longo do capítulo você vai estudar como se deu a conquista dos territórios dos Estados Unidos e do Canadá, as economias dos dois países e o papel de superpotência assumido pelos Estados Unidos no mundo a partir de meados do século passado.

1 Aspectos gerais da América Anglo-Saxônica

Os Estados Unidos e o Canadá são dois países do continente americano que apresentam economias de mercado consolidadas e instituições democráticas sólidas. Ou seja, são países americanos considerados desenvolvidos e fazem parte do Norte geoeconômico. Esses dois países formam a chamada América Anglo-Saxônica, que não deve ser confundida com a América do Norte, que inclui também o México.

Essa parte da América é chamada Anglo-Saxônica por ter sido colonizada principalmente pela Inglaterra e pelo fato de o principal idioma oficial ser o inglês. Porém, não é somente o idioma que distingue as duas Américas, pois também na América Latina há países nos quais o inglês é o principal idioma oficial, como Guiana, Barbados, Bahamas ou Granada. O que de fato distingue essa parte do continente americano é o nível de desenvolvimento econômico e social, além de instituições democráticas mais antigas e consolidadas.

Estados Unidos e Canadá são países de grande extensão territorial e estão entre os maiores do mundo: o Canadá tem uma área de 9 984 670 km²; os Estados Unidos – considerando o Alasca, localizado a noroeste do Canadá, e o Havaí, situado em um arquipélago do oceano Pacífico – têm 9 831 510 km².

A enorme extensão do território desses dois países, em especial no sentido leste-oeste, do oceano Atlântico até o Pacífico, tem importância fundamental, pois nessa vasta área encontram-se muitos recursos naturais. Além disso, o fato de os dois países terem litoral e portos nos dois principais oceanos do globo é importante para o comércio externo: o Atlântico Norte é a rota que conduz à Europa, e o Pacífico Norte é a rota mais curta para as prósperas regiões do leste e do Sudeste asiático.

América Anglo-Saxônica: político (2016)

Fonte: elaborado com base em IBGE. *Atlas geográfico escolar*. 7. ed. Rio de Janeiro, 2016. p. 37.

O Canadá tem uma população pequena: em 2017, contava com apenas 36,6 milhões de habitantes. Já os Estados Unidos tinham 325 milhões no mesmo ano. Ou seja, o Canadá tem uma densidade demográfica baixíssima, de apenas 3,7 hab./km².

Os climas frios continental e polar, com os rigorosos invernos do norte do Canadá, dificultam o povoamento de boa parte do território, assim como a exploração dos recursos naturais. Diferentemente do Canadá, nos Estados Unidos apenas o Alasca apresenta clima frio polar. Há clima de altitude nas montanhas Rochosas, a oeste, e clima árido no deserto do Colorado, a sudoeste. No sul e sudeste dos Estados Unidos, o clima é subtropical. No restante do território norte-americano o clima é ameno, característica que facilita tanto o povoamento como a exploração de recursos naturais.

Nas montanhas Rochosas há importantes recursos minerais. Essa cordilheira atravessa de norte a sul todo o oeste do Canadá e dos Estados Unidos.

No Canadá, a leste, localiza-se o planalto Laurenciano, com ricas reservas de ferro. Nos montes Apalaches, na parte leste dos Estados Unidos, há reservas de carvão mineral, com numerosas minas exploradas a céu aberto.

Na região central de ambos os países há uma importante área de planície, chamada planície Central, originalmente coberta por dois tipos de vegetação herbácea: as pradarias e as estepes. Nas áreas de pradarias o índice pluviométrico varia entre 250 e 500 milímetros por ano; as áreas das estepes são mais secas, com índice inferior a 250 milímetros.

Somente uma pequena área no sudoeste do Canadá está coberta por pradarias. Nos Estados Unidos, porém, uma imensa área apresenta essa vegetação, substituída pelas estepes apenas a oeste, na direção dos desertos e da área montanhosa.

Pradaria em Alberta, no sudoeste do Canadá, em 2016.

As jazidas minerais mais importantes do Canadá localizam-se nas proximidades da fronteira com os Estados Unidos. Essa é a área mais populosa do país, pois ali o clima é mais ameno. É nessa região que se localizam os Grandes Lagos e a planície Central canadense.

As reservas de recursos naturais dos Estados Unidos são tão abundantes que o país se caracterizou por esbanjar recursos no início de sua industrialização. Exploravam-se apenas os melhores filões das jazidas de minério de ferro, manganês, linhita, hulha, bauxita, cobre, níquel, petróleo, entre outras. Muitos poços petrolíferos e minas ainda em condições de funcionamento foram abandonados. Esse desperdício acabou provocando graves impactos ambientais, além de esgotar diversas minas. É por isso que atualmente os Estados Unidos dependem da importação de alguns recursos, como manganês, bauxita e níquel.

Texto e ação

- Calcule a densidade demográfica dos Estados Unidos e compare-a com a do Canadá. Depois diga qual país é mais povoado e qual é mais populoso.

2 Formação dos Estados Unidos

Nos Estados Unidos ocorreram dois tipos de colonização: a de povoamento, no litoral norte (e também no Canadá), e a mercantilista ou de exploração, no sul do país.

Como as colônias de povoamento tiveram certa autonomia em relação à metrópole, elas conseguiram se organizar economicamente, chegando ao ponto de desenvolver manufaturas de roupas, calçados, gêneros alimentícios, bebidas, ferro e ferragens, móveis, etc., ainda que proibidas pela Inglaterra. O contínuo crescimento das manufaturas ampliou a autonomia dos colonos do norte em relação à Inglaterra. Em julho de 1776, após uma tentativa da metrópole de cobrar mais impostos de suas colônias, elas romperam com a antiga metrópole e fundaram os atuais Estados Unidos da América.

A Declaração de Independência proclamava os direitos universais do homem e serviu de base para a Constituição dos Estados Unidos da América, promulgada em 1787 e em vigor até os dias de hoje.

A expansão do território se deu tanto para o sul como para o oeste. Ela ocorreu de várias maneiras: pela anexação de terras que pertenciam a sociedades indígenas, que – assim como em praticamente todo o continente – foram subjugadas e até exterminadas; pela compra de territórios, como foi o caso da Flórida e do Alasca; e por guerras com o México, que acabou perdendo uma extensa área, desde o Texas até a Califórnia. Observe o mapa abaixo.

> **De olho na tela**
>
> **Pequeno grande homem.** Direção de Arthur Penn. Estados Unidos, 1970. O filme aborda um episódio da expansão territorial dos Estados Unidos, com a batalha de Little Bighorn (1876), quando indígenas das nações Lakotas, Sioux e Cheyennes, liderados por Touro Sentado, derrotaram a sétima cavalaria dos Estados Unidos, liderada pelo general George A. Custer.

Estados Unidos: formação do território

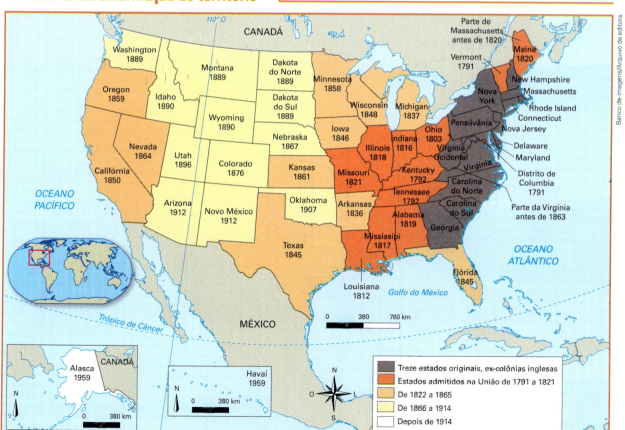

Fonte: elaborado com base em DUBY, Georges. *Grand atlas historique*. Paris: Larousse, 2004. p. 304.

Grandes contingentes de imigrantes europeus participaram da ocupação do oeste dos Estados Unidos, e sem eles a ocupação não se realizaria. Para atrair imigrantes, o governo estadunidense decretou, em 1862, o *Homestead Act*, que definia a posse de uma propriedade com 160 acres a quem a cultivasse durante cinco anos. Essa lei fez aumentar o fluxo de imigrantes europeus para o país.

Autores que comparam o desenvolvimento dos Estados Unidos com o do Brasil costumam contrastar essa lei norte-americana de 1862 com a Lei das Terras do Brasil, de 1850, que somente permitia a posse da terra mediante a compra. O objetivo do governo brasileiro na época era fazer os imigrantes trabalharem como mão de obra barata nas fazendas de café, impedindo-os de cultivar suas próprias terras. Já o governo dos Estados Unidos visava formar um grande número de pequenos proprietários de terras rurais. Assim, a legislação estadunidense incentivou a imigração, enquanto a do Brasil a dificultou, pois os imigrantes, em geral europeus, eram pobres e não tinham dinheiro para adquirir lotes de terra.

Estima-se que o Brasil recebeu cerca de 4 milhões de imigrantes entre 1850 e 1930 (e pelo menos 30% acabou abandonando o país), já os Estados Unidos receberam cerca de 30 milhões nesse mesmo período (e a maior parte permaneceu no país). Esse enorme contingente de imigrantes foi essencial para o desenvolvimento econômico e social dos Estados Unidos, que até hoje tem um meio rural no qual predominam as propriedades familiares. Nesse país, o critério que define uma propriedade rural como familiar é a administração da propriedade pela família, independentemente do seu tamanho.

> **Acre:** uma medida agrária que nos Estados Unidos equivale a 40,7 ares. Um are tem 100 m², o que significa que um acre é uma área de 4 070 m² e 160 acres equivalem a 647 497 m² ou 64,7 hectares.

Minha biblioteca

História dos Estados Unidos, de Leandro Karnal. São Paulo: Contexto, 2007.
A obra aborda de forma resumida a formação da nação norte-americana e sua ascensão como grande potência mundial.

Família de imigrantes em sua fazenda no estado de Nebraska, nos Estados Unidos, em 1901. Beneficiados pela *Homestead Act*, de 1862, muitos imigrantes conquistaram a posse de terras nesse país.

As diferenças entre o norte mais industrializado dos Estados Unidos e o sul agrário e dominado por latifúndios aprofundaram-se: ao mesmo tempo em que o processo industrial se concentrou no norte, o poder político da federação ficou em parte com os estados do sul, que eram escravagistas.

Em 1861, um novo governo federal favorável à abolição da escravatura assume a presidência dos Estados Unidos e, por isso, foi deflagrada a **Guerra Civil** ou **Guerra de Secessão**: os estados do sul se rebelaram e formaram os Estados Confederados da América, numa tentativa de independência perante a União. A guerra, extremamente sangrenta, durou de 1861 a 1865, com a vitória do norte, o que levou a uma diminuição da autonomia dos estados e ao fortalecimento da União, do governo federal. Antes dessa guerra, que acabou com a escravidão em todo o país, havia uma divisão: os estados do sul adotavam a escravidão e os estados do norte consideravam os africanos ou afrodescendentes cidadãos livres, fato que incentivava as tentativas de fuga das pessoas escravizadas para o norte.

Até a guerra civil, os Estados Unidos eram de fato uma Confederação, isto é, uma associação de estados independentes. Hoje esse país é uma **Federação**, ou seja, uma União, onde existem vários estados com grande autonomia, mas não independentes.

Com a independência, a industrialização se desenvolveu principalmente no nordeste do país. Também ocorreu uma expansão demográfica, territorial e econômica e os Estados Unidos aos poucos foram se tornando, no final do século XIX, uma das maiores e mais industrializadas economias do mundo. Após a Primeira Guerra Mundial (1914-1918), já eram considerados a maior potência econômica do globo, fato que se consolidou ainda mais após a Segunda Guerra Mundial (1939-1945), com as destruições sofridas pelas economias europeias. Observe o quadro ao lado, que mostra o crescimento populacional – impulsionado pela imigração – e a urbanização (que acompanhou a industrialização) do país.

Crescimento populacional e urbanização nos Estados Unidos (1790-2018)

Ano	População total (em milhões)	População urbana	População rural
1790	3,9	5,1%	94,9%
1850	23,2	15,4%	84,6%
1890	63,0	35,1%	64,9%
1910	92,2	45,6%	54,4%
1930	123,2	56,1%	43,9%
1970	203,3	76,6%	23,4%
2018*	327,0	82,8%	17,2%

*Estimativa.
Fonte: elaborada com base em UNITED States Census Bureau. Disponível em: <www.census.gov/population/censusdata/table-4.pdf>. Acesso em: 15 ago. 2018.

Texto e ação

1. Na sua opinião, as diferentes políticas dos Estados Unidos e do Brasil em relação à imigração no século XIX têm relação com o desenvolvimento econômico e social posterior de cada país? Converse com os colegas.

2. Observe novamente o mapa sobre a formação territorial dos Estados Unidos, na página 163. Em que período ocorreu a maior expansão territorial do país? Registre suas conclusões.

3. Analise o quadro acima e responda: Em que período o país se tornou de fato urbano e industrial? Isso coincidiu com algum importante evento internacional? Justifique sua resposta.

3 A presença da economia estadunidense no mundo

O papel de superpotência do mundo capitalista foi assumido pelos Estados Unidos ao término da Segunda Guerra Mundial. Durou até 1991, quando ocorreu a dissolução da União Soviética e o fortalecimento de outros países (como a China) e mercados regionais (como a União Europeia), que passaram a dividir a hegemonia econômica e geopolítica mundial com os Estados Unidos.

Após o fim da Segunda Guerra Mundial, os Estados Unidos financiaram a recuperação econômica de vários países da Europa ocidental, bem como a do Japão e a da Austrália. Passaram, também, a instalar bases militares nas áreas mais estratégicas do mundo, como Europa ocidental e Ásia.

Com o sucesso da União Europeia, a recuperação e o crescimento do Japão e, mais recentemente, o notável arranque econômico da China, que se abriu para a economia capitalista, o papel de liderança isolada dos Estados Unidos no mundo capitalista praticamente deixou de existir.

Esses fatos tornaram o mundo atual **multipolar**, ou seja, há vários polos ou centros de poder: Estados Unidos, União Europeia e China no aspecto econômico; Estados Unidos, Rússia e China no poderio militar. Todavia, durante a segunda metade do século XX, os Estados Unidos exerceram um domínio efetivo sobre o mundo capitalista, sobretudo em razão de sua supremacia econômica – o país chegou a representar quase 50% do PIB mundial após a Segunda Guerra Mundial –, bem como pela importância do dólar como moeda internacional.

Estados Unidos: indústria (2017)

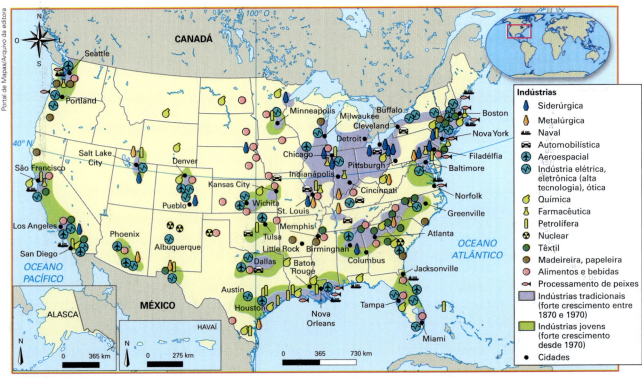

Fonte: elaborado com base em DIERCKE, Drei. *Universalatlas*: Aktuelle Ausgabe. Brunsvique: Westermann, 2017. p. 220-221.

Depois de 1945, as **multinacionais** estadunidenses mantiveram seus elevados investimentos no Canadá e intensificaram de duas maneiras sua presença na América Latina: pela instalação de filiais, principalmente no México, no Brasil e na Argentina; e pela exploração agrícola, sobretudo na América Central. A partir de 1960, essas empresas aumentaram consideravelmente seus investimentos na Europa ocidental, no Oriente Médio e em alguns países da África e da Ásia. Desde os anos 1980, a China é o país asiático onde se concentram os maiores investimentos de capitais estadunidenses.

A instalação de filiais em outros países é uma maneira de as empresas conquistarem espaço, com a instalação de partes da produção em variados países e continentes. Para a instalação das fábricas, são procurados os lugares onde possam obter maiores lucros, diversificar seus investimentos e ampliar o mercado consumidor. A busca de menores custos de produção, como baixos impostos e a presença de mão de obra barata, além de facilidades para exportação, são outros fatores atrativos que levam empresas para o exterior, em especial para China, Índia, México e, eventualmente, Brasil.

Estados Unidos: valor total dos investimentos no exterior, em trilhões de dólares (2000-2016)

Fonte: STATISTA. Disponível em: <www.statista.com/statistics/188571/united-states-direct-investments-abroad-since-2000>. Acesso em: 9 ago. 2018.

O gráfico mostra o valor total dos investimentos estadunidenses no exterior, que atingiu a casa dos 5,59 trilhões de dólares em 2016, um valor maior que o PIB da terceira maior economia do mundo nesse mesmo ano, o Japão, que foi de cerca de 4,94 trilhões de dólares.

É o que alguns chamam de "economia extraterritorial", sendo o maior montante de investimentos no exterior de todos os países do globo, ou mesmo de blocos como a União Europeia. As regiões ou países onde há maiores investimentos dos Estados Unidos no exterior são, pela ordem: Europa ocidental (Países Baixos, Reino Unido, Luxemburgo, Irlanda, Suíça e Alemanha), Canadá, Cingapura, Austrália, Japão, China, México e países da América do Sul, além de outros. Na América do Sul, esses investimentos, em 2016, totalizavam 685 bilhões de dólares, dos quais 64,4 bilhões somente no Brasil.

4 Espaço urbano-industrial dos Estados Unidos

A região formada pela costa nordeste e pela porção centro-norte (ao redor dos Grandes Lagos) concentra boa parte da indústria estadunidense e sedia os maiores empreendimentos da economia do país, especialmente na área financeira. Mas a porção litorânea, localizada no golfo do México, e a costa oeste estadunidense, banhada pelo Pacífico, passaram nas últimas décadas a desempenhar um papel cada vez mais importante no conjunto da economia do país.

O nordeste, centro financeiro e industrial

O processo de industrialização dos Estados Unidos provocou, no começo do século XIX, uma forte concentração industrial na porção nordeste do território. O minério de ferro de Birmingham, o petróleo de Ohio e as jazidas de carvão mineral localizadas entre os estados da Pensilvânia e do Alabama garantiram o extraordinário desenvolvimento das indústrias siderúrgica e mecânica na região.

Mas a pujante indústria siderúrgica que se desenvolveu nessa região está atualmente em crise: os estabelecimentos industriais envelheceram; o preço do aço, muito elevado, incentivou a forte concorrência chinesa, indiana, coreana e japonesa; a mão de obra tornou-se muito cara, já que a central sindical que representa os trabalhadores do setor é muito ativa. Com isso, apesar de ainda ser o quarto maior produtor mundial, o país tornou-se um importador de aço oriundo de vários países, incluindo o Brasil.

Na parte centro-norte da costa leste, porém, formou-se a primeira megalópole do país e do mundo, que se estende de Boston a Washington, por 600 quilômetros da costa atlântica. Aí se localizam as grandes metrópoles de Nova York, Filadélfia e Baltimore. Veja o mapa na página seguinte.

> **Megalópole:** também chamada por algumas organizações internacionais de região superurbanizada, é uma área ou região densamente povoada e urbanizada, na qual, numa parcela reduzida do espaço nacional, existem várias grandes cidades com intenso fluxo de pessoas e de mercadorias entre elas. Não se deve confundir megalópole com cidades conurbadas nem com regiões metropolitanas.

> Vista de indústria siderúrgica em Indiana, nos Estados Unidos, em 2018.

Na costa leste, essa megalópole, conhecida como **BosWas** (Boston-Washington), continua sendo a porção de espaço de maior concentração urbano-industrial dos Estados Unidos, embora as indústrias tradicionais sejam substituídas pelo moderno setor de serviços. Como resultado de um intenso processo de urbanização, outras megalópoles surgiram no país, como a da costa do Pacífico, entre São Francisco e San Diego (**SanSan**), e a da região dos Grandes Lagos, abrangendo Chicago, Detroit, Pittsburgh e outras cidades (**ChiPitts**).

Fonte: CHARLIER, Jacques (Dir.). *Atlas du 21e siècle édition 2014*. Groningen: Wolters-Noordhoff/Paris: Nathan, 2014. p. 141.

Apesar de hoje apresentar uma industrialização em declínio, o centro-norte da costa leste continua concentrando as maiores rendas do país, além de seus maiores recursos financeiros. Isso porque abriga os dois centros de decisão dos Estados Unidos: o político, em Washington, e o econômico-financeiro, em Nova York, cidade que concentra 52% das atividades financeiras do país e onde está a maior parte das sedes das multinacionais e seus laboratórios de pesquisa.

Outra área de antiga concentração industrial, que remonta ao fim do século XIX, é a região dos Grandes Lagos – Superior, Michigan, Ontário, Erie e Huron –, que constitui uma bacia marítima no interior do território, facilitando a navegação. A escavação do canal Erie possibilitou a navegação até Nova York e o estabelecimento de relações entre a região dos Grandes Lagos e a costa nordeste.

Casa Branca em Washington D.C., Estados Unidos, 2018.

A porção sudeste do território

Nos estados do sudeste dos Estados Unidos, a urbanização e o padrão de vida são os mais baixos do país; mesmo assim, esse padrão ainda é considerado elevado em termos internacionais. Enquanto a renda média da população de estados do nordeste – como Massachusetts, Nova York ou Connecticut – era superior a 65 mil dólares em 2017, essa renda em estados do sudeste – como Mississípi, Arkansas, Alabama ou Carolina do Sul – era de cerca de 35 mil dólares. A única grande cidade da região é Atlanta. Por sua vez, a porção litorânea do golfo do México, que vai da península da Flórida até o rio Grande, teve um significativo desenvolvimento a partir da década de 1960, o que provocou o crescimento elevado de sua economia e da população urbana.

Vista de Atlanta, no estado da Geórgia, nos Estados Unidos, em 2018.

A costa oeste, um ponto estratégico

A costa oeste dos Estados Unidos tem uma importância estratégica em relação ao Extremo Oriente, na Ásia. Intensificada pela guerra da Coreia (1950-1953), essa importância aumentou durante a guerra do Vietnã (1961-1975), quando o país fez uma série de encomendas à indústria japonesa. Ao longo dos anos 1980, o oceano Pacífico passou a rivalizar com o Atlântico pela posição de rota de transporte mais importante do mundo.

Com o objetivo de gerar inovações tecnológicas e científicas, a partir da década de 1950 muitas empresas começaram a se instalar na região do Vale do Silício. Hoje o vale abrange várias cidades do estado da Califórnia e se destaca na produção científica, na eletrônica e na informática.

Vista do Vale do Silício, ao sul de São Francisco, no estado da Califórnia, nos Estados Unidos, em 2017.

Texto e ação

- Compare o mapa da página 166 com o mapa da página 169. Qual é a relação entre os mapas?

5 Recursos minerais, indústria e espaço urbano do Canadá

As diversificadas jazidas do território canadense – ferro, petróleo, gás natural, urânio, ouro, prata, níquel, cobre, molibdênio, zinco, amianto, etc. – garantiram ao país, no fim do século XIX, a exportação dessas matérias-primas para a Europa ocidental, principalmente para o Reino Unido. Esses mesmos recursos levaram, no início do século XX, à industrialização do Canadá, que se caracterizou por receber elevados investimentos do Reino Unido e dos Estados Unidos para extração e produção do petróleo e do gás natural, bem como para desenvolver suas indústrias.

O Canadá possui uma estrutura industrial completa: produz desde bens de consumo até bens de produção, destacando-se as indústrias mecânica e química, especialmente a automobilística, de alumínio e de borracha.

A região dos Grandes Lagos, diretamente relacionada com o vale do rio São Lourenço, é também a mais industrializada e urbanizada do país. São notáveis as diferenças entre a província de Ontário, onde se destacam as cidades de Toronto e Ottawa, e a de Quebec, cujas principais cidades são Quebec e Montreal. A província de Ontário apresenta um padrão de vida mais elevado, pois aí se encontram as indústrias mais modernas do Canadá.

Nas demais províncias do país há algumas cidades que têm certa importância de centros industriais, como Vancouver, na província da Colúmbia Britânica; Edmonton e Calgary, em Alberta; Regina, em Saskatchewan; e Winnipeg, em Manitoba.

Atualmente, o petróleo e o gás natural são os recursos naturais mais importantes para a economia canadense. O país tem a terceira maior reserva de petróleo do mundo e a quinta maior de gás natural; é o quinto maior produtor de petróleo (após Estados Unidos, Arábia Saudita, Rússia e China) e o quarto maior exportador mundial, sendo que 99% de suas exportações vão para os Estados Unidos. Observe o mapa ao lado.

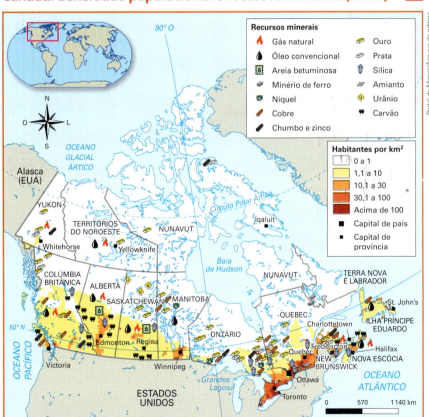

Canadá: densidade populacional e recursos minerais (2016)

Fonte: elaborado com base em CAPP. *Canada's Energy Resources*. Disponível em: <www.capp.ca/canadian-oil-and-natural-gas/canadas-petroleum-resources>; CHARLIER, Jacques (Dir.). *Atlas du 21ᵉ siècle*. Groningen: Wolters-Noordhoff; Paris: Éditions Nathan, 2014. p. 135; GOVERNO do Canadá. *Get to know Canada – Provinces and territories*. Disponível em: <www.canada.ca/en/immigration-refugees-citizenship/services/new-immigrants/prepare-life-canada/provinces-territories.html>; CENSUS Profile. *2016 Census*. Disponível em: <www150.statcan.gc.ca/n1/en/geo?geocode=A000011124&subject_levels=17&geotext=Canada%20%5BCountry%5D>. Acessos em: 10 set. 2018.

De acordo com o mapa da página anterior, a população canadense se concentra na parte sul, especialmente nas proximidades do litoral do oceano Atlântico. As províncias mais populosas e povoadas são Ontário (39% do total) e Quebec (24%). Em Ontário localizam-se a capital federal, Ottawa, e a maior cidade do país, Toronto, com 5,5 milhões de habitantes; em Quebec fica a cidade de Montreal, a segunda mais populosa, com 3,5 milhões de moradores. As maiores reservas de petróleo estão nos depósitos de areia betuminosa localizados mais a sudoeste, especialmente na província de Alberta.

As areias betuminosas são uma mistura de areia, água e betume (óleo muito pesado); a extração do óleo é feita através da mineração ou da perfuração, dependendo da profundidade das reservas. Em ambos os casos são produzidas quantidades imensas de resíduos, rejeitos que sobram após a extração do óleo combustível – ou de parte dele, pois não se consegue separar totalmente o óleo das demais substâncias. Formam-se verdadeiras lagoas que contêm produtos tóxicos nocivos para o meio ambiente e para os seres vivos.

As áreas de areias betuminosas próximas da superfície são exploradas via minas a céu aberto. Para atingir a areia, é preciso que se retire a camada superficial de terra, que será estocada e reutilizada para a reabilitação do local. No entanto, pesquisadores têm identificado contaminações em lagos nos arredores dessas áreas. A imagem mostra um sítio de mineração em Fort McMurray, em Alberta (Canadá), em 2018.

Texto e ação

- Observe o mapa da página 171 e responda:

    a) Existe alguma relação entre clima e ocupação humana? Explique.

    b) Mais de 99% do petróleo (óleo convencional) exportado pelo Canadá vai para os Estados Unidos através de oleodutos. A localização das principais reservas de óleo do Canadá é favorável ou desfavorável para a construção de oleodutos visando suas exportações? Justifique.

6 Algumas questões atuais do Canadá

Embora seu território seja imenso, o Canadá é um país com escassa população, o que tem levado à adoção de políticas de estímulo à ida de imigrantes para o país. O incentivo à imigração procura também atenuar o progressivo envelhecimento da população canadense. Por esse motivo, o Canadá é o país do continente americano com maior proporção de imigrantes em sua população total: 21,9%, segundo estimativas de 2017, embora essa porcentagem aumente a cada ano.

O departamento de estatísticas do Canadá prevê que, por volta de 2030, cerca de 28% da população canadense será composta de pessoas que nasceram em outro país. Em 2015, por exemplo, 243 mil imigrantes desembarcaram no Canadá e, em 2016, esse número chegou aos 323 mil. Parece pouco em comparação com os Estados Unidos (que recebem mais de 1 milhão por ano), porém, é grande em relação ao reduzido efetivo populacional do país. Esse fato faz do Canadá uma nação multicultural. A diversidade de línguas estrangeiras — isto é, sem contar idiomas oficiais (inglês e francês) e os indígenas — faladas no país é enorme: mais de 200, segundo o recenseamento nacional realizado em 2011.

A província de Quebec, a sudeste do país, é a mais extensa das dez que formam o Canadá e nela vive cerca de 24% da população do país. Ela se destaca por ter sido colonizada pela França até 1763, quando passou para o controle inglês. Até hoje o Quebec é uma província canadense francófona, pois a maioria da população (79%) tem o francês como primeiro idioma. Outro fator que diferencia a província em relação às demais é a religião, pois predomina o catolicismo, ao contrário do restante do país, onde os protestantes são maioria. Existe um partido separatista na província, que almeja independência em relação ao restante do Canadá. Contudo, ele já foi derrotado em dois plebiscitos realizados com a população quebequense, em 1980 e em 1995, quando em ambas as ocasiões a maioria dos eleitores votou contra a independência.

Multidão de manifestantes em Montreal (Canadá), a favor da continuidade da unidade do país, em 1995.

Aparentemente, a aspiração separatista do Quebec tende a se enfraquecer: pesquisas realizadas em 2017 mostraram que a maioria da população repudia a ideia de formar um novo Estado independente. Vários motivos contribuem para esse fato: a relativa autonomia das províncias canadenses, e de Quebec em particular, em relação ao governo federal; a expansão da imigração para o país e também para Quebec, com uma população cada vez mais multicultural e multiétnica; um padrão de vida mais elevado que no passado, além da integração econômica com os Estados Unidos.

Outro aspecto demográfico importante do Canadá são os povos **autóctones**, termo utilizado para designar os indígenas, os inuítes e mais dois povos aborígines, que representam 2% da população total do país. Nos últimos séculos houve o genocídio (extermínio) dos indígenas canadenses e, em menor proporção, dos inuítes, que habitam o norte do país, próximo da região Ártica.

A partir da metade do século XX, importantes recursos minerais, incluindo o petróleo, localizados nas terras de povos autóctones começaram a ser explorados por grandes empresas canadenses e estadunidenses. Com isso, esses povos perceberam que seus direitos não estavam sendo reconhecidos. Paulatinamente, eles se uniram na luta pela reivindicação de direitos e, em especial, de autonomia em suas terras, ou seja, pleitearam o direito de se autogovernar em suas comunidades. Assim, foram criados dois imensos territórios indígenas no norte do país e, em 1999, um novo território na parte noroeste, em plena região polar. É o território de Nunavut, com cerca de 2 milhões de km² e 36 mil habitantes pelo censo provincial de 2016, em sua maioria inuítes (embora também alguns outros povos aborígines), que, dessa forma, passaram a ter autonomia relativa no Canadá.

▶ Inuítes e turistas acompanham final de competição de corrida de cães em Nunavut, no Canadá, em 2017.

Texto e ação

- Atualmente, grande parte dos países que recebem muitos imigrantes procura dificultar a vinda de pessoas estrangeiras, às vezes até construindo muros. Mas o Canadá faz o oposto: procura incentivar a imigração para o país. Em duplas, comentem esse fato.

7 O antigo Nafta ou Tratado Norte-Americano de Livre-Comércio

Assim como ocorreu na Europa, com a criação da União Europeia, na América do Norte houve avanços na integração econômica, embora sem a integração política. A interdependência das economias dos Estados Unidos e do Canadá propiciou, em 1989, a assinatura de um acordo de livre-comércio entre esses países. Logo em seguida, em 1990, os Estados Unidos propuseram ao México, situado ao sul dos Estados Unidos, juntar-se aos dois países.

Após estudos e intensas discussões, pois havia e ainda há grupos contrários a tal integração, Estados Unidos, Canadá e México fundaram, em 1993, o Tratado Norte-Americano de Livre-Comércio ou Nafta, sigla em inglês. Esse bloco econômico abrange uma área de 21 780 560 km², banhada pelos oceanos Atlântico e Pacífico e na qual viviam, em 2017, cerca de 490 milhões de habitantes. São consumidores com elevado poder aquisitivo, com exceção de grande parte da população mexicana, que representa pouco mais de 25% do total. O Nafta começou a vigorar em 1994 e, em 2018, foi substituído pelo USMCA.

A principal finalidade do Nafta é eliminar as barreiras alfandegárias entre os países-membros, incentivando o comércio entre eles. A interdependência que já existia entre Estados Unidos e Canadá avançou em relação ao México: grande número de empresas estadunidenses se instalou, em especial a partir dos anos 1980, no México em busca de mão de obra barata e impostos mais baixos. São as *maquiladoras*, indústrias situadas principalmente no norte do México, que prestam serviços para empresas multinacionais, ou seja, fabricam peças ou produtos a baixo custo que são exportados para os Estados Unidos com a finalidade de diminuir os custos de produção das multinacionais, que apenas montam os produtos, como automóveis, motocicletas, computadores, produtos eletrônicos, etc. Os produtos montados são vendidos no mercado externo (exportações).

O mapa ao lado reflete como o Nafta (atual USMCA) é importante para os Estados Unidos. A maior parte dos destinos das exportações por estado vai para o Canadá e o México.

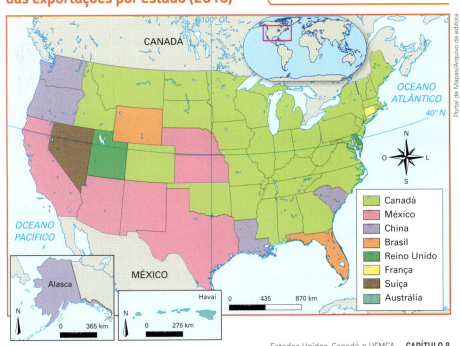

Estados Unidos: principais destinos das exportações por estado (2016)*

* Washington D.C. tem como principal destino de suas exportações os Emirados Árabes Unidos.

Fonte: elaborado com base em BUSINESS Insider. Disponível em: <www.businessinsider.com/3-maps-show-why-nafta-is-important-2017-11>. Acesso em: 10 ago. 2018.

A China, que atualmente é o maior parceiro comercial dos Estados Unidos, embora importe bem menos do que exporte para este país, aparece como principal mercado para as exportações de Alasca, Washington (o estado a noroeste do país, não a capital federal, que é Washington D.C.), Oregon, Louisiana e Carolina do Sul. O México é o principal destino das exportações da maior parte dos estados sulinos – incluindo a Califórnia e o Texas, as duas maiores economias estaduais –, e de alguns do centro. E o Canadá é o principal destino das exportações da maioria dos estados, especialmente os localizados ao norte e a sudeste do país. Veja os gráficos sobre exportações e importações dos Estados Unidos em 2017 e seus principais parceiros comerciais.

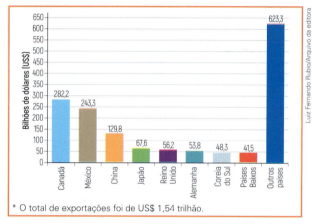

Exportações dos Estados Unidos em 2017 (em bilhões de dólares)*

* O total de exportações foi de US$ 1,54 trilhão.

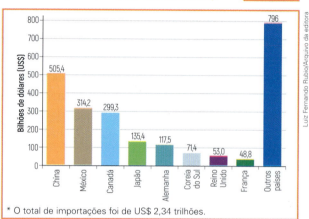

Importações dos Estados Unidos em 2017 (em bilhões de dólares)*

* O total de importações foi de US$ 2,34 trilhões.

Fonte: elaborados com base em INTERNATIONAL Trade Administration. Disponível em: <www.trade.gov/mas/ian/build/groups/public/@tg_ian/documents/webcontent/tg_ian_003364.pdf>. Acesso em: 1º set. 2018.

Como se pode observar, a balança comercial dos Estados Unidos é deficitária, isto é, o valor das importações é maior que o das exportações. Isso vem ocorrendo há décadas e produz um constante endividamento do país. Grande parte dessas importações – especialmente da China e do México, mas também da Índia, Vietnã e outros países, inclusive alguns da Europa – se deve a empresas estadunidenses que, em busca de menores custos de produção, passaram a fabricar boa parte de seus produtos no exterior e depois os exportam para os Estados Unidos.

A integração econômica proporcionada pelo Nafta permitiu aos Estados Unidos obter melhores negociações comerciais com a União Europeia, a China e até mesmo com o Japão. No mapa da página 175, é possível constatar que a maior parte dos produtos exportados pelos Estados Unidos é destinada ao México ou ao Canadá, embora alguns estados tenham como principais países comerciais a China, o Brasil, a Austrália, os Emirados Árabes Unidos e países da Europa.

Apesar das vantagens aparentes do Nafta, Donald Trump, que, em 2017, se tornou o 45º presidente dos Estados Unidos, é um crítico do Nafta: ele afirma – sem muitas evidências para comprovar esses fatos – que o bloco prejudicou o país e beneficiou o México e o Canadá. A criação do Nafta, segundo Trump, tirou postos de trabalho (empregos) dos Estados Unidos em benefício do México. Ele propôs acabar com esse tratado, mas após protestos resolveu renegociar algumas de suas cláusulas. Depois de intensas negociações, o Nafta foi substituído por um novo acordo – denominado Acordo Estados Unidos-México-Canadá (USMCA, na sigla em inglês) – assinado pelos três Estados em 1º de outubro de 2018.

Geolink

Leia o texto abaixo.

Do NAFTA ao USMCA: principais mudanças no pacto comercial trilateral

O novo acordo, que regulamenta o [livre] comércio de 1,2 trilhão de dólares [entre esses três países] e afeta quase meio bilhão de consumidores da América do Norte, deverá ser assinado por líderes estadunidenses, canadenses e mexicanos em novembro [2018]. Ainda precisa ser ratificado pelos Legislativos dessas três nações. O Congresso [estadunidense] não deve votar até 2019.

O Nafta, projetado para durar indefinidamente, entrou em vigor em 1994. O USMCA entrará em vigor em 2020; será revisado a cada seis anos e poderá expirar em 2036 ou ser estendido para 2052.

Um dos destaques será o maior salário para trabalhadores da indústria automobilística: a partir de 2020, 30% da produção de veículos deve ser feita por trabalhadores que ganham um salário bruto de pelo menos 16 dólares por hora, o que representa cerca de três vezes o salário do trabalhador bruto. Isso pode resultar em transferência de empregos do México para os Estados Unidos.

As montadoras [automobilísticas] podem se qualificar para tarifas zero se 75% dos componentes de seus veículos forem fabricados nos Estados Unidos, no Canadá ou no México (no Nafta a porcentagem para essa qualificação era de 62,5%). Além disso, 70% do aço e do alumínio usados nos veículos terão de vir desses três países.

O Canadá reduzirá as restrições ao seu mercado de laticínios e permitirá que os agricultores norte-americanos exportem cerca de 560 milhões de dólares em produtos lácteos. Isso representa cerca de 3,5% da indústria total de laticínios do Canadá, que movimenta 16 bilhões ao ano.

Fábrica de automóveis em Puebla, estado mexicano. Foto de 2016.

As disputas comerciais vão continuar sendo decididas por um painel com representantes dos três países. As tarifas alfandegárias dos Estados Unidos, de 25% sobre o aço e 10% sobre o alumínio do Canadá e do México [impostas pelo governo de Donald Trump], permanecem em vigor enquanto as negociações continuam. Se os Estados Unidos impuserem novas tarifas de automóveis, o México e o Canadá poderão exportar anualmente para aquele país até 2,6 milhões de veículos de passageiros sem tarifas. As exportações acima dessa quantidade podem ser tarifadas.

As regras de propriedade intelectual foram endurecidas. Agora os fiscais [de qualquer país-membro] podem barrar, em qualquer dos três países, mercadorias suspeitas de serem falsificadas ou pirateadas; há punições mais severas para filmes pirateados *on-line* e penalidades civis e criminais para roubo de sinal de satélite ou de TV a cabo. O novo acordo inclui uma série de novas regras para "proteção forte e efetiva e aplicação dos direitos de propriedade intelectual".

PETRAS, George. From NAFTA to USMCA: Key changes on trilateral trade pact. *USA Today*, 1º out. 2018. Disponível em: <www.usatoday.com/story/news/2018/10/01/comparison-nafta-and-usmca-trade-agreements/1487163002/>. Acesso em: 4 nov. 2018. (Tradução dos autores.)

Agora responda:

1. Na sua opinião, que país pressionou a imposição de um novo acordo comercial entre os três países da América do Norte? Por quê?

2. Avalie as consequências da imposição de um nível salarial mais elevado para os trabalhadores das indústrias automobilísticas situadas no México.

3. De que forma a imposição de que 70% do aço e do alumínio usados nos veículos sejam fabricados nos Estados Unidos, no Canadá ou no México prejudica outros países? Quais serão os países mais prejudicados?

Relações geopolíticas com o México

No plano político, cada vez menos os países têm aberto as suas fronteiras para a entrada de pessoas de outros países. Os Estados Unidos, por exemplo, têm interesse em diminuir as intensas migrações de mexicanos (e outros latino-americanos, que passam pelo México) em direção ao país. O desenvolvimento do norte do México, com a criação de empregos em grande quantidade, seria uma forma de fazer essas populações não prosseguirem a viagem até os Estados Unidos. Além de investirem no norte do México, os estadunidenses endureceram o controle das suas fronteiras com esse país latino-americano.

O governo do presidente Trump pretende estender o muro ao longo de toda a fronteira com o México para diminuir consideravelmente o número de imigrantes para os Estados Unidos. Nos últimos anos, porém, aumentou o número de mortes de imigrantes na fronteira devido à procura de rotas mais distantes em áreas desérticas – o que dificulta a chegada dos serviços de emergência –, cujas elevadas temperaturas – que podem atingir ou superar os 40 °C – fazem muitas pessoas passar mal, além de catástrofes naturais, como as fortes inundações do rio Grande em 2017, que provocaram o afogamento de 91 pessoas.

▷ Da esquerda para a direita: Chrystia Freeland, ministra de Relações Exteriores do Canadá; Luis Videgaray, ministro de Relações Exteriores do México; e Rex Tillerson, secretário de Estado dos Estados Unidos, em conferência realizada na Cidade do México (México), em 2018.

Texto e ação

1 ▸ Comente os dados do mapa "Estados Unidos: principais destinos das exportações por estado (2016)", da página 175.

2 ▸ Analise os gráficos da página 176, que mostram as exportações e as importações dos Estados Unidos em 2017, e responda:

    a) Os principais parceiros para as exportações do país são os mesmos para as importações? Justifique sua resposta.

    b) Com qual país os Estados Unidos têm o maior *deficit* comercial? De quanto foi esse *deficit* em 2017?

CONEXÕES COM MATEMÁTICA E HISTÓRIA

- Observe o quadro a seguir e responda às atividades.

Intercâmbio Comercial do Brasil com UE, EUA e China (US$ bilhões FOB*)

Brasil e UE**

Ano	Exportações	Importações
2001	15,5	15,4
2004	24,7	15,9
2007	40,5	26,7
2010	43,3	39,1
2013	47,7	50,7
2016	33,3	31,0

Brasil e EUA

Ano	Exportações	Importações
2001	14,2	12,9
2004	20,0	11,3
2007	25,0	18,7
2010	19,3	27,0
2013	24,8	36,2
2016	23,1	23,8

Brasil e China

Ano	Exportações	Importações
2001	1,9	1,3
2004	5,4	3,7
2007	10,7	12,6
2010	30,7	25,5
2013	46,0	37,3
2016	35,1	23,3

Fonte: MINISTÉRIO do Desenvolvimento, Indústria e Comércio Exterior. Disponível em: <www.mdic.gov.br/index.php/comercio-exterior/estatisticas-de-comercio-exterior/balanca-comercial-brasileira-acumulado-do-ano?layout=edit&id=2205>. Acesso em: 11 ago. 2018.

*Preço de venda da mercadoria que inclui as despesas de transporte.

**Incluindo o Reino Unido, que até 2016 ainda permanecia na UE.

a) O comércio externo total do Brasil (exportações mais importações) foi de 322,7 bilhões de dólares em 2016. Calcule qual é a porcentagem desse total com os três principais parceiros comerciais do país.

b) O que os números revelam sobre as relações comerciais entre Brasil e Estados Unidos no período de 2001 a 2016?

c) O fato de os Estados Unidos já não serem mais o principal parceiro comercial do Brasil significa uma grande mudança histórica no comércio externo brasileiro? Justifique.

d) A partir de 2010, o Brasil vem tendo mais *superavits* ou *deficits* nas relações comerciais com os Estados Unidos? Exemplifique com dados.

e) Em sua opinião, esse relativo afastamento do Brasil dos Estados Unidos e a maior aproximação com a China é positivo ou negativo (ou ambos)? Justifique.

ATIVIDADES

+ Ação

1. Com relação à porção norte do continente americano é possível regionalizá-lo em América do Norte e América Anglo-Saxônica. Sobre isso, responda:

    a) Quais países compõem os dois tipos de regionalização? Explique quais aspectos foram utilizados para a formação dos grupos destacados.

    b) Quais diferenças podemos citar do ponto de vista econômico com relação às duas regionalizações? Justifique.

2. Por que a América Anglo-Saxônica possui grande diversidade do ponto de vista natural? Destaque alguns exemplos.

3. Leia o texto e responda às questões.

Areia betuminosa: solução para as petrolíferas, problema para o meio ambiente

Quando o assunto é energia, as perspectivas apontam para o caminho da energia limpa, com fontes renováveis. Mas as grandes petrolíferas ainda insistem em focar suas atenções na busca de técnicas e novos poços de petróleo ao redor do mundo. A bola da vez é a areia betuminosa, ou simplesmente betume, uma versão mais viscosa, pesada e semissólida do petróleo. Com a diminuição das reservas de petróleo do planeta, a extração do petróleo do betume se tornou uma opção viável por conta da sua grande disponibilidade. [...] O processo de extração do petróleo presente na areia betuminosa é extremamente complexo e causa muito mais danos ao meio ambiente que as técnicas usadas em poços tradicionais. Em um primeiro momento, ocorre a devastação de qualquer tipo de vegetação para a criação de minas de extração. [...]. Quando as reservas de areia betuminosa estão localizadas próximas à superfície, é utilizada a técnica de mineração a céu aberto. [...]

O primeiro problema causado por esse tipo de atividade é a contribuição com o aquecimento global. As emissões de carbono decorrentes das atividades relacionadas à exploração do betume são 12% maiores em comparação com poços tradicionais. Somado a isso estão o desmatamento da vegetação onde se encontram as reservas de areia betuminosa, incluindo florestas, como acontece no Canadá. A contaminação da água e do solo também estão relacionadas a esse processo. [...] existe a contaminação por metais pesados. Chumbo, cobalto, mercúrio, cádmio, cobre, cobalto, arsênico e zinco [...] são comumente encontrados na areia que, junto com o petróleo, formam o betume.

Fonte: ECYCLE. *Areia betuminosa: solução para as petrolíferas, problema para o meio ambiente*. Disponível em: <www.ecycle.com.br/component/content/article/35-atitude/1558-areia-betuminosa-solucao-para-as-petroliferas-problema-para-o-meio-ambiente.html>. Acesso em: 1º set. 2018

   a) Explique como é feita a extração do petróleo nos depósitos de areia betuminosa.

   b) Quais são os problemas ambientais decorrentes dessa exploração?

   c) Na sua opinião, por que as empresas de energia continuam a insistir na extração do petróleo em vez de investir em energia limpa?

4. Quais frases a seguir são verdadeiras e quais são falsas? Copie as frases corretas e corrija as falsas.

   a) Dos estados dos Estados Unidos, dois deles – Alasca e Havaí – estão separados do restante do país.

   b) As duas maiores economias estaduais do país, Califórnia e Texas, exportam seus produtos principalmente para o Canadá.

   c) A existência das montanhas Rochosas a leste faz com que a maioria dos rios corra para oeste, deságuando no oceano Pacífico.

   d) A balança comercial estadunidense vem sendo deficitária há várias décadas, fato que gerou enorme dívida externa para o país.

   e) Devido ao seu restrito mercado consumidor interno, os Estados Unidos tiveram de realizar o acordo com o Canadá e o México (Nafta) para ampliá-lo.

5. Quais fatores contribuem para a atual condição multicultural do Canadá?

Autoavaliação

1. Quais foram as atividades mais fáceis para você? Por quê?
2. Algum ponto deste capítulo não ficou claro? Qual?
3. Você participou das atividades em dupla e em grupo e expressou suas opiniões?
4. Como você avalia sua compreensão dos assuntos tratados neste capítulo?
   » **Excelente**: não tive dificuldade.
   » **Bom**: consegui resolver as dificuldades de forma rápida.
   » **Regular**: tive dificuldade para entender os conceitos e realizar as atividades propostas.

Lendo a imagem

1 Observe o infográfico e responda às questões.

Evolução do comércio agrícola entre os países do Nafta (1993 e 2015)

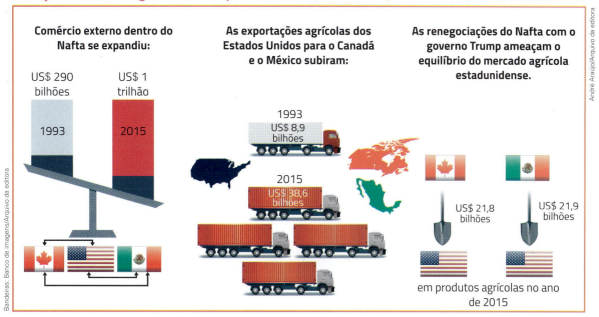

Fonte: GRO Intelligence. Agriculture Trade Booms with Nafta. Disponível em: <www.gro-intelligence.com/infographics/agriculture-and-nafta>. Acesso em: 11 ago. 2018.

a) Comparando o valor total do comércio externo dos países do Nafta antes de o acordo de livre-comércio entrar em vigor, em 1993, e após apenas 22 anos de sua vigência, em 2015, você conclui que os países ficaram mais interdependentes? Por quê?

b) O comércio de produtos agrícolas entre os países-membros do bloco se expandiu? Calcule qual foi o total em 1993 e em 2015.

c) Em 2017, agricultores estadunidenses realizaram vários protestos contra o governo de Donald Trump pelo fato de ele pretender acabar com o Nafta. Explique qual é a relação entre os dados mostrados acima e os protestos.

2 A imagem ao lado é de uma máquina de venda de eletrônicos de determinada empresa, que comercializa aparelhos celulares, em um aeroporto dos Estados Unidos.

a) Você já viu alguma máquina destas de autoatendimento? O que ela vendia?

b) O que essa forma de vender indica com relação ao consumo de eletrônicos no país em questão?

c) Que impacto essa intensidade de consumo pode exercer sobre a disponibilidade de recursos naturais no mundo?

Máquina de venda de produtos eletrônicos no aeroporto internacional de Portland, nos Estados Unidos, em 2018.

CAPÍTULO 9
México, América Central e Guianas

Pirâmide do sítio arqueológico de Chichen Itza, no estado de Yucatán, no sul do México, uma grande cidade pré-colombiana construída pelos maias entre os anos 750 a 900. Foto de 2017.

Neste capítulo e no próximo, você vai estudar as diversas partes da América Latina, porção do continente que faz parte do Sul geoeconômico. Iniciaremos esse estudo com o México, a América Central e as Guianas. Esses territórios não formam uma região com traços comuns, como a América Andina ou a Platina, que serão estudadas no capítulo 10. O México, por suas peculiaridades; as Guianas, que mantêm poucas relações com os países sul-americanos; e a América Central, formada por países com pequena dimensão territorial e fraca industrialização serão analisados com base em suas características próprias.

▶ Para começar

Observe a imagem e responda às questões.

1. Em sua opinião, qual era o significado dessa enorme pirâmide para a cultura maia?
2. Qual é a importância de conservar os patrimônios culturais de povos pré-colombianos?
3. Você já consumiu algum produto importado do México? Qual?
4. Na sua opinião, por que informações sobre o Suriname, a Guiana e a Guiana Francesa não são tão divulgadas no Brasil?

1 México

O México e o Brasil são os países mais populosos e industrializados da América Latina. A população mexicana, de 129,8 milhões de habitantes em 2017, era a segunda maior da América Latina, só inferior à do Brasil. O PIB do México, de 1,125 trilhão de dólares em 2017, também era o segundo da América Latina e o 15º do mundo. O seu IDH em 2016 era de 0,762, considerado alto e pouco superior ao brasileiro (0,754), com renda *per capita* PPC de 16 383 dólares, expectativa de vida de 77 anos e escolaridade média da população adulta de 8,6 anos (a do Brasil foi de 7,8 anos).

O país apresenta algumas características específicas:
- vizinhança tradicionalmente incômoda com os Estados Unidos, ao norte;
- população predominantemente mestiça e etnicamente diversificada, produto do encontro e da miscigenação entre vários povos;
- notável crescimento da capital federal e maior metrópole do país, a Cidade do México, com cerca de 21 milhões de habitantes em sua área metropolitana;
- localização e constituição física – relevo, clima e hidrografia – que o colocam como parte da América do Norte e (em sua parte sul) como início da América Central.

▶ **Miscigenação**: cruzamento entre indivíduos de etnias diferentes; mestiçagem.

México: físico

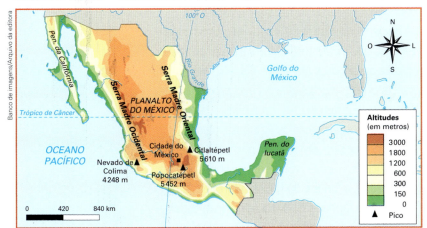

Fonte: elaborado com base em IBGE. *Atlas geográfico escolar*. 7. ed. Rio de Janeiro, 2016. p. 36.

México: províncias e Distrito Federal (2018)

Fonte: INSTITUTO Nacional de Estadística y Geografía. Disponível em: <www.beta.inegi.org.mx/datos/>. Acesso em: 29 out. 2018.

De fato, é difícil agrupar o México em algum conjunto regional da América Latina. Assim como o Brasil, ele é um país que por si só já constitui uma das regiões latino-americanas, tanto por sua grande área territorial – 1 958 201 km², 13º lugar no mundo e 3º na América Latina, atrás apenas do Brasil e da Argentina – como pelas diferenças que apresenta em relação às nações vizinhas.

O território do México localiza-se entre duas áreas muito distintas: ao norte, os Estados Unidos e o Canadá, dois países gigantescos; e, ao sul, os países da América Central que, somados, atingem uma área de aproximadamente 765 000 km². Sua porção norte apresenta traços de relevo, clima e vegetação que se assemelham aos dos Estados Unidos. No entanto, a partir do sul da península de Iucatã, as características desse território lembram bastante Guatemala, Honduras e Nicarágua.

Fonte: elaborado com base em PROYECTOS Mexico. População por entidades federativas, 2016. Disponível em: <www.proyectosmexico.gob.mx/en/why_mexican_infrastructure/market-with-great-potential-and-human-capital/>. Acesso em: 20 ago. 2018.

Banhado por dois oceanos, o Atlântico a leste e o Pacífico a oeste, o território mexicano apresenta várias áreas montanhosas – com altiplanos na parte central, onde vive a maioria da população – e duas importantes penínsulas, uma do lado ocidental (Califórnia) e outra do lado oriental (Iucatã). O clima, em geral, é tropical e ameno nos altiplanos e seco e desértico em amplas áreas ao norte do país. A carência em água potável explica as baixas densidades demográficas nessa região, embora haja algumas cidades industrializadas, como Ciudad Juarez, Tijuana, El Paso e Matamoros, na fronteira com os Estados Unidos.

A população mexicana, ao contrário do que ocorre em grande parte da América Latina (onde há maiores densidades demográficas em áreas litorâneas), se concentra no altiplano central, onde se localiza a capital federal, a Cidade do México. Também a pequena presença de afrodescendentes no México (apenas 1,2% da população total) é outro traço que distingue o país, pois os colonizadores utilizaram a imensa população indígena como escravos nas atividades agrícolas e de mineração.

Texto e ação

1. Observe o mapa físico do México, na página 183, e responda às questões.
    a) Em que altitude está localizada a capital do país?
    b) Ao analisar a distribuição das cores no território mexicano, o que você conclui?
2. Observe o mapa desta página e responda:
    a) Comparando esse mapa com o mapa físico do México, é possível concluir que a população mexicana se concentra mais em áreas de baixas altitudes ou em altitudes mais elevadas?
    b) Onde se localizam as maiores densidades demográficas no país?

Geolink

Leia o texto.

Cidade do México promulga nova lei de mobilidade urbana

A Cidade do México, com mais de 20 milhões de habitantes, traçou metas para superar os desafios do caos urbano e tem investido em políticas de mobilidade sustentável na última década.

A cidade tem alcançado progressos consideráveis como, por exemplo:

- restrição do uso de carros particulares (Programa *Hoy no Circula*);
- expansão das linhas do metrô;
- adesão ao sistema BRT ([...] criou-se um corredor de trânsito rápido em uma avenida que atravessa a cidade, com esse sistema as emissões foram reduzidas, a mobilidade melhorou e os tempos de viagem foram reduzidos);
- implantação do sistema de aluguel de bicicletas, dos corredores de emissões zero (corredores de trólebus com um comprimento de 203,64 km com conexão com o programa de bicicletas, sendo que a frota de veículos é de 290 trólebus, que operam em um ritmo médio de 4 minutos) e das vias pedonais.

> **Sistema BRT:** significa *Bus Rapid Transit* (BRT), ou Transporte Rápido por Ônibus, um sistema de transporte coletivo que visa a rápida mobilidade urbana, sendo ainda confortável e ecologicamente sustentável.

Embora estas medidas tenham melhorado as opções de mobilidade sustentável e da qualidade do ar na cidade, ainda não são suficientes para cumprir as metas propostas. Por isso, em 14 de julho de 2014, foi promulgada uma nova lei de mobilidade para a Cidade do México. [...] A Lei é focada no ser humano e com isso a Cidade do México está próxima de se tornar líder na política de mobilidade urbana. [...]

A ordem de prioridade estabelecida pela lei é: pedestres, ciclistas, usuários de transporte público, prestadores de transportes públicos, prestadores de serviços de transporte de mercadorias e usuários de transporte privado. Essa hierarquia prioriza os pedestres desde o planejamento até a dotação orçamentária. [...]

Bicicletas de aluguel, cuja finalidade é diminuir a circulação de carros e aumentar a mobilidade sustentável. Cidade do México (México), em 2017.

Nos últimos anos, as alterações climáticas têm aumentado o risco de inundações e deslizamentos de terra na Cidade do México, ameaçando [a] infraestrutura, prejudicando a vida dos moradores e causando perdas econômicas. Um sistema de mobilidade mais resistente vai ajudar a Cidade do México [a] responder a estes desafios, enfatizando os transportes públicos e não motorizados. Também irá reduzir a sua contribuição para as alterações climáticas através da redução de gases de efeito estufa (GEE).

Fonte: RIVAS, Katherine. Envolverde, 18 abr. 2014. Disponível em: <http://envolverde.cartacapital.com.br/cidade-mexico-promulga-nova-lei-de-mobilidade-urbana>. Acesso em: 12 ago. 2018.

Agora responda às questões:

1. A Cidade do México, uma das maiores do mundo, colocou em prática medidas que, ao mesmo tempo, reduzem a poluição do ar e aumentam a mobilidade no espaço urbano. O que é mobilidade sustentável? Qual é a sua importância?

2. No município onde você mora existem problemas de circulação de veículos (congestionamentos, excesso de poluição do ar) e de mobilidade urbana? Em caso afirmativo, alguma(s) medida(s) já foi(ram) colocada(s) em prática para tentar minimizar o problema? Qual ou quais?

Problemas com o vizinho ao norte

O México faz fronteira com os Estados Unidos ao norte; o rio Grande constitui o principal limite entre os dois países. Por causa dessa vizinhança, o país enfrentou inúmeros problemas ao longo de sua história:

- **Perda de territórios**: no século XIX, os Estados Unidos expandiram seu território para o oeste, às custas das nações indígenas e, para o sul, às custas do México. Antigamente, quatro dos atuais estados norte-americanos – Texas, Califórnia, Novo México e Arizona – pertenciam ao México. Além deles, grandes porções dos estados de Utah e do Colorado também faziam parte do território mexicano. Observe os mapas a seguir.

Fonte: elaborados com base em DUBY, G. *Atlas historique*. Paris: Larousse, 2004.

A conquista dessas terras, que se deu no período de 1824 a 1853, foi realizada pela luta armada e seguida de tratados impostos pelos Estados Unidos ao governo do México. Assim, o território mexicano, que em 1821 tinha cerca de 4 600 000 km², em apenas três décadas foi reduzido aos atuais 1,95 milhão de km². A maior parte dessa diferença se deve às anexações estadunidenses. O México também perdeu províncias na América Central por causa de guerras e instabilidades que teve de enfrentar após ter se tornado independente da Espanha, em 1821.

- **Desnacionalização de setores da economia**: a vizinhança com os Estados Unidos divide a opinião dos mexicanos. Alguns a consideram positiva; outros, negativa. Nas últimas décadas, muitas empresas vindas dos Estados Unidos se instalaram no norte do México em razão dos impostos e mão de obra mais baratos e também pela proximidade com o mercado daquele país. O México passou por uma forte industrialização, graças principalmente à entrada de capital estrangeiro. Mas os investimentos feitos por outros países – sobretudo pelos Estados Unidos – desnacionalizam boa parte da economia mexicana, especialmente nos setores mais avançados.

- **Emigração**: as plantações dos estados localizados ao sul dos Estados Unidos utilizam intensamente os trabalhadores mexicanos que cruzam ilegalmente a fronteira entre os dois países em busca de serviços temporários pelos quais ganham em dólar, moeda bem mais valorizada que o peso mexicano.

  O Departamento de Recenseamentos dos Estados Unidos calculou que seriam por volta de 11,2% da população total dos Estados Unidos em 2016, ou 36,3 milhões de americanos de origem ou descendência mexicana.

  Contudo, há um aspecto positivo para a economia mexicana: a remessa de dinheiro de mexicanos trabalhando nos Estados Unidos para seus familiares no México constitui uma importante fonte de renda para o país.

- **Narcotráfico**: no início do século XXI, acordos entre autoridades mexicanas e estadunidenses foram firmados visando ao combate ao narcotráfico que se implantou no México. Vários cartéis disputam o controle do comércio de drogas, dentro e fora do país, sobretudo para atender aos consumidores dos Estados Unidos.

  Os cartéis mexicanos acabaram suplantando os colombianos, que dominavam o narcotráfico nos anos 1980, devido à maior proximidade com os Estados Unidos (o maior mercado consumidor de narcóticos) e ao intenso combate que o governo colombiano, auxiliado pelos Estados Unidos, exerceu sobre os cartéis localizados naquele país.

  Assim, as guerras entre os próprios cartéis e entre os cartéis e as forças de segurança são constantes: calcula-se que, entre 2006 e 2017, ocorreram mais de 100 mil mortes de pessoas e o desaparecimento de outras 30 mil apenas no México. Os cartéis também costumam assassinar políticos, policiais, jornalistas, promotores e juízes, algo que contribui para o enfraquecimento da democracia e até mesmo da economia do México.

> **Minha biblioteca**
>
> **Bia na América.**
> DREGUER, Ricardo. São Paulo: Moderna, 2016.
>
> O livro mostra, em meio às aventuras da protagonista Bia, diferentes lugares do continente americano, com destaque para as diferentes culturas.

Turismo e economia

De todos os países latino-americanos, o México é o que mais recebe turistas todos os anos. Milhões de pessoas, principalmente estadunidenses, buscam seus atrativos turísticos: são 32 patrimônios da humanidade, locais com ruínas arqueológicas (de povos pré-colombianos), cidades coloniais e belas praias, como a cidade *resort* de Cancún.

O nome original da Cidade do México era Tenochtitlán, fundada em 1322 para ser a sede do antigo império asteca. Na cidade atual ainda se podem encontrar, especialmente na praça das Três Culturas, ruínas de edifícios pré-colombianos e astecas, abaixo de prédios coloniais e de construções modernas.

Praça das Três Culturas na Cidade do México (México), em 2017.

Além de capital federal e maior metrópole, a Cidade do México é também o grande centro industrial e cultural do país. Nela concentra-se a maior parte das indústrias e da vida cultural (universidades, teatros, cinemas, livrarias, museus, etc.).

A economia mexicana é diversificada, com várias atividades industriais, agrícolas e mineradoras. O petróleo é, desde a década de 1970, o principal produto de exportação, e o país é um dos principais fornecedores desse combustível para os Estados Unidos. O México também produz e exporta automóveis e peças automotivas, aviões e peças de aviação, produtos elétricos e eletrônicos, algodão, açúcar, feijão, café, sorgo, frutas cítricas, fluorita, zinco e prata. É o maior produtor mundial deste último metal, que é extraído do seu subsolo desde a época em que era colônia da Espanha.

Até as primeiras décadas do século XX, era um típico país exportador de bens primários e importador de produtos manufaturados. Por volta de 1950, a industrialização mexicana se acelerou. Isso ocorreu, em parte, por causa dos investimentos estrangeiros, com a instalação de empresas estadunidenses voltadas para a produção de automóveis, eletrodomésticos, aparelhos eletrônicos, etc.

Além disso, a industrialização mexicana deveu-se à ação do governo, que criou empresas industriais estatais. Há mais de cinquenta anos, foram descobertas enormes jazidas petrolíferas na plataforma continental do litoral mexicano, especialmente no litoral atlântico, no golfo do México. Isso acelerou o desenvolvimento de uma indústria petroquímica, fundamental para o país.

Grande parte das atividades rurais, apesar de terem passado recentemente por uma relativa mecanização, ainda são executadas de forma tradicional. Mas já surgiram grandes empresas de agronegócios no país, várias com investimentos estadunidenses. O México produz feijão e milho, alimentos básicos para a população, juntamente com a pimenta vermelha, o chili, muito consumida na culinária do país. Também produz cacau (planta originária do México, que é o 8º produtor mundial), carnes (bovina, suína e de frangos), legumes, café, abacate, banana, laranja, tomate, algodão, cana-de-açúcar, sorgo e trigo.

Com o Nafta, o México passou a importar grande quantidade de produtos agrícolas dos Estados Unidos – especialmente milho, trigo e frutas –, fato que levou pequenos produtores à falência e facilitou a concentração de terras rurais. Contudo, o México também exporta para os Estados Unidos, seu principal parceiro comercial, produtos oriundos da agricultura (carnes, farinha de soja e de milho, laticínios), embora predominem em suas exportações os bens industrializados (veículos, produtos eletrônicos e ópticos, máquinas) e petróleo.

Deve-se ressaltar que a transferência de indústrias dos Estados Unidos para o vizinho México é uma forma de produzir bens com preços competitivos. Essas indústrias, chamadas de maquiladoras, importam peças de suas matrizes estadunidenses, realizam a montagem e o acabamento de produtos e depois exportam para os Estados Unidos o produto finalizado. Antes restritas à área da fronteira, espalharam-se por boa parte do território mexicano. Com a produção no México, os estadunidenses procuraram resolver duas questões: gerar empregos no país vizinho, diminuindo as volumosas imigrações vindas do sul, e aumentar a competitividade dos produtos estadunidenses, pois a concorrência internacional – da China principalmente – produz os mesmos bens a preços mais baixos. Contudo, o presidente estadunidense Donald Trump, que obteve apoio dos operários que querem seus empregos de volta, procurou desde 2017 criar novas regras no Nafta (que por isso se transformou em USMCA), dificultando a transferência de indústrias para o país vizinho.

 **Texto e ação**

1. Na sua opinião, por que o governo dos Estados Unidos quer diminuir as migrações que saem do México (ou cruzam esse país) rumo ao seu território?

2. Complete o quadro abaixo com informações sobre a economia mexicana.

- Escreva um texto sobre a economia mexicana, utilizando algumas informações do quadro.

México: economia

Gêneros agrícolas produzidos	
Recursos minerais exportados	
Atividades industriais desenvolvidas no país	

2 América Central

A América Central, com exceção do norte das Bahamas, localiza-se na zona intertropical, ou seja, ao sul do trópico de Câncer, que passa pelo México, e ao norte da linha do equador, que atravessa o Brasil, a Colômbia e o Equador. É banhada pelo oceano Atlântico a leste e pelo oceano Pacífico a oeste, além do mar do Caribe, ou mar das Antilhas, que na verdade é um pedaço do oceano Atlântico nas proximidades da América Central. Nesse mar localizam-se várias ilhas: algumas são países independentes e outras são territórios pertencentes a países europeus ou aos Estados Unidos.

América Central: político (2016)

Fonte: elaborado com base em IBGE. *Atlas geográfico escolar*. 7. ed. Rio de Janeiro, 2016. p. 39.

A América Central ocupa uma pequena porção do continente americano: cerca de 1,8% do total. Apesar disso, é na América Central que se encontra o maior número de países e territórios do continente, quase todos com pequena extensão territorial.

A **América Central continental** tem uma área de pouco mais de 500 000 km² e população superior a 46 milhões de habitantes em 2017. São sete Estados independentes nessa região: Belize, Costa Rica, El Salvador, Guatemala, Honduras, Nicarágua e Panamá.

As ilhas localizadas entre a América do Norte e a América do Sul formam a **América Central insular**, cuja área é de mais ou menos 242 000 km² e cuja população é superior a 40 milhões de habitantes (2017), contando os Estados independentes e os territórios que pertencem a países de outras regiões.

Na América Central há territórios que pertencem a nações estrangeiras, como Ilhas Virgens americanas, Ilhas Virgens britânicas, Antilhas holandesas, Martinica, Porto Rico (Estado livre associado aos Estados Unidos), ilhas Cayman, entre outras.

Não há nenhum país realmente industrializado em toda a América Central. São, em geral, economias com base no turismo e nas atividades primárias, que exportam açúcar, banana, café, cacau, tabaco, charutos, bebidas (principalmente o rum), algodão, coco, frutas cítricas e petróleo (apenas o Panamá). Nessas áreas há belas paisagens tropicais costeiras, com praias visitadas por grande número de turistas.

As melhores condições de vida são encontradas em Trinidad e Tobago, com renda *per capita* PPC de 32,3 mil dólares em 2017, nas Bahamas (31,7 mil) e em Antígua Barbuda (23 mil dólares).

Nos últimos anos, a economia da parte continental da América Central tem crescido mais que o restante da América Latina, especialmente as maiores economias da região, Panamá e Costa Rica.

O bom desempenho das economias centro-americanas pode ser explicado pelo declínio nos preços do petróleo a partir de 2011. Esses países, que importam praticamente todo o combustível que usam, foram beneficiados pelos preços mais baixos; além disso, eles estão muito próximos do mercado estadunidense, para onde exportam a maior parte de sua produção. Com a recuperação da economia dos Estados Unidos após o período de estagnação iniciado com a crise de 2008, esses países passaram a exportar em maior quantidade, o que influenciou no crescimento econômico. Porém, isso aumentou a disparidade entre a maior economia da região, o Panamá, e as restantes.

> **De olho na tela**
>
> **Fundação Memorial da América Latina**
> Disponível em: <www.memorial.org.br>. Acesso em: 10 set. 2018.
>
> *Site* destinado a divulgar as artes, a literatura e a cultura dos países latino-americanos.

América Latina e Central: média de crescimento do PIB (2014-2017)

América Central: média de crescimento do PIB de alguns países (2015-2017)

Fonte: elaborados com base em FRONTIER Strategy Group. Central America will once again lead growth in Latin America. Disponível em: <http://blog.frontierstrategygroup.com/2016/05/central-america-will-lead-growth-latin-america-12>. Acesso em: 12 ago. 2018.

Texto e ação

1. Na América Central existem vários territórios que pertencem a nações estrangeiras. Observe o mapa da página 189 e responda:

    a) Como o nome de cada nação estrangeira está representado no mapa?

    b) A que país pertencem as ilhas Cayman?

2. Explique o significado da expressão "paraísos fiscais" e dê a sua opinião sobre eles.

3. Analise os dois gráficos da página 190 e responda:

    a) Como tem sido o crescimento econômico dos países da América Central em comparação com a média da América Latina?

    b) Por que se afirma que o crescimento recente na América Central vem ampliando as desigualdades internacionais na região?

O canal do Panamá

No fim do século XIX, surgiu a ideia de construir um canal que possibilitasse a navegação entre os oceanos Atlântico e Pacífico para encurtar as distâncias no transporte marítimo. Uma companhia francesa iniciou, em 1881, a construção desse canal na parte mais estreita da América Central, no norte da Colômbia (região que hoje é o Panamá), mas as dificuldades encontradas nos terrenos e as doenças tropicais contraídas pelos trabalhadores acabaram paralisando as obras.

No início do século XX, os Estados Unidos interessaram-se em prosseguir com a construção do canal. Como essa região era uma província da Colômbia e o governo colombiano não se mostrava interessado nas condições estadunidenses para a construção e o uso do canal, os Estados Unidos estimularam e apoiaram um movimento separatista na região. Esse movimento tornou-se vitorioso em 1903, com a independência do Panamá. O governo dos Estados Unidos reconheceu imediatamente o novo país e impediu sua retomada pela Colômbia. Em troca, porém, os panamenhos tiveram de fazer grandes concessões aos estadunidenses em relação a esse canal.

Com uma extensão de 82 quilômetros, o canal do Panamá foi inaugurado em 1914. Por causa da elevada altitude do terreno, foi preciso construir um lago artificial – o lago de Gatún – para que se pudesse navegar pelo canal. Existem seis comportas, destinadas a controlar o fluxo de água, e três eclusas para controlar os desníveis de altitude ao longo da linha de navegação.

Os estadunidenses obtiveram a concessão da zona do canal, mas, com o passar do tempo, os panamenhos perceberam que essa situação era insustentável. Além das vantagens econômicas que conseguiam com o canal do Panamá, os Estados Unidos também implantaram bases militares nessa área.

A população panamenha reagiu intensamente contra esse controle estrangeiro de seu território. Em 1964, 21 estudantes do país morreram tentando hastear a bandeira do Panamá na zona do canal. Para não perder a popularidade, os políticos panamenhos tiveram de assumir a reivindicação popular de ter o controle do canal. Com esse objetivo, entraram em negociações com os Estados Unidos, contando com o apoio internacional.

Panamá e Estados Unidos chegaram a um acordo em 1977. O canal do Panamá e a zona ao seu redor ficaram sob o domínio estadunidense até dezembro de 1999 e, em 2000, passaram para o controle do Panamá. Uma cláusula desse acordo prevê que, em caso de necessidade de defesa do canal, as tropas estadunidenses poderão intervir na região, o que provoca até hoje o descontentamento dos panamenhos.

Atualmente, atravessam o canal cerca de 15 mil navios por ano. O canal do Panamá, ao contrário do de Suez (entre os mares Mediterrâneo e Vermelho), não se tornou obsoleto com os avanços da construção naval, pois foi alargado e aprofundado várias vezes neste século para comportar os enormes navios militares, petroleiros e de cruzeiros. Essas obras, no entanto, sempre foram feitas com tecnologia dos Estados Unidos, o que evidencia a dependência do Panamá.

Além da renda auferida com o uso do canal – cerca de 40% do PIB panamenho, segundo dados de 2017 –, a economia panamenha também se beneficia da zona de livre-comércio que existe nas proximidades do porto de Colón, na desembocadura do canal no mar das Antilhas. É a segunda maior zona franca do mundo, atrás apenas da cidade de Hong Kong, na China. Localizada numa região pobre do Panamá, é uma área murada na qual existem milhares de empresas que vendem produtos variados – calçados e roupas, óculos de sol, relógios, perfumes, produtos eletrônicos e de informática, etc., principalmente de marcas famosas – sem a cobrança de impostos.

Panamá: canal do Panamá (2016)

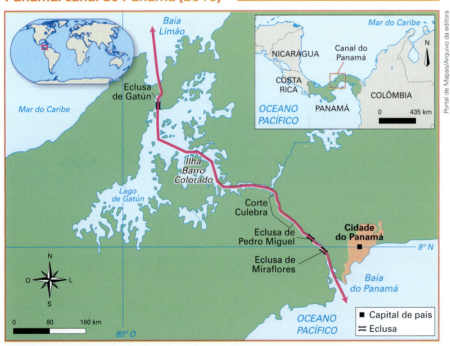

Fonte: elaborado com base em CANAL de Panamá. Disponível em: <https://micanaldepanama.com/expansion/wp-content/uploads/2018/08/Pictorico_Eng.pdf>. Acesso em: 11 set. 2018.

Texto e ação

- Na sua opinião, a zona de livre-comércio que existe nas proximidades do porto de Colón, localizada numa região pobre do Panamá, beneficia a população do Panamá? Converse com os colegas.

Cuba e Haiti

Cuba e Haiti são países que se destacam de maneira particular na América Central insular: o Haiti por ser o país mais pobre do continente, além de constantemente afetado por catástrofes naturais; e Cuba por ter se constituído no único país americano a adotar a economia planificada, tendo sido uma aliada da antiga União Soviética no período da Guerra Fria.

Cuba

Cuba ocupa a maior ilha da América Central insular, com 105 806 km², localizada a leste do golfo do México e ao sul da Flórida, nos Estados Unidos. Sua população era estimada em 11,4 milhões de habitantes em 2018. Foi o único país que, na segunda metade do século XX, rompeu com a hegemonia dos Estados Unidos na região e construiu um sistema socioeconômico diferente, baseado na propriedade estatal e no planejamento centralizado da economia. Era o único representante do "mundo socialista" – ou seja, do conjunto de países com economias planificadas, inspiradas no exemplo pioneiro da antiga União Soviética – no continente americano.

Essa mudança ocorreu em 1959, quando um grupo revolucionário depôs uma ditadura corrupta comandada por um militar que assumiu o poder por meio de um golpe e governava o país com o apoio de máfias dos Estados Unidos. O novo governo, liderado por Fidel Castro (1926-2016), após ver seus pedidos de ajuda recusados pelo governo estadunidense, proclamou-se socialista e passou a ser um importante aliado da antiga União Soviética.

Durante várias décadas, Cuba foi objeto de controvérsias, especialmente na América Latina. Havia os que eram favoráveis ao socialismo e contrários ao capitalismo e elogiavam Cuba, exaltando as mudanças ocorridas a partir de 1959, principalmente as melhorias na educação e na saúde. Por outro lado, existiam os que defendiam o capitalismo e questionavam o socialismo, enfatizando a estagnação econômica e principalmente o aspecto autoritário do regime cubano: a falta de democracia (de imprensa e eleições livres, de liberdade de ir e vir, pois os cidadãos cubanos tinham seus passaportes confiscados pelo Estado, etc.) e as prisões em massa de opositores e de todos os que pensavam ou agiam de forma não alinhada com o governo.

Carros antigos em rua de Havana, Cuba, 2016. Esses automóveis são remanescentes da época anterior à Revolução Cubana de 1959.

Atualmente, após o fim da Guerra Fria, pode-se dizer que ambos os lados tinham um pouco de razão: a situação de Cuba nunca foi somente de avanços (que de fato existiram) nem apenas de autoritarismo e retrocessos (que também ocorreram em inúmeros setores).

Houve melhorias na qualidade de vida da população cubana em relação à situação existente em 1959, embora isso também tenha ocorrido, em maior ou menor grau, em praticamente todos os países do mundo. Mesmo com uma baixa renda *per capita* (7,6 mil dólares em 2017), a expectativa de vida é alta (80 anos), uma das maiores da América Latina, e a taxa de analfabetismo entre a população adulta é baixíssima, uma das menores da região. A porcentagem de cubanos que chegam a cursar a universidade é muito alta para um país do Sul geoeconômico. No entanto, o mercado de trabalho não consegue proporcionar vagas para a quantidade de mão de obra qualificada que sai das universidades.

Apesar desses avanços, problemas ainda persistem – ou se agravaram nas últimas décadas – em Cuba: o transporte coletivo é insuficiente para atender à população; insuficiência de habitações (há milhares de cortiços e habitações precárias nas cidades, especialmente em Havana); falta de inúmeros produtos nas lojas, farmácias e supermercados (extensas filas disputam a pequena variedade de produtos disponíveis); excesso de centralização e de burocracia, comuns em economias planificadas.

Depois que os revolucionários assumiram o poder em 1959, os Estados Unidos deixaram de comprar o açúcar cubano, principal produto de exportação e base da economia de Cuba, e decretaram um embargo econômico-comercial à ilha: não vendiam nada a esse país nem compravam nada dela e também não permitiam que estadunidenses e suas empresas investissem na ilha.

Cuba, então, se tornou dependente da antiga União Soviética, que comprava o açúcar cubano, pagando preços superiores aos vigentes no mercado internacional, e fornecia à ilha petróleo a preços subsidiados. Com o fim da União Soviética, em dezembro de 1991, a situação econômica piorou bastante, pois o país deixou de receber os produtos soviéticos a preços mais baixos (especialmente petróleo) e perdeu seu maior comprador de açúcar. Com isso, o país procurou se abrir para o capitalismo, mesmo com a permanência do embargo dos Estados Unidos – seus principais parceiros comerciais passaram a ser Venezuela, China, Canadá, Países Baixos, Itália e Espanha –, e passou a investir no turismo.

Praia de Varadero, um dos principais destinos turísticos de Cuba, em 2018.

O turismo hoje é a principal fonte de renda de Cuba. Quase não há indústrias – exceto aquelas tradicionais de açúcar, rum e charutos, embora nos últimos anos tenha ocorrido um incipiente desenvolvimento da indústria farmacêutica. A atividade agrícola continua importante, com o cultivo de cana-de-açúcar, tabaco, frutas cítricas, café, arroz, batata e feijão e a criação de gado.

Atualmente, há uma grande população de origem cubana nos Estados Unidos: cerca de 1,5 milhão se concentra apenas em Miami, na Flórida. Uma parte desses cubano-americanos, como são conhecidos, foi para os Estados Unidos após a Revolução Cubana de 1959, fugindo do novo regime; outra parte migrou no final do século XX ou na primeira década de 2000, muitas vezes em precárias canoas e jangadas através do mar até o estado da Flórida.

Os cubano-americanos enviam dólares – uma quantidade limitada por pessoa devido ao embargo – e também alimentos e medicamentos às suas famílias. Empresas cubanas sediadas em Miami organizam esse intercâmbio, cuja importância pode ser medida pelo fato de o montante dessa ajuda ser igual ao arrecadado por Cuba com a exportação de seus famosos charutos.

Entretanto, fortes sinais de mudança estão acontecendo em Cuba atualmente. Para atrair moedas internacionais (dólar, euro, iene, etc.), indispensáveis para o pagamento das importações que o país é obrigado a fazer (incluindo o de alimentos), o governo cubano passou a permitir a construção, por empresas estrangeiras, de alguns hotéis luxuosos destinados a turistas – que possuem até praias particulares, de uso interditado aos cubanos – e tem incentivado a entrada de capital estrangeiro no país.

Em 2015, ocorreu o restabelecimento de relações diplomáticas com os Estados Unidos, o que implicou mais investimentos estrangeiros. Em 2016, por exemplo, Cuba recebeu mais de 284 mil turistas apenas dos Estados Unidos; o total de turistas estrangeiros nesse ano foi superior a 6 milhões e o maior número foi de canadenses: 1,2 milhão. Porém, o presidente dos Estados Unidos, Donald Trump, anunciou, em junho de 2017, medidas que visam limitar o número de turistas de seu país para Cuba, bem como as transações das empresas estadunidenses com entidades ligadas ao Estado cubano. Entretanto, isso não impacta no fluxo de turistas e nos negócios com Cuba por parte de outros países que nos últimos anos vêm estreitando suas relações com a ilha, como Canadá, Alemanha, França, Itália e México.

Vista da sacada de hotel de luxo em Havana, Cuba, 2018. Hotéis de luxo foram construídos para atender à demanda de turistas internacionais após o fim da União Soviética e da ajuda que ela fornecia a Cuba.

Haiti

Com 27 750 km² de extensão territorial e cerca de 10,8 milhões de habitantes em 2018, o Haiti ocupa uma parte da ilha de *Hispaniola*, que divide com a República Dominicana. Foi a primeira colônia na América Latina a se tornar um país independente, em 1791. Uma independência diferente dos demais países latino-americanos, onde as elites de origem europeia lideraram o processo; no Haiti foram os africanos escravizados que se revoltaram e se declararam independentes da França. Por esse motivo, o novo país sofreu um boicote das potências europeias na época, numa tentativa militar de voltar a controlá-lo. A economia haitiana, que era baseada em monoculturas (cana-de-açúcar, tabaco, algodão e, depois, café), sofreu com o boicote europeu, que antes comprava seus produtos.

Durante o século XX, o país conviveu por inúmeras décadas com o regime político ditatorial de François Duvalier, conhecido por *Papa Doc*. Após sua morte em 1971, o regime continuou o mesmo até 1986, tendo como base o controle autoritário da população, que era aterrorizada por um grupo de agentes policiais. Nesse sistema político, nem a educação e tampouco a economia se desenvolveram.

Mas não foi apenas o autoritarismo e a instabilidade política que atravancaram o desenvolvimento do Haiti. Também ocorreram catástrofes naturais: um relatório da ONU de 2016 afirma que o Haiti, nos últimos 20 anos (1996-2016), foi o país com maior número de vítimas fatais devido a catástrofes naturais – cerca de 230 mil nesse período. Até hoje o país ainda não se recuperou totalmente da enorme destruição causada pelo terremoto que ocorreu em janeiro de 2010. Em 2016, o país foi atingido pelo furacão Matthew, que provocou várias mortes e muitos estragos. A localização geográfica do Haiti torna o país suscetível a abalos sísmicos e furacões violentíssimos originados no golfo do México.

A situação crítica do Haiti levou a ONU a definir a Missão de Estabilização das Nações Unidas no Haiti, que teve como objetivo garantir paz e tranquilidade à população e evitar os frequentes distúrbios e golpes que costumavam ocorrer em seu território. Durante todo o período, essa missão foi dirigida pelo Exército brasileiro. A possibilidade de se afirmar como potência regional (na América Latina) foi decisiva para que o Brasil se engajasse na missão, encarada como um "trampolim" para um eventual ingresso como membro permanente no Conselho de Segurança da ONU.

Em 2017, o Conselho de Segurança da ONU decidiu substituir a missão por uma força policial limitada, denominada Missão das Nações Unidas para Apoio à Justiça no Haiti, cuja incumbência é treinar a polícia haitiana para que ela desempenhe o papel de garantidora da paz.

O cenário político, econômico e social do Haiti, aliado a vulnerabilidade e catástrofes naturais, ajudam a explicar por que o Haiti ainda depende da ajuda internacional e continua sendo o país mais pobre do continente americano.

A passagem do furacão Matthew pela cidade de Jérémie, no Haiti, resultou na devastação de milhares de habitações e na morte de centenas de pessoas. Foto de 2016.

Texto e ação

1. Na sua opinião, se os Estados Unidos voltarem a fortalecer o embargo contra Cuba – impedindo os investimentos, o comércio e o turismo de estadunidenses no país –, isso será tão prejudicial como no passado? Justifique sua resposta.

2. O fato de ter dirigido uma missão complexa no Haiti é algo que pode projetar o Brasil no mundo? Converse com os colegas.

3 A Guiana, o Suriname e a Guiana Francesa

É na porção norte, na faixa de terras mais baixas e próximas do litoral, que se concentram cerca de 90% da população total das três Guianas. Nessa região estão as principais cidades. Para o sul, as terras são planálticas, com algumas grandes elevações (entre 2 000 e 3 000 metros, nas fronteiras com o Brasil) e vegetação densa, constituída pela floresta Amazônica.

Até a primeira metade do século XX, as chamadas Guianas eram três colônias pertencentes a países europeus: Países Baixos (o atual Suriname), Reino Unido (a atual Guiana) e França (a Guiana Francesa, que ainda é um departamento de ultramar daquele país). Suas relações com os demais países sul-americanos sempre foram frágeis, quase inexistentes.

Atualmente, a Guiana e o Suriname tentam timidamente estreitar relações comerciais com os demais países da América do Sul. A Guiana Francesa nem tanto, pois é considerada parte da França, com a qual realiza a maior parte do seu comércio externo, e a moeda que utiliza é o euro (a moeda europeia). Além disso, a população desse território tem um padrão de vida bem melhor que a média da América do Sul.

Mais de 50% da população da Guiana é constituída por descendentes de indianos que para lá migraram no século XIX, por causa da política britânica de incentivar a utilização de mão de obra barata da Ásia. Antes disso, os britânicos já haviam levado africanos escravizados para a Guiana. A escravidão foi abolida em 1834, e os afrodescendentes constituem, na atualidade, cerca de 40% da população total do país.

Na economia guianense, nota-se a fragilidade da atividade industrial e predominam as atividades extrativas minerais (a bauxita é o grande produto de exportação do país) e a produção de gêneros agrícolas (cana-de-açúcar, café e arroz). Com o declínio nas exportações de bauxita nos últimos anos, a economia guianense vem passando por uma crise que se agravou ainda mais por causa dos empréstimos que o governo fez em bancos internacionais.

Quadro-síntese das Guianas (2016)

País	Área (km²)	População milhões/hab.	PIB (em milhões de dólares)	Renda per capita (em dólares)
Guiana	214 970	780 000	3 446	4 250
Suriname	163 821	560 000	3 621	7 070
Guiana Francesa	83 846	262 000	4 900	19 828

Fonte: elaborado com dados do BANCO MUNDIAL. Disponível em: <https://data.worldbank.org/indicator/NY.GDP.PCAP.CD?view=chart>; <https://data.worldbank.org/indicator/NY.GDP.MKTP.CD?view=chart>; INSTITUT d'Emission des Départements D'Outre Mer. Guyane. Rapport annuel 2016. Disponível em: <www.iedom.fr/IMG/pdf/ra2016_guyane.pdf>. Acessos em: 12 ago. 2018.

Com relação ao seu território, a Guiana vem enfrentando um grande problema: a Venezuela tem reivindicado uma extensão enorme de terra guianense, com a alegação de que essa área foi tomada à força pelos britânicos no século XIX. Essa área reivindicada pela Venezuela constitui o território de Essequibo, que compõe quase dois terços da Guiana na sua porção oriental.

O Suriname possui grandes reservas de bauxita, uma das maiores do planeta. Esse minério é o mais importante produto de suas exportações. Além dele, o país exporta ouro, ferro, platina e manganês. Os principais produtos agrícolas são o arroz e as frutas tropicais. A população é formada por 35% de afrodescendentes, 35% de descendentes de indianos e 30% de chineses, japoneses, descendentes de europeus e minorias indígenas.

A Guiana Francesa tem uma economia cuja base é a pesca e a extração mineral. Ali ocorre grande imigração ilegal, principalmente de brasileiros, haitianos e surinameses, atraídos pela possibilidade de obter renda em euros, a moeda que vigora nesse departamento francês.

Nas últimas décadas, a economia foi estimulada pela atividade no centro espacial de Kourou, onde há uma base de lançamento de foguetes e satélites da Agência Espacial Europeia (ESA). O aluguel da base de lançamento rende dividendos à administração local. Esse centro espacial, construído a partir de 1968, contribuiu muito para o desenvolvimento econômico da Guiana Francesa não só por gerar empregos, mas também por introduzir tecnologia de ponta e informática na região. Cerca de 25% do PIB da Guiana Francesa vem do centro espacial de Kourou.

Texto e ação

1 ▸ Explique por que as relações entre a Guiana, o Suriname e a Guiana Francesa com os demais países sul-americanos caracterizam-se como frágeis.

2 ▸ Um dos antigos diretores do centro espacial de Kourou afirmou que o desenvolvimento da base espacial e da Guiana Francesa caminham juntos. Você concorda com essa posição? Justifique sua resposta.

3 ▸ Com base no mapa ao lado, comente a afirmação: "Além da crise econômica, a Guiana enfrenta problemas relacionados às fronteiras".

Venezuela e Guiana: conflito territorial (2018)

Fonte: elaborado com base em DUBY, G. *Atlas historique mondial*. Paris: Larousse, 2007; PARLAMENTO do Mercosul. Disponível em: <www.parlamentomercosur.org/innovaportal/v/15493/2/parlasur/parlamentares-venezuelanos-debatem-sobre-disputa-territorial-em-guiana-essequiba.html>. Acesso em: 30 out. 2018.

CONEXÕES COM CIÊNCIAS E MATEMÁTICA

1. Sobre a poluição na Cidade do México, leia o texto e faça o que se pede.

Cidade do México toma medidas para combater poluição

Cercada por montanhas e vulcões, e localizada a uma altitude de 2 250 metros, a Cidade do México é famosa pela névoa de poluição que a cobre. Quando a névoa baixa, é difícil respirar na cidade, e os moradores da capital mexicana costumam dizer que as únicas criaturas capazes de sobreviver naqueles céus são os jatos.

No entanto, a névoa está se dissipando. A concentração média de ozônio, um dos poluentes mais comuns, é 50% menor do que a registrada no início dos anos 1990, quando o ar era mais poluído. As pessoas voltaram a correr nos parques, e beija-flores voam pela cidade. A renovação começou com o fechamento de indústrias, como a refinaria de Azcapotzalco, responsável por 7% da poluição da capital. A planta foi fechada em 1991, e parte de seu terreno foi transformada em um parque. [...]

Fonte: OPINIÃO & Notícia. Cidade do México toma medidas para combater poluição. Disponível em: <http://opiniaoenoticia.com.br/internacional/america-latina/cidade-do-mexico-toma-medidas-para-combater-poluicao>. Acesso em: 13 ago. 2018.

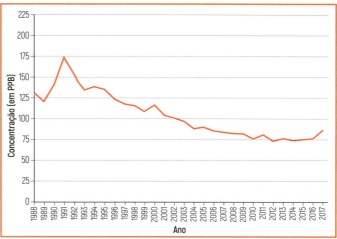

Fonte: SISTEMA de Monitoramento Atmosférico da Cidade do México. Disponível em: <www.aire.cdmx.gob.mx/default.php?opc=%27aqBhnmOkZA==%27>. Acesso em: 10 set. 2018.

* Este valor é calculado em partes ou partículas por bilhão (PPB).

Poluição do ar na Cidade do México (México), em 2016.

a) Ao analisar as informações do gráfico, o que você conclui?

b) Escreva um pequeno comentário mostrando a relação entre as informações do gráfico e as do texto.

c) Consulte revistas, jornais e *sites* para conhecer outras medidas recentes colocadas em prática para combater a poluição na Cidade do México. Comente as medidas com os colegas.

2. Você conhece cidades, aqui do Brasil, que também apresentam níveis elevados de poluição do ar? Quais?

3. Na sua opinião, são apenas as fábricas e os veículos automotivos que provocam a intensa poluição do ar na Cidade do México e em outras cidades do mundo? Justifique sua resposta.

ATIVIDADES

+ Ação

1. Leia o texto a seguir e responda às questões.

   Protestos na Guiana Francesa destacam desigualdade econômica e falta de crescimento

   Mesmo quando a vizinha Guiana se separou do Reino Unido em 1966 e o Suriname se tornou independente dos Países Baixos em 1975, a Guiana Francesa decidiu permanecer como parte da França. Em um referendo de 2010, o povo da Guiana Francesa mais uma vez votou contra uma maior autonomia. No entanto, a Guiana Francesa tem lidado com as tensões que surgiram entre várias comunidades, que foram exacerbadas por dificuldades econômicas e um aumento significativo do crime. Os problemas econômicos têm efeitos variados, dependendo do grupo ao qual se pertence. Pessoas de ascendência europeia ou aquelas nascidas especialmente na França são menos afetadas pela última crise. Outras populações sofrem muito mais. Estes incluem descendentes de escravos africanos, povos indígenas e, mais recentemente, imigrantes do Brasil, Haiti e Suriname. [...]

   A infraestrutura na Guiana Francesa é totalmente inadequada. Embora existam duas estradas principais que ligam as principais áreas urbanas ao longo da costa, mais para o interior há muito pouca presença de qualquer tipo de transporte. O sistema educacional é abismal. As escolas estão superlotadas, com prédios e instalações antiquados e degradados. A qualidade do ensino é questionável e cerca de 50% dos estudantes abandonam a escola sem diploma. [...] O custo de vida é maior do que na França continental, devido à necessidade de importar a maior parte das mercadorias. A economia é totalmente dependente de itens de consumo, feitos na Europa. [...] O último ano em que as estatísticas do comércio estão disponíveis indica um enorme desequilíbrio. A Guiana Francesa exportou o equivalente a US$ 149 milhões. O valor total das importações para esse ano chegou perto de US$ 1,4 bilhão.

   Outro problema para a Guiana Francesa é o rápido aumento populacional. Triplicou-se desde 1985, através de uma maior taxa de natalidade e, em parte, devido a uma enorme migração de outros países da América do Sul. Principalmente a imigração ilegal ocorreu ao longo das fronteiras desabitadas na densa floresta tropical da Amazônia. Devido aos padrões tradicionais de vida mais altos na Guiana Francesa, houve uma onda de chegadas do Brasil e do Suriname, a partir dos anos 80. Hoje, perto de 43% da população [...] tem menos de 20 anos, com poucas oportunidades de emprego. Os estrangeiros representam 35% do total da população contra apenas 6,5% na França continental. [...]

   O governo francês acabará sendo obrigado a criar uma melhor fiscalização das áreas fronteiriças para melhor lidar com a migração ilegal para o país. Isso também ajudará a reduzir os crescentes níveis de criminalidade, especialmente aquela associada ao tráfico de drogas. Há uma pequena minoria que prefere colocar a Guiana no caminho da independência. No entanto, a maioria da população está bastante consciente de que isso não traria melhores padrões de vida nem maior crescimento econômico. Eles preferem pressionar por reformas.

   Fonte: HAGENMEIER, Jeffrey. Protests In French Guiana highlight economic inequality and lack of growth. In: Day Trading Academy. Disponível em: <https://daytradingacademy.com/protests-french-guiana-highlight-economic-inequality-lack-growth/>. Acesso em: 22 ago. 2018. (Traduzido pelos autores).

   a) As desigualdades sociais na Guiana Francesa também têm um componente étnico? Explique.

   b) Quais os principais problemas da Guiana Francesa segundo o texto?

   c) Na sua opinião, por que a maioria dos habitantes da Guiana Francesa é contra a independência apesar desses problemas?

2. É possível afirmar que o país centro-americano com a maior economia é também o que tem o melhor padrão de vida? Justifique.

Autoavaliação

1. Quais foram as atividades mais fáceis para você? Por quê?
2. Algum ponto deste capítulo não ficou claro? Qual?
3. Você participou das atividades em dupla e em grupo e expressou suas opiniões?
4. Como você avalia sua compreensão dos assuntos tratados neste capítulo?
   - **Excelente**: não tive dificuldade.
   - **Bom**: consegui resolver as dificuldades de forma rápida.
   - **Regular**: tive dificuldade para entender os conceitos e realizar as atividades propostas.

> **Lendo a imagem**

1 ▸ O muralismo é a pintura executada sobre uma parede, como num afresco, num painel montado para uma exposição permanente. O México é o país latino que mais desenvolveu essa forma de arte pictórica. Os principais muralistas mexicanos foram Diego Rivera, José Clemente Orozco e David Siqueiros. Observe as imagens.

Detalhe de *O épico da civilização americana*, mural de Jose Clemente Orozco, composto de 24 painéis, que totalizam 297 metros quadrados.

Tierra y libertad ("Terra e liberdade"), mural de Diego Rivera, de 1934, na Cidade do México, México. (Dimensões: 476 cm × 214 cm).

Agora, responda:

a) Você já tinha ouvido falar nessa forma de arte? Ela se parece com alguma arte que você conhece?

b) Em dupla, conversem sobre como interpretam essas imagens.

c) Por que, no segundo mural, pessoas seguram uma faixa com a frase "Terra e Liberdade"?

2 ▸ Na América Central viveu um dos povos mais organizados e desenvolvidos de sua época, os maias. As primeiras cidades maias foram construídas no primeiro milênio antes de Cristo, e a civilização chegou a seu apogeu por volta de 600 d.C. Estima-se que houve mais de 13 milhões de habitantes. Os maias possuíam muitos conhecimentos nas áreas da Matemática e da Astronomia, o que impactava em suas construções. Observe ao lado a imagem das ruínas de uma cidade maia:

a) Que impressões pode-se ter com relação às técnicas utilizadas nas edificações?

b) Pesquise os fatores que levaram a civilização maia a desaparecer.

Ruínas maias em Uxmal, no México, 2016.

ATIVIDADES **201**

CAPÍTULO 10

Países platinos, países andinos e Mercosul

Bandeiras dos países que compõem o Mercosul representadas artisticamente. Linha a linha, da esquerda para a direita, temos: Argentina, Bolívia, Brasil, Venezuela, Chile, Equador, Guiana, Colômbia, Paraguai, Peru, Suriname e Uruguai. Vale ressaltar que, em 2016, a Venezuela foi suspensa do grupo.

Costuma-se reconhecer quatro regiões na América do Sul: o Brasil, os países platinos, os países andinos e as Guianas.

Neste capítulo, você vai estudar os países platinos, os países andinos e o Mercosul. Os países sul-americanos mantêm relações comerciais mais antigas e frequentes, especialmente os países platinos e o Brasil. A fundação do Mercosul, em 1991, ampliou essa proximidade e abriu novas perspectivas para a América do Sul, e talvez até para a América Latina.

> **Para começar**
>
> 1. Na sua opinião, aprender espanhol, o idioma dos principais vizinhos sul-americanos, é importante? Por quê?
>
> 2. Você já ouviu falar do Mercosul? Diga o que sabe sobre esse bloco de países.

1 América platina

Os três países que formam a América Platina – Paraguai, Argentina e Uruguai – são banhados pelos rios formadores do rio da Prata. Durante grande parte do período da colonização espanhola, esses países fizeram parte de uma única administração. Em 1776, a Coroa espanhola decidiu desmembrar o antigo vice-reinado do Peru instalando nessa região o vice-reinado do Prata, que, naquela época, incluía a atual Bolívia.

A colonização dos três países platinos deu-se a partir da navegação fluvial, tendo como ponto de entrada o estuário do rio da Prata, situado entre a Argentina e o Uruguai. Esses três países possuem também uma história de conflitos e de guerras, envolvendo até mesmo o Brasil.

De todos os países sul-americanos, apenas com esses três o Brasil manteve relações mais frequentes, tanto comerciais como militares, durante o período colonial. Assim, não foi por acaso que em 1991 o Estado brasileiro assinou, com as nações platinas, o tratado que criou o Mercosul.

América do Sul: político (2016)

Fonte: elaborado com base em IBGE. *Atlas geográfico escolar*. 7. ed. Rio de Janeiro, 2016. p. 41.

▷ Imagem de satélite do estuário do rio da Prata, que é formado pela confluência dos rios Uruguai e Paraná. A porção de cor marrom são sedimentos trazidos pelo rio, que, periodicamente, têm de ser dragados (limpos) para manter a navegabilidade do porto de Buenos Aires. Imagem de 2015.

Como a colonização dos países platinos foi tardia e a mão de obra escrava e africana quase não foi utilizada por causa da inexistência de atividades coloniais lucrativas, esses países – principalmente a Argentina e o Uruguai – apresentam características étnicas muito marcantes, bastante diferentes das dos demais países sul-americanos na atualidade.

Nos países platinos, quase não encontramos população de etnia negra, e é muito grande a presença de europeus e seus descendentes. Com exceção do Paraguai, a população indígena é também pouco presente nesses países. Na Argentina, por exemplo, 85% da população total é formada por descendentes de espanhóis ou italianos e 7% de seus habitantes são mestiços de europeus com indígenas. No Uruguai, 88% da população é originária de povos europeus, principalmente de espanhóis e italianos, 8% são descendentes da mistura étnica entre europeus e indígenas e apenas 4% são de etnia negra.

Nesse aspecto, o Paraguai é uma exceção. No país quase não há afrodescendentes, mas cerca de 95% da população é constituída de indígenas ou de indivíduos originados da miscigenação de indígenas com espanhóis. O país possui dois idiomas oficiais: o espanhol e o guarani. O guarani é o mais popular, falado pela maioria da população.

Uruguai

Esse pequeno país, com área de 176 215 km² e 3,5 milhões de habitantes em 2017, tem um clima subtropical úmido (semelhante ao do Sul do Brasil) e um relevo relativamente plano, como os pampas do Rio Grande do Sul: planícies e colinas baixas (coxilhas) ocupadas por pradarias ou campos.

A economia uruguaia conheceu um período de grande desenvolvimento do fim do século XIX a meados do século XX. A base era a pecuária ovina e a exportação de lã e de carnes. A economia passou por um processo de industrialização, com exportação de vestuário, calçados e outros produtos. A industrialização explica por que o país também conheceu uma fase de intensa urbanização – cerca de 95% da população vive nas cidades.

Assim, o padrão de vida do uruguaio na primeira metade do século XX foi bem superior ao dos demais países da América Latina. Graças ao baixo índice de analfabetismo, à boa alimentação, às cidades limpas e de aspecto europeu, especialmente a capital, Montevidéu, onde vive quase metade da população do país, o Uruguai foi uma "ilha de prosperidade" na América do Sul. Por esse motivo o país ficou conhecido como a "Suíça sul-americana".

Contudo, a partir da década de 1960 a situação mudou: os preços da lã e da carne – produtos básicos das exportações uruguaias – sofreram sucessivas e grandes quedas no mercado internacional. O governo contraiu enorme dívida externa e o resultado de tudo isso foi a queda do padrão de vida dos uruguaios.

Para agravar a situação, o Uruguai passou por um período de ditaduras militares extremamente repressivas que ocuparam o poder de 1973 a 1985. Durante esse período, vários fatos perturbaram ainda mais a vida do país:

- **Intensa repressão**: censura à imprensa, torturas, demissão e prisão de professores, jornalistas e escritores foram alguns dos mecanismos utilizados pelo governo para coibir toda opinião contrária. Nesse período, milhares de pessoas foram assassinadas pelo regime militar.

- **Enorme êxodo de jovens**: centenas de milhares de jovens uruguaios abandonaram o país e foram tentar uma nova vida na Europa ou nos Estados Unidos. Por esse motivo – e também pelas baixas taxas de natalidade e mortalidade – a população uruguaia é uma das mais envelhecidas de todo o continente, perdendo apenas para o Canadá.
- **Luta armada**: na década de 1970, formou-se um grupo guerrilheiro denominado *Tupamaros*, que tinha o objetivo de derrubar o governo e implantar no país um regime socialista. Esse grupo foi duramente reprimido pela polícia e pelas Forças Armadas, mas durante algum tempo realizou atos terroristas e, com o regime militar, contribuiu para ampliar ainda mais a crise econômica no país.

Em 1985, o Congresso foi reaberto com eleição para a escolha de um presidente. Assim como o Chile, o país vive uma normalidade democrática desde pelo menos os anos 1990, sem crises políticas como as que ocorreram ou ocorrem na Argentina, Brasil, Venezuela e outros países sul-americanos.

Manifestantes exibem fotos de pessoas desaparecidas durante o regime militar e exigem justiça e o fim da impunidade em Montevidéu (Uruguai), em 2016.

A economia uruguaia voltou a crescer a partir dos anos 1990, após quase duas décadas de estagnação, e esse crescimento continua apesar de uma recente diminuição (de 2014 a 2016) em função da crise econômica dos seus principais parceiros comerciais, Brasil e Argentina. Parte da recuperação econômica do país decorre do fato de que ele faz parte do Mercosul e vem exportando bastante para a Argentina e, principalmente, para o Brasil. Entre os produtos mais exportados pelo Uruguai estão soja, trigo, carne bovina e celulose. Nos últimos anos, a China vem se destacando como grande parceiro comercial do Uruguai, tendo superado a Argentina (mas não o Brasil).

O turismo, que atrai muitos argentinos e brasileiros, contribui para aumentar a renda do país, e o setor bancário também tem crescido bastante. Desde 1997, quando o Mercosul organizou o mercado de capitais, Montevidéu foi escolhida como a "capital financeira" do Cone Sul, tendo atraído os maiores bancos de investimento do mundo graças às facilidades financeiras que oferece.

▶ **Mercado de capitais:** sistema de compra e venda de ações ou títulos de propriedade de empresas.
▶ **Cone Sul:** nome que se dá à região situada ao sul da América do Sul, onde se localizam o sul do Brasil, o Uruguai, o Paraguai, o Chile e a Argentina.

Argentina

A Argentina é a terceira economia mais industrializada da América Latina, atrás do Brasil e do México.

O país tem 2 780 400 km² e tinha 43,5 milhões de habitantes em 2017. A capital do país, Buenos Aires, localizada ao norte do estuário do rio da Prata, forma uma região metropolitana com mais de 13 milhões de habitantes. Quase um terço da população argentina vive na Grande Buenos Aires, a quarta maior aglomeração urbana da América Latina, menor apenas que as regiões metropolitanas da Cidade do México, de São Paulo e do Rio de Janeiro.

Do ponto de vista fisiográfico, a Argentina pode ser dividida em três principais unidades: os pampas, a cordilheira dos Andes e a Patagônia.

- **Pampas:** dominam a porção oriental desse país e se prolongam pelo Uruguai e pelo sul do Brasil. São áreas formadas por um relevo relativamente plano e com muitas ondulações – as coxilhas. Predominam os climas subtropical e temperado. Seus solos, em geral férteis, são aproveitados para o cultivo de trigo, soja ou arroz e para a pecuária de gado ovino ou bovino com alta produtividade de carne e leite. A tecnologia está muito presente na agropecuária, sob a forma de aprimoramento de sementes da soja (a chamada biotecnologia), por meio da utilização de equipamentos como o GPS nas máquinas agrícolas, como os tratores, e outros recursos ligados à computação, que monitoram o uso de defensivos agrícolas e a quantidade de água apropriada para a cultura desse gênero agrícola. A pecuária, beneficiada pelas condições naturais dos Pampas, destaca-se pela qualidade da carne, reputada como uma das melhores do mundo. A maioria da população argentina está concentrada na região dos pampas e nas margens do estuário do rio da Prata, onde se localiza a capital.

- **Cordilheira dos Andes:** no território argentino, a cordilheira dos Andes está situada na porção ocidental do território, na fronteira com o Chile. Nessa região e arredores encontra-se a maioria das vinícolas argentinas e o país é um grande exportador de vinhos.

- **Patagônia:** situada no extremo sul da Argentina, se estende pelo território chileno. Apresenta um clima de frio intenso e pouca ocupação humana. A economia dessa região era dominada pela pecuária ovina, mas com a queda nos preços da lã e com a descoberta de minérios, gás natural e petróleo, especialmente numa formação geológica chamada de Vaca Muerta, situada entre as províncias de Neuquén e Mendoza (ou entre os Andes e a Patagônia), a atividade mineradora passou a predominar nesta área.

Campo de extração de gás em Vaca Muerta, em Neuquén (Argentina), em 2014. A formação geológica de Vaca Muerta possui, atualmente, a segunda maior reserva do mundo de gás não convencional e a quarta de petróleo de xisto.

A Argentina, assim como outros países da América do Sul, conheceu, dos anos 1960 a 1980, uma ditadura militar com forte censura à imprensa, controle ideológico nas escolas e universidades, além de prisões e assassinatos de pessoas que se opunham ao governo. O padrão de vida do trabalhador argentino, que era elevado – semelhante ao do europeu e, portanto, bem maior que o da maioria dos demais países latino-americanos – caiu drasticamente a partir de 1966. Além disso, a distribuição social da renda se tornou mais concentrada.

A dívida externa do país cresceu muito, tornando-se uma das maiores da América Latina – cerca de 263 bilhões de dólares em 2018, cerca de 42% do PIB do país. Pagar as parcelas da dívida constitui enorme problema, na medida em que as reservas internacionais são de apenas 53 bilhões de dólares.

No final dos anos 1980, a Argentina passou a enfrentar uma quase estagnação econômica. Essa situação resultou de decisões políticas equivocadas, forte corrupção e endividamento, além de uma abertura comercial mal planejada, que inundou o país de produtos estrangeiros (especialmente chineses) e provocou o fechamento de fábricas locais, aumentando muito a taxa de desemprego. Com isso, houve nova diminuição no padrão de vida da população e aumento da população em situação de pobreza. De 2014 a 2016, a economia argentina conheceu taxas negativas de crescimento econômico, mas a partir de 2017 o PIB voltou a crescer, embora num ritmo lento e acompanhado pela desvalorização do peso argentino e pelo aumento da inflação, o que reduz o poder de compra da população e aumenta a pobreza.

Manifestação de mulheres em Buenos Aires, na Argentina, em 1983. Essas mulheres se reuniam periodicamente em frente à Casa Rosada para reivindicar informações sobre os seus filhos que desapareceram durante o período de ditadura militar no país. Esse movimento, conhecido como Mães da Praça de Maio, existe até hoje e, além de exigir informações sobre os desaparecidos do período militar, também luta por melhorias nas condições de vida da população argentina.

> **Reservas internacionais:** depósitos em moedas estrangeiras (principalmente em dólar) que os bancos centrais possuem e que servem para pagar seus compromissos internacionais, como as parcelas da dívida externa, as importações, etc.

Texto e ação

- A partir dos dados do quadro abaixo, faça o que se pede:

População (em milhares de habitantes)

Cidades	1991	2001	2010
Aglomerado Grande Buenos Aires	10 918	12 047	13 578
Grande Córdoba	1208	1368	1454
Grande Rosário	1119	1159	1236

Fonte: DI NUCCI, Josefina; LINARES, Santiago. Urbanización y red urbana argentina: un análisis del período 1991-2010. Disponível em: <https://dspace.palermo.edu/ojs/index.php/jcs/article/view/542/353>. Acesso em: 29 ago. 2018.

a) Consulte um atlas geográfico para localizar as regiões acima referidas. Anote as províncias onde estão localizadas essas regiões.

b) Elabore um gráfico de linhas sobre o aumento da população nos três principais aglomerados urbanos da Argentina.

Geolink

Leia o texto.

Pobreza na Argentina

A apenas 20 minutos do centro da bela Buenos Aires, a cidade de La Matanza é um retrato da pobreza argentina. Seus mais de 2 milhões de habitantes se espalham, na maioria, em mais de 100 favelas. Eles andam por ruas de terra e muitos vivem em casas sem rede de esgoto. Como quase não há morros nos principais centros urbanos, a pobreza na Argentina fica mais escondida do que no Brasil. [...] Em 2017, segundo o Indec, o instituto de estatísticas do governo, houve uma retração, para 28,6% [do total da população argentina vivendo abaixo da linha da pobreza]. Mas o Observatório da Dívida Social, que reúne conceituados pesquisadores da Universidade Católica Argentina (UCA), apresenta dados diferentes. Sua pesquisa indica que o índice saiu de 27,3%, em 2015, para 31,3% em 2016, e ficou praticamente estável no ano passado (31,4%). [...]

O quadro é semelhante ao do Brasil. Segundo a última pesquisa do Instituto Brasileiro de Geografia e Estatística (IBGE), divulgada em dezembro [de 2017], 25,4% da população brasileira vivem abaixo da linha de pobreza, com percentuais mais elevados em algumas regiões, como o Nordeste, com 43,5% de seus habitantes nessa condição. O quadro na Argentina é tão alarmante quanto o de outros vizinhos. Os dados mais recentes da Comissão Econômica para a América Latina e o Caribe (Cepal) indicam que a pobreza na região subiu de 28,5% em 2014 para 30,7% em 2016.

Bloco de habitações em La Matanza, em Buenos Aires (Argentina), em 2017.

Na Argentina, no entanto, havia, até o início do ano, uma expectativa de melhora. O crescimento de 2,9% do Produto Interno Bruto no ano passado e a perspectiva de um avanço semelhante da atividade neste ano indicavam ao governo e economistas uma consequente redução no índice de pobreza em 2018. Mas a forte desvalorização do peso e elevação da taxa básica de juros reverteram essas expectativas. [...]

Segundo o sociólogo Eduardo Donza, a história da pobreza na Argentina está, em grande parte, vinculada a um processo de "desindustrialização" no país. "Entre as décadas de 1970 e 1980 surgiu um mercado de trabalho de qualidade, em grande parte, por conta de investimentos de grandes empresas industriais. À época, o salário do chefe de família era suficiente para o sustento de todos na casa", destaca. [...] Segundo Donza, o ritmo de investimentos em produção industrial estancou-se por volta dos anos 1990. "Hoje, 46% da população ocupada vive de trabalho informal".

OLMOS, Marli. Crise deve elevar pobreza na Argentina. In: *Valor Econômico*, 6 jun. 2018. Disponível em: <www.valor.com.br/internacional/5573009/crise-deve-elevar-pobreza-na-argentina>. Acesso em: 2 set. 2018.

Com base no texto e na imagem, responda as questões a seguir:

1▸ O especialista em pobreza na Argentina, Eduardo Donza, afirma que a principal causa do aumento histórico (de longo prazo) da pobreza no país é a desindustrialização da economia. Explique o que significa o termo desindustrialização e como ele contribui para aumentar a pobreza da população.

2▸ Por que é preocupante para a economia da Argentina o aumento do trabalho informal no país?

3▸ Por que, segundo o texto, "a pobreza na Argentina fica mais escondida do que no Brasil"?

Paraguai

O Paraguai tem 406 752 km² e tinha cerca de 7 milhões de habitantes em 2018. Assim como a Bolívia, é um país sul-americano que não tem saída para o mar. Grande parte das suas exportações para países fora da América do Sul é feita pelo porto de Paranaguá, no Brasil, e as mercadorias são transportadas de caminhão do Paraguai até esse porto. O país exporta soja e derivados (40% do valor total das exportações), carnes (14%) e outros produtos (milho, algodão, madeiras, couro). Além disso, a eletricidade gerada pela usina hidrelétrica binacional de Itaipu produz um excedente de energia elétrica que é exportada para o Brasil. Os principais importadores dos produtos paraguaios (incluindo a eletricidade) são: Brasil (32% do total em 2017), Argentina (15%), Chile (7%), Rússia (6%) e outros (Uruguai, Chile, Países Baixos, China).

País de clima tropical, faz fronteira com o Brasil, a Bolívia (na altura do Chaco, uma região alagada) e a Argentina, o Paraguai é o país mais pobre da América Platina e um dos mais pobres de toda a América do Sul, junto com a Bolívia e a Guiana. O padrão de vida da população em geral é baixo. Sua maior cidade, Assunção, a capital do país, possui cerca de 750 mil moradores. Aproximadamente 43% da população paraguaia ainda vive no campo.

O país se beneficiou com a expansão do cultivo de soja. Do Paraná e Mato Grosso do Sul, a cultura da soja avançou em direção ao Paraguai, onde muitos agricultores brasileiros – chamados "brasiguaios" – adquiriram terras e utilizam técnicas modernas de cultivo originárias do Brasil. Com isso, o Paraguai se tornou o sexto maior produtor e o quarto maior exportador mundial de soja. A industrialização ainda é fraca, embora venha se expandindo nos últimos tempos com a ida de empresas brasileiras em busca de menores custos de produção. A economia tem como base a agricultura, com o cultivo da soja, do algodão, da mandioca, do milho, do tabaco, além da silvicultura, sendo a madeira o produto mais explorado. Existe ainda um tradicional extrativismo vegetal com a exploração da erva-mate e do quebracho.

▶ **Quebracho:** árvore da qual se extrai o tanino, substância usada para curtir o couro.

Vista de Assunção, capital do Paraguai, em 2017.

Grande parte da renda nacional paraguaia tem origem nos recursos financeiros que o Brasil paga pelo excedente de energia elétrica gerada na usina binacional de Itaipu. Da mesma maneira, a Argentina paga pela eletricidade da usina binacional de Yacyretá. Há, ainda, recursos provenientes da compra de produtos estrangeiros, principalmente por brasileiros e argentinos. Esses produtos, a maioria chineses, entram no Paraguai pagando baixíssimos impostos.

O maior parceiro comercial do Paraguai é o Brasil – 32% de suas exportações e 24% das importações em 2017. Ultimamente, a economia paraguaia vem conhecendo um novo impulso e o seu crescimento, na segunda década do século XXI, tem sido a taxas um pouco superiores às da Argentina, do Uruguai e do Brasil.

Duas paisagens naturais dominam o território paraguaio. Ao norte e a oeste está o Chaco, área pantanosa, baixa e sujeita a frequentes inundações fluviais. A densidade demográfica nessa região é baixa e a atividade econômica predominante é o extrativismo vegetal. Ao sul e a leste existe uma área planáltica, que apresenta as mesmas características físicas do oeste do estado do Paraná (Brasil), ou seja, relevo e clima semelhantes. É nessa porção do país que se concentra a maioria da população paraguaia.

Texto e ação

1 ▸ Leia o texto e responda à questão.

> Com cerca de 7 milhões de pessoas, o Paraguai é uma economia pequena e aberta. Na última década, a economia paraguaia cresceu a uma média de 5%, um nível de crescimento superior ao de seus vizinhos, embora muito volátil. Isto deveu-se principalmente à sua forte dependência de recursos naturais. A energia elétrica por meio das binacionais hidrelétricas Itaipu e Yacyretá, juntamente com a altamente lucrativa produção de soja e da pecuária estão liderando as atividades econômicas, tendo representado mais de 70% de todas as exportações paraguaias em 2016. O crescimento econômico contínuo ajudou a reduzir a pobreza e a promover a prosperidade compartilhada. A renda dos 40% com menores rendimentos no país teve um incremento anual de 4,3% entre 2003 a 2016 e a proporção de paraguaios que vivem com menos de 5,5 dólares ao dia [...] caiu pela metade, de 40,5% para 20%. [...] A desigualdade de renda, embora menor do que em 2003, permanece alta e volátil.
>
> Fonte: BANCO Mundial. Visão geral do Paraguai. Disponível em: <www.worldbank.org/en/country/paraguay/overview>. Acesso em: 2 set. 2018. (Tradução dos autores.)

- O texto afirma que o crescimento paraguaio, como também a melhoria nas desigualdades sociais, é algo volátil. O que isso significa?

2 ▸ Analise o quadro ao lado. De acordo com as taxas médias de crescimento anual informadas no quadro, as desigualdades internacionais no Mercosul estão se ampliando ou diminuindo? Por quê?

3 ▸ A disponibilidade de terra com preços baixos atraiu pessoas de outros países para o Paraguai. Destaque um povo que migrou para o Paraguai.

Crescimento econômico do Brasil e dos países platinos (2005 a 2017)

País	Taxa média de crescimento anual (2005 a 2017)
Argentina	2,7%
Brasil	1,8%
Paraguai	4,0%
Uruguai	3,7%

Fonte: elaborado com base em BANCO Mundial. Disponível em: <https://data.worldbank.org/indicator/NY.GDP.MKTP.KD.ZG?locations=UY-AR-BR-PY&view=chart>. Acesso em: 2 set. 2018.

2 América Andina

Os países andinos possuem características semelhantes tanto pela presença da cordilheira dos Andes em seu território quanto pelos traços históricos e culturais. Na atualidade, porém, o papel que os Andes desempenham nessa região da América varia em cada um desses países:

- na **Colômbia**, esse papel é marcante: dois terços da população se distribuem pelos Andes, onde se localizam as cidades de Bogotá e Medellín, as duas maiores do país;
- na **Venezuela**, onde essa cordilheira ocupa uma área muito reduzida da superfície do país, nenhuma cidade importante ali se localiza;
- no **Equador**, as camadas mais pobres da população habitam as áreas próximas dos Andes;
- no **Peru**, além de abrigar a população pobre, os Andes abrigam os indígenas e grupos de guerrilheiros;
- na **Bolívia**, é nos Andes que encontramos cerca de três quartos da população do país;
- no **Chile**, existem minas de cobre e fontes de água importantes nessa cordilheira.

 De olho na tela

Andes Água Amazônia
Direção: Marcio Isensee e Sá. Brasil e Equador, 2012.
O documentário faz parte de um projeto que tem como missão alertar os habitantes das montanhas andinas e os da Floresta Amazônica para a necessidade de integração entre os países que compartilham as águas amazônicas. O filme parte do Equador para contar a história dos povos que dependem desse sistema natural.

Foi na América Andina, com centro no atual território do Peru e estendendo-se por imensas áreas atualmente pertencentes a Chile, Equador e Bolívia, que se desenvolveu a civilização inca. Essa civilização atingiu um alto grau de desenvolvimento técnico (estima-se que os incas conheciam técnicas avançadas de utilização da energia solar, que foram perdidas com a destruição causada pelos colonizadores). O próprio nome *Andes* é derivado da palavra *andenes*, terraços construídos pelos incas nessas áreas montanhosas. Muitas ruínas que permanecem até o presente, especialmente no Peru, atestam a grandiosidade da civilização inca.

De maneira geral, pode-se dizer que a América Andina se subdivide, do ponto de vista da geografia física, em três paisagens principais:

- **montanhosa**, formada pela cordilheira dos Andes, onde as altitudes são elevadas e a temperatura geralmente é baixa;
- **litorânea**, a mais populosa, é constituída pela faixa de terra que vai dos Andes até o mar;
- de **áreas florestais**, onde sobressai a Floresta Amazônica.

No sul da Bolívia, surge também o **Chaco**, importante região alagada e de baixas altitudes que se estende do Paraguai até o Brasil, onde recebe o nome de Pantanal.

No noroeste do Chile e sul do Peru, há uma região de *clima desértico*: o deserto de Atacama.

Vista de Choquequirao, sítio arqueológico localizado no sul do Peru, no topo do morro Sunch'u Pata. Foto de 2016.

Grande parte da população – e, consequentemente, das principais cidades das nações andinas – concentra-se na faixa litorânea. A única exceção é a Bolívia, país não banhado pelo mar. É no Altiplano boliviano, área planáltica situada entre montanhas, com elevadas altitudes, que se concentra a maioria da população. A própria capital do país, La Paz, está situada a 3 600 m de altitude.

No âmbito econômico e social observa-se o papel de destaque do Chile, país com o maior IDH entre os países andinos, e a Colômbia, país que apresentou o maior PIB desse conjunto de países. Observe a seguir algumas características importantes de cada uma dessas nações.

Quadro-síntese dos países andinos (2017-2018)

País	Área (km²)	População em 2017 (em milhões)	IDH em 2016	PIB em 2017 (em bilhões de dólares)	Renda per capita PPC em 2017 (em dólares)	Taxa de desemprego em 2018
Venezuela	912 050	31,4	0,767	210 085	12 113	33,3%
Colômbia	1 141 748	49,2	0,727	309 197	14 485	9,2%
Bolívia	1 098 581	11,0	0,674	37 122	7 546	4,0%
Chile	756 626	18,3	0,847	277 042	24 537	6,2%
Equador	270 670	16,7	0,739	102 311	11 482	4,3%
Peru	1 285 261	31,8	0,740	215 224	13 333	6,7%

Fonte: elaborado com base em FMI. *World Economic Outlook Database*. Disponível em: <www.imf.org/external/pubs/ft/weo/2018/01/weodata/weorept.aspx?pr.x=87&pr.=11&sy=2017&ey=2018&scsm=1&ssd=1&sort=country&ds=.&br=1&c=218%2C228%2C233%2C293%2C248%2C299&s=NGDPD%2CNGDPDPC%2CPPPPC%2CLUR%2CLP&grp=0&a=>. Acesso em: 31 ago. 2018; UNDP. *Human Development Report 2016*. Disponível em: <http://hdr.undp.org/en/2016-report>. Acesso em: 5 set. 2018.

Venezuela

A Venezuela é um grande produtor e exportador mundial de petróleo, o que justifica o fato de ter tido a maior economia e renda *per capita* PPC da América Andina até o início do século. Mas, em 2017, como se pode observar no quadro acima, sua economia e principalmente sua renda *per capita* foram ultrapassadas por Chile, Colômbia e Peru. O petróleo é abundante no litoral do país, especialmente na região do lago Maracaibo. Estimativas recentes afirmam que o país tem as maiores reservas de petróleo do mundo, superiores até às da Arábia Saudita. Essa fonte de energia – e a indústria petroquímica dela derivada – é a grande riqueza da Venezuela, responsável por cerca de 95% de suas exportações que, em sua maioria, vão para os Estados Unidos (cerca de 35% das exportações foram feitas para esse país em 2016), Índia (17%) e China (14%). Mas a falta de investimentos na modernização da atividade petroleira, além do êxodo de profissionais qualificados, fez com que a produção e exportação de petróleo pela Venezuela declinasse recentemente: as exportações do país, basicamente de petróleo e derivados, que eram de 144 bilhões de dólares em 2011, caíram para apenas 26,6 bilhões de dólares em 2016.

A Venezuela passou a viver, neste século, uma crise econômica e política que se agravou a partir de 2011. Ocorreu um declínio no PIB, nas exportações e na renda *per capita*, além do aumento na taxa de desemprego e também uma verdadeira fuga de venezuelanos em direção aos países vizinhos. Estimativas de organizações internacionais apontam que cerca de 3 milhões de venezuelanos abandonaram o país desde o início do século até meados de 2018. Essa crise econômica foi o resultado de um regime político ditatorial, que negligenciou os investimentos em infraestrutura e modernização das atividades econômicas e promoveu uma perseguição a adversários ou opositores, a políticos, empresários, juízes, jornalistas, professores, etc.

Até o final da década de 1980, sucederam-se no país governos civis eleitos pelo povo, embora em geral com baixa popularidade e marcados por denúncias de corrupção, típicos regimes populistas latino-americanos. Porém, a partir dos anos 1990, a Venezuela passou a conviver com regimes ditatoriais, exatamente num momento em que a maioria das nações sul-americanas saía de ditaduras militares ou civis e ingressava em regimes políticos mais democráticos. O país ganhou muito com a elevação dos preços do petróleo em 1973, mas pouco investiu no futuro, isto é, na educação de qualidade, na infraestrutura, na modernização das plataformas de petróleo, etc.

Com o declínio nos preços do combustível nos anos 1990, ocorreu uma crise econômica agravada pelos elevados índices de inflação, o que aumentou o descontentamento popular e levou um grupo de oficiais militares nacionalistas a uma tentativa de golpe de Estado em fevereiro de 1992. Essa tentativa foi rapidamente controlada pelo governo, que acabou perdoando os golpistas e o seu líder, coronel Hugo Chávez; mais tarde, aproveitando a baixa popularidade do governo, lançou-se candidato à presidência do país, com promessas de combate à corrupção e à inflação, além da elevação dos salários, chegando ao poder em 1999.

A partir de sua posse, Chávez instituiu um regime ditatorial – com repressão e controle sobre a mídia, o Congresso e o Judiciário, prisão de políticos da oposição, etc. – e se perpetuou no poder por meio de sucessivas reformas na Constituição para permitir reeleições. Ocupou a presidência do país até 2013, quando faleceu, mas deixou o seu sucessor, Nicolás Maduro, que mantém o regime autoritário no país. Segundo denúncias da Organização dos Estados Americanos (OEA) e do próprio Ministério Público da Venezuela, as eleições realizadas no país em 2018 foram manipuladas para manter no poder o presidente. Cabe ainda ressaltar que a votação foi marcada por polêmicas e um percentual alto da população se absteve de votar.

Hugo Chávez, em campanha para reeleição em Caracas, na Venezuela, em 2012.

O extremo autoritarismo político – que prejudicou a economia ao estatizar várias empresas nacionais e estrangeiras, aumentando os impostos e afugentando investidores –, somado à baixa nos preços do petróleo e ao sucateamento da infraestrutura do país (inclusive das instalações petrolíferas), conduziu a Venezuela a uma grave crise econômica.

Essa grave crise econômica levou a um declínio no padrão de vida da população, percebido pela taxa de desemprego no país – 33,3% da população economicamente ativa em 2018 (a mais elevada da América Latina) –, pela miséria que começou a se ampliar (algumas organizações internacionais calculam que mais da metade da população venezuelana vivia em extrema condição de pobreza em 2018, com tendência ao agravamento nos anos seguintes) e pela ausência dos gêneros alimentícios nos supermercados, pois seus preços subiram muito – a taxa anual de inflação, em julho de 2018, já atingia a casa dos 46 mil por cento, provavelmente a mais elevada do mundo.

As incertezas políticas associadas às crises econômicas têm levado à emigração de venezuelanos desde o início deste século. Eles abandonam seu país por causa da grave situação (alta taxa de desemprego, inflação elevadíssima, falta de produtos básicos, incluindo alimentos, etc.) e buscam melhores condições de vida em outros países. Contudo, devido ao grande volume, esses imigrantes ou refugiados por vezes são envolvidos em conflitos com os povos dos países de chegada (Colômbia, Peru, Equador, Chile, Brasil, Argentina e outros) em decorrência da falta de empregos e das precárias condições de infraestrutura desses países receptores: carência de vagas nas escolas ou hospitais, de moradias populares, de transporte coletivo, de acesso à água potável e ao sistema de esgotos, etc.

O Alto Comissariado das Nações Unidas para os Refugiados (Acnur) calcula que um milhão de venezuelanos deixaram o país entre 2014 e 2017, enquanto empresas de pesquisa estimam em até 4 milhões nos últimos anos.

Êxodo venezuelano (2017)

Fonte: elaborado com base em O GLOBO. Raio-x da emigração: entenda o êxodo de venezuelanos para países vizinhos, 25 fev. 2018. Disponível em: <https://oglobo.globo.com/mundo/raio-da-emigracao-entenda-exodo-de-venezuelanos-para-paises-vizinhos-22430364>. Acesso em: 3 set. 2018.

Texto e ação

1. Que bioma o Brasil tem em comum com os países andinos?

2. Comente o quadro dos países andinos da página 212.

3. Explique por que a Venezuela, que tem as maiores reservas de petróleo do mundo, encontra-se desde o início do século em uma grave crise econômica e social.

4. Analise o mapa acima e responda:

   a) Na sua opinião, por que os venezuelanos preferem ir para a Colômbia, o Equador ou o Peru, e não para o Brasil?

   b) Na sua opinião, esse volume de emigração é pequeno, médio ou grande? Justifique sua resposta.

Chile

Apesar de ter uma economia diversificada, o Chile continua sendo um importante produtor e exportador de minérios, com destaque para o cobre, embora essa atividade mineradora já tenha sido bem mais importante para a economia chilena no passado. Suas exportações são, principalmente, de cobre, pescados, vinhos e frutas.

O turismo também é uma importante fonte de renda para o país. Apesar de possuir uma economia cuja base é a exploração e a exportação de produtos primários, a economia chilena proporciona um bom padrão de vida para a sua população. Para que isso ocorra, são necessários investimentos em educação, saúde, tecnologia e modernização das atividades econômicas, começando pela infraestrutura – desde que haja, antes de tudo, a preocupação em utilizar sustentavelmente os recursos naturais.

A taxa de analfabetismo no Chile é de apenas 3% (a mais baixa da América do Sul), a expectativa de vida é de 82 anos (também a mais elevada desse subcontinente) e, em 2015, vivia abaixo da linha internacional da pobreza apenas 1,3% da população, segundo dados do Banco Mundial. O IDH do Chile era, em 2016, o maior de toda a América Latina.

O formato do território chileno é bastante peculiar: estreito no sentido leste-oeste (aproximadamente 200 quilômetros) e extremamente extenso no sentido norte-sul, estendendo-se por cerca de 4 000 quilômetros, desde a fronteira com o Peru até as proximidades com a Antártida.

Ao norte, o Chile possui terras áridas e desérticas; ao sul, o litoral é recortado por fiordes e há áreas muito frias; a parte central, onde se localizam as principais cidades (Santiago, Viña del Mar, Valparaíso, Talcahuano e outras), é a porção mais populosa e com maior concentração de atividades econômicas.

> **Fiorde:** golfo estreito e profundo, delimitado por escarpas montanhosas.

Depois de passar por grandes dificuldades nos anos 1970 e 1980, a economia chilena se tornou, a partir dos anos 1990, uma das mais dinâmicas do mundo, com elevadas taxas anuais de crescimento. Isso decorreu de uma série de reformas que foram realizadas no país, como diminuição dos impostos e privatização de empresas estatais ineficientes, aprimoramento na qualidade da produção, incentivos à entrada de investimentos estrangeiros, etc. Esse "milagre chileno", como passou a ser denominado, foi também o resultado de uma política de abertura para o exterior e de um grande aumento nas exportações de matérias-primas minerais e de gêneros alimentícios de primeira qualidade (vinhos, frutas e peixes), além do incremento do turismo internacional no país.

Fiorde Pía na Patagônia (Chile), em 2016.

O Chile tem sido muito ativo nas relações internacionais, pois ele é membro associado do Nafta (Tratado Norte-Americano de Livre Comércio) e do Mercosul, e membro da Apec (Cooperação Econômica de Países da Ásia-Pacífico) e da OCDE (Organização para a Cooperação e Desenvolvimento Econômico). Também é um dos fundadores da Aliança do Pacífico (criada em 2012) e da Parceria Transpacífico (TTP), criada em 2015, que pretende ser o maior tratado de livre-comércio do mundo, apesar de os Estados Unidos terem se retirado dessa parceria em 2017.

O regime militar acabou em 1990 e desde então tem vigorado um regime democrático, com partidos considerados de "direita" (mais favoráveis ao mercado livre e ao desenvolvimento econômico) e aqueles considerados de "esquerda" (mais favoráveis aos investimentos sociais e à melhor distribuição da renda). Esses partidos se revezam no poder e dão continuidade a projetos desenvolvidos pelo governo anterior, algo que praticamente não existe no restante da América Latina. A situação social do Chile também melhorou com aumentos salariais superiores à inflação.

A renda nacional ainda é concentrada (como em toda a América Latina), mas já ocorreu uma relativa desconcentração desde 1990, e os sindicatos livres e o direito de greve passaram a ser aceitos novamente. A população chilena tem o direito de escolher em qual sindicato quer ou não se filiar, não existe nenhum imposto sindical obrigatório e, sim, contribuições voluntárias, fatos que tornam os sindicatos mais combativos e mais próximos dos interesses dos filiados.

Colômbia

A Colômbia, maior população da América Andina e a segunda da América do Sul, é o único país sul-americano que tem duas saídas marítimas: uma no oceano Atlântico, através do mar do Caribe (ou das Antilhas), onde o porto de Cartagena se destaca desde o período colonial, e outra no oceano Pacífico, onde se destaca o porto de Buenaventura.

Os principais produtos de exportação são: petróleo, café, esmeraldas, carvão, níquel, ouro, banana e açúcar. Cerca de 95% da produção mundial de esmeraldas é da Colômbia. A atividade industrial no país desenvolveu-se bastante a partir de 2010, quando o país passou a ter as maiores taxas de crescimento econômico da América do Sul. Investidores estrangeiros e nacionais implantaram indústrias eletrônicas, de construção naval, automobilística, de construção e de mineração.

O turismo também cresceu bastante no país graças à diminuição da violência gerada pelo narcotráfico e por grupos guerrilheiros. Em 2018, o país ficou em segundo lugar na América Latina (atrás apenas do México) na produção de bens eletrônicos e eletrodomésticos.

Colheita em plantação de café em Manizales, na Colômbia, em 2017.

Questões colombianas

Apesar do crescimento econômico, a Colômbia ainda enfrenta problemas socioeconômicos gravíssimos, entre eles, o alto índice de narcóticos que ainda são exportados desse país em direção aos Estados Unidos e países europeus. A existência de um grande mercado consumidor de drogas ilícitas é um dos fatores responsáveis por esse tráfico. Em todo o caso, o poder dos narcotraficantes diminuiu bastante: o seu auge ocorreu nos anos 1980 e 1990, quando chegaram a controlar 8% da economia colombiana; estimativas para 2018 indicam que a economia das drogas ilícitas, especialmente cocaína, representa menos de 2% do PIB do país.

Assim como também ocorre no México (embora atualmente numa proporção maior no país norte-americano), essa atividade ilegal dos narcóticos exerce um grande impacto negativo sobre a vida política e social, e sobre a economia do país. Sobre a vida política e social porque parte dos volumosos recursos gerados por essa atividade ilícita é usada para subornar políticos, juízes, jornalistas, policiais, etc., que acabam sendo coniventes com os cartéis. Além disso, esses cartéis criam um clima de terror ou insegurança no seio da população em geral, pois sequestram ou assassinam opositores, juízes, jornalistas, membros de outros cartéis e até pessoas com alguma riqueza com o objetivo de obter um resgate. Mas o intenso combate do exército e da polícia colombianas, com apoio dos Estados Unidos, sobre os cartéis de narcotráfico produziu resultados e a violência ligada a essa atividade ilícita, embora ainda seja grande para os padrões internacionais, já diminuiu significativamente e isso possibilitou a volta dos investimentos ao país.

A coca, planta a partir da qual se produz a cocaína, é tradicionalmente cultivada nas regiões andinas, pois tanto camponeses como indígenas têm o hábito de mascar suas folhas. É uma forma de resistir ao frio e ajustar o organismo para a altitude. A cocaína, porém, não é semelhante à folha da coca quando mastigada. Trata-se de um produto altamente concentrado, fabricado em laboratórios e viciante. Com o tempo, costuma provocar fadiga, depressão e irritabilidade. E, quando consumida em doses excessivas, pode provocar a morte.

Essa droga ilícita é consumida principalmente nos Estados Unidos, na Europa, na Ásia e nas metrópoles da América do Sul. Os cartéis de drogas colombianos dominaram esse mercado até por volta de 1993, quando passaram a ser violentamente reprimidos pelo exército do país. Os mais poderosos – o de Medellín, o de Cartagena e o de Cali – foram desmantelados entre os anos 1990 e a primeira década do século XXI e se fragmentaram, originando pequenos grupos ou cartéis. Eles prosseguem em função da existência de uma forte demanda e continuam sendo um dos grandes desafios do Estado colombiano.

Outro problema para a Colômbia é o das organizações guerrilheiras (ou terroristas, segundo as autoridades colombianas) que atuam – ou, em parte, atuavam – no país. A principal delas são as Forças Armadas Revolucionárias da Colômbia (Farc), fundada em 1955.

As Farc se expandiram bastante nos anos 1990, chegando a controlar cerca de 30% do território colombiano em 1999, praticamente formando um outro Estado no sul desse país. Esse fato levou os Estados Unidos a oferecer ajuda financeira à Colômbia para combater a guerrilha e o narcotráfico, duas atividades em geral aliadas, além de pressionar diplomaticamente o Brasil e outros países vizinhos a enviar tropas para ajudar o governo colombiano a recuperar os territórios em poder dos guerrilheiros. Durante anos, a Colômbia viveu um conflito armado interno, o que gerou muitas vítimas. Veja os dados ao lado.

Em junho de 2017, finalmente, as Farc deixaram de existir como um movimento guerrilheiro, pois seu líder, Rodrigo Londoño, fez um acordo de paz com o presidente da Colômbia, Juan Manuel Santos. O líder das Farc, que se transformou num partido político legal, afirmou que o país estaria ingressando numa nova era, pois, a partir de então, eles seriam "um movimento democrático e pacífico". As Farc se transformaram em um partido político, denominado *Fuerza Alternativa Revolucionaria del Común*, o que mantém a sua sigla. Só o futuro dirá se a Colômbia finalmente ingressou num período de paz. Alguns dissidentes das Farc, no entanto, já afirmaram que não aceitam essa nova situação e pretendem continuar com as guerrilhas.

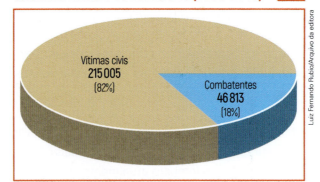

Colômbia: número de homicídios (1958-2018)

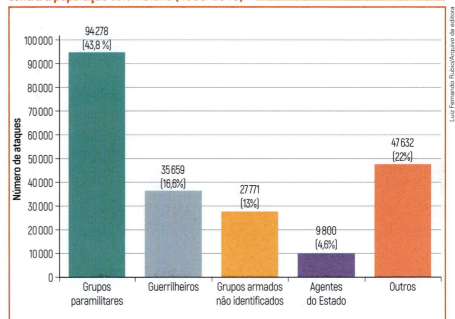

Supostos responsáveis pelos ataques contra a população colombiana (1958-2018)

Fonte: elaborados com base em OBSERVATÓRIO de Memoria y Conflicto. Disponível em: <http://centrodememoriahistorica.gov.co/observatorio/infografias/>. Acesso em: 6 set. 2018.

Equador

O Equador é o menor país da América Andina e, depois da Bolívia, o mais pobre. Assim como o Chile, não partilha fronteira com o Brasil. É atravessado pela linha imaginária do equador, advindo daí o seu nome, que foi adotado quando o país se separou da Grã-Colômbia (grande Colômbia), em 1830. A Grã-Colômbia era um país sul-americano que existiu de 1819 (quando se libertou do domínio espanhol) até 1831 e incluía os atuais territórios da Colômbia, da Venezuela, do Equador e do Panamá (que até 1903 era parte da Colômbia).

O relevo equatoriano é dominado pelos Andes, que atravessam o centro do país no sentido norte-sul, com altitudes que chegam a 6 310 metros no monte Chimborazo. A leste da cordilheira dos Andes, cerca de um quarto do território está integrado na bacia Amazônica, e a oeste dessa cordilheira existe a planície costeira, na qual se concentra a maioria da população.

A capital, Quito, localiza-se nos Andes, praticamente no centro do território. Guayaquil, a maior cidade do país, possui um porto marítimo no golfo de Guayaquil, no sudoeste do território. O Equador também possui o arquipélago de Galápagos, situado a cerca de 1 000 quilômetros a oeste do continente. Galápagos foi declarado pela Unesco um patrimônio da humanidade cuja importância ecológica e ambiental é incalculável. É considerada o principal laboratório vivo de biologia do mundo e foi visitando essas ilhas que, no século XIX, o naturalista Charles Darwin elaborou a teoria da evolução.

Vista da parte histórica de Quito, no Equador, em 2018. A cidade de Quito consta na lista do Patrimônio da Humanidade da Unesco.

A economia equatoriana é frágil. O petróleo – que existe em uma quantidade limitada – constitui o principal produto de exportação, representando cerca de 40% do total. Outros produtos exportados pelo país são: café, flores, bananas, camarão, peixes enlatados, madeiras e cacau. Seu principal parceiro comercial continua sendo os Estados Unidos, que compram cerca de 37% das exportações equatorianas.

Em 2001, o Equador substituiu sua instável moeda nacional, o sucre, pelo dólar estadunidense, que passou a ser a moeda que vigora no país. De 2001 até 2018, o país cresceu a uma taxa anual média de 4,0%, bem acima da média da América Latina nesse mesmo período (2,7%). Houve nesse período uma sensível diminuição nos índices de pobreza e a distribuição social da renda melhorou, tornando-se um pouco menos concentrada. A situação piorou um pouco entre 2015 e 2016 por causa da queda nos preços dos produtos exportados, especialmente petróleo, e devido a um terremoto que ocorreu em abril de 2016, que ocasionou grande destruição na parte noroeste do país; mas em 2017 e 2018, a economia equatoriana voltou a crescer.

Peru

O Peru é um país tipicamente andino composto da estreita planície litorânea a oeste, do altiplano formado pelos Andes no centro e das áreas baixas e florestais (Floresta Amazônica) a leste. Essa diversidade de paisagens, junto com a presença da corrente marítima quente de Humboldt próxima ao seu litoral, produz vários tipos de climas. A região costeira tem temperaturas moderadas e baixas precipitações; na região altiplana, a pluviosidade é elevada e as temperaturas diminuem com a altitude; e na parte leste existe um clima equatorial quente e úmido. As baixas precipitações na região costeira estão ligadas à presença da corrente marítima de Humboldt, uma corrente fria que provoca grande piscosidade (abundância de peixes) e, ao mesmo tempo, dificulta a formação de nuvens úmidas e precipitações. Essa corrente é acompanhada por ventos frios, que impedem nuvens carregadas de umidade de seguirem do mar para o continente. Mas quando há o fenômeno El Niño, um aquecimento das águas superficiais do oceano Pacífico que ocorre de forma irregular a cada 2 ou 7 anos, as precipitações aumentam e podem até ocorrer inundações em cidades litorâneas do Peru.

A população do Peru é constituída predominantemente de mestiços e indígenas. Há uma grande concentração da renda, embora ela tenha diminuído neste século, e as grandes cidades, principalmente Lima, a capital, apresentam moradias precárias e um enorme contingente de subempregados. Na região metropolitana de Lima, com cerca de 10 milhões de habitantes, concentra-se quase um terço da população total do país.

A economia peruana tem como base a pesca (sendo uma das maiores indústrias pesqueiras do mundo), a mineração e a agricultura. O turismo também é importante para o país, que nos anos 1990 promoveu uma construção ou modernização na sua infraestrutura turística e passou a ser um dos principais destinos turísticos da América Latina. O país tem um rico patrimônio histórico constituído pelas ruínas incas, pelas cidades coloniais e também pelas belas paisagens andinas. Atrações como as cidades de Lima e Cusco, as ruínas de Machu Picchu, a região do lago Titicaca, entre outras, atraem todos os anos milhões de turistas: de 2001 a 2018, o Peru recebeu entre 3 a 4 milhões de turistas estrangeiros por ano.

Os principais produtos de exportação são: metais preciosos, peixes, cobre, chumbo, zinco, estanho, minério de ferro, molibdênio, prata e café. Seus principais parceiros comerciais são a China e os Estados Unidos. O país importa principalmente petróleo e produtos petroquímicos, além de máquinas, veículos, aparelhos de telefonia e trigo. A economia do país ressentiu-se muito nos anos 1990 com os aumentos nos preços do petróleo, mas depois voltou a crescer a partir de 2001, com uma expressiva taxa média anual de 5,2% de 2001 a 2017.

Minha biblioteca

Diário de Pilar em Machu Picchu, de Flavia Lins e Silva. São Paulo: Pequena Zahar, 2014.

Conta as aventuras de Pilar e Breno na cidade sagrada de Machu Picchu, no Peru. Os personagens percorrem trilhas e templos antigos, entram em contato com o idioma quéchua e as tradições incas.

Bolívia

Juntamente com o Paraguai, a Bolívia é um dos dois países sul-americanos que não possuem saída para o mar. Até hoje o governo e a população bolivianos acusam o Chile pela perda, no século XIX, de um pedaço do seu território com acesso ao oceano Pacífico, situado no deserto de Atacama e rico em nitratos de sódio e de cobre. A Bolívia também perdeu áreas territoriais para Paraguai, Peru, Argentina e Brasil. Com o Brasil, foi o Acre, que em 1903 foi cedido em troca de uma indenização e da construção de uma rodovia, a Madeira-Mamoré, para transportar a borracha boliviana até o rio Amazonas e daí até o oceano Atlântico.

Como não tem litoral, a Bolívia não possui a planície litorânea que existe a oeste dos demais países andinos. Seu relevo é dominado pelo altiplano formado pela cordilheira dos Andes. O leste do país é constituído por terras baixas e coberto pela Floresta Amazônica. Na fronteira com o Peru fica o lago Titicaca, o maior da América do Sul em volume de água. No sudoeste do país, no departamento de Potosi, encontra-se o Salar de Uyuni, o maior deserto de sal do mundo. No extremo sul localiza-se o *Chaco* boliviano, pantanoso na estação chuvosa e semidesértico nos meses de seca.

A população boliviana é formada majoritariamente por indígenas e mestiços. A maior parte das cidades fica no altiplano, a elevadas ou médias altitudes. A capital, La Paz, com 750 mil habitantes e situada a 3 660 metros de altitude, não é a maior cidade do país. A maior é Santa Cruz de La Sierra, com cerca de 1,7 milhão de moradores em sua área metropolitana e situada na parte leste do país, com cerca de 420 metros de altitude.

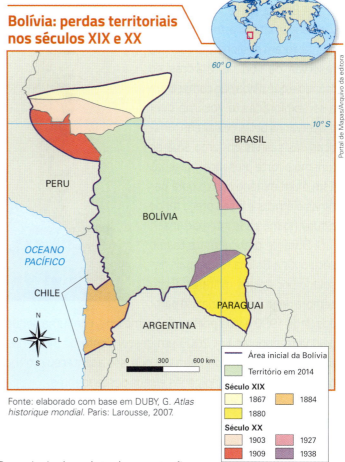

Bolívia: perdas territoriais nos séculos XIX e XX

Fonte: elaborado com base em DUBY, G. *Atlas historique mondial*. Paris: Larousse, 2007.

A economia boliviana apóia-se na mineração. Seu principal produto de exportação atualmente é o gás natural, seguido pela soja, estanho, petróleo cru e minério de zinco. A agropecuária, com uma criação extensiva de carneiros, também é importante. O Brasil é o maior parceiro comercial da Bolívia, adquirindo cerca de 33,5% de suas exportações (2017).

Até os anos 1980, a Bolívia dependia basicamente das exportações de estanho e da ajuda externa. Também conhecia taxas anuais de inflação que chegaram até a 20 mil por cento, o que junto com o grande crescimento demográfico produzia altas taxas de desemprego e de pobreza extrema. Mas a situação mudou bastante a partir da década de 1990: a inflação foi controlada (apenas 2,7% em 2017), a taxa de desemprego diminuiu (4% em 2017), o crescimento demográfico declinou para 1,4% ao ano e a economia se diversificou um pouco: atualmente, a mineração do estanho representa uma fatia pequena do PIB boliviano.

A construção do gasoduto Bolívia-Brasil (1997-1999) foi algo que ajudou a impulsionar a economia boliviana. O gasoduto se estende por 557 quilômetros até a fronteira brasileira e por 2 593 quilômetros no Brasil, passando por São Paulo (SP) e chegando até Porto Alegre (RS).

A economia do país vem tendo um bom desempenho neste século, com taxas médias anuais de crescimento superiores a 4%, embora exista volatilidade devido às oscilações dos preços do gás natural e dos minérios no mercado internacional. A balança comercial, que tinha *superavit* (saldo positivo), passou a ter *deficit* a partir de 2015, o que é grave para uma fraca economia com uma dívida externa de 33 bilhões de dólares em 2017 e apenas 8,2 bilhões de reservas em moedas fortes.

A Bolívia tem enormes reservas de gás natural e, mais recentemente, foram descobertas imensas reservas de lítio, as maiores do mundo e que ainda não começaram a ser exploradas (o governo quer preservar as belas paisagens turísticas das salinas em uma área de turismo e forte presença indígena). Este é um minério básico para baterias elétricas e o seu preço tende a subir no mercado internacional.

Durante praticamente todo o século XX a Bolívia foi um país assolado por golpes militares. Eram sempre regimes ditatoriais. A partir dos anos 1980 a vida política se normalizou, com uma sequência de governos eleitos pelo voto popular. Em 2005 um descendente de indígenas, Evo Morales, foi eleito presidente do país, a primeira vez que isso aconteceu em toda a história dessa nação na qual predominam indígenas e seus descendentes.

Gasoduto Brasil-Bolívia em La Paz, na Bolívia, em 2015.

Nos últimos anos, grupos econômicos de Santa Cruz de la Sierra, enriquecidos com a exportação de gás e também com a agricultura mais moderna do país (em parte impulsionada pela ida de milhares de agricultores brasileiros para essa região vizinha em função da expansão do cultivo da soja), buscam autonomia perante o Estado boliviano.

Do ponto de vista geopolítico, e mesmo econômico, um dos grandes problemas da Bolívia é a ausência de uma saída para o mar, pois seu comércio externo é dificultado pela falta de acesso direto ao transporte marítimo, o meio de transporte mais eficaz e barato para as trocas de mercadorias.

Até hoje a Bolívia reivindica do Chile uma saída para o Pacífico, e os dois países não têm boas relações diplomáticas (não existe uma embaixada do Chile na Bolívia e vice-versa). Desde a fundação da ONU, a Bolívia solicita a ela o direito a uma saída livre e soberana para o oceano Pacífico. O país também fez a mesma solicitação à Organização dos Estados Americanos (OEA). Em 1953, o Chile concedeu à Bolívia um porto livre em Arica, garantindo a ela direitos alfandegários especiais e instalações de armazenamento, mas não soberania sobre essa área. Em 2016, a Corte Internacional de Justiça, órgão da ONU situado em Haia (Países Baixos), reconheceu a reivindicação da Bolívia de acesso ao oceano.

Texto e ação

1. Comente a importância da atividade mineradora na economia chilena.
2. Na sua opinião, quais são os motivos para o bom desempenho econômico do Chile desde o final do século passado?
3. Explique a relação entre a corrente de Humboldt e a forte indústria pesqueira do Peru.

3 O Mercosul

Procurando acompanhar a tendência mundial dos anos 1990 de criar mercados supranacionais, em que as fronteiras alfandegárias (proibições, restrições e impostos de entrada ou saída de bens e serviços de um país para outro) são reduzidas ou eliminadas, Brasil, Argentina, Uruguai e Paraguai criaram, em 1991, o Mercado Comum do Sul, o Mercosul.

Esses quatro países são os membros plenos e fundadores da organização. Chile, Bolívia, Equador, Peru e Colômbia, além de Venezuela, ingressaram depois, a partir de 1996, como membros associados. O México ingressou em 2004, mas apenas como Estado observador. Em 2012, a Venezuela foi admitida como país-membro, o que gerou muita discussão, porque o país vem sendo governado por líderes populistas autoritários e uma das condições para fazer parte do bloco é a existência de regimes democráticos. Assim, a Venezuela foi suspensa do bloco em 2016 em razão de sua profunda crise política com prisões de políticos de oposição e de jornalistas, além do não respeito aos direitos humanos da população. A Nova Zelândia também participa do Mercosul como Estado observador.

Como se deduz da tabela, o Mercosul – considerando apenas seus membros fundadores e plenos, que são os mais integrados economicamente – possuía um PIB total de pouco mais de 2,7 trilhões de dólares em 2017, o que, segundo alguns estudiosos, o colocaria como o quinto mercado internacional do globo, atrás somente da União Europeia (UE), Estados Unidos, México e Canadá (USMCA), Japão e China.

A população desses quatro países somados atinge cerca de 263 milhões de habitantes, o que, teoricamente, seria um excelente mercado de consumo. No entanto, o poder de compra da maioria dessa população, quando comparado ao daqueles outros quatro mercados citados acima (exceto a China), é extremamente baixo, sobretudo no Paraguai e em algumas regiões do Brasil.

O Brasil é o verdadeiro gigante do Mercosul, e a nossa economia representa cerca de 74% do PIB total desse mercado regional, considerando apenas os quatro países-membros plenos e fundadores. Em população, o Brasil também é o gigante desse bloco, com mais de 79% do efetivo demográfico. Em segundo lugar, vem a Argentina, cuja economia representa cerca de 23% do total do bloco, e a população, pouco mais de 16% do total. Isso significa que o Brasil é o grande mercado consumidor do Mercosul, não só pela imensa população, como também pela maior economia. E significa também que o Mercosul no fundo, tal como afirmam vários especialistas, é uma associação instável entre Brasil e Argentina.

Quadro-síntese dos países fundadores e membros plenos do Mercosul (2017)

País	Área (km²)	População	PIB (em bilhões de dólares)	Renda per capita (em dólares PPC)
Brasil	8 515 800	209 288 280*	2 055,5	15 483
Argentina	2 780 400	44 271 040	637,5	20 786
Uruguai	176 215	3 456 750	56,1	22 562
Paraguai	406 750	6 811 300	29,7	9 690

Fonte: elaborado com base em BANCO Mundial. Disponível em: <https://data.worldbank.org/indicator/NY.GDP.MKTP.CD?locations=AR&view=chart>; <https://data.worldbank.org/indicator/NY.GDP.PCAP.PP.CD?view=chart>; e <https://data.worldbank.org/indicator/SP.POP.TOTL?view=chart>. Acesso em: 3 set. 2018.

*Essa foi a estimativa do Banco Mundial para a população brasileira em 2017, mas a estimativa do IBGE era de 207,7 milhões de habitantes.

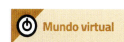

Mundo virtual

MERCOSUL
Disponível em: <www.mercosul.gov.br>. Acesso em: 9 set. 2018.

Site do governo brasileiro sobre o Mercosul, que explica de forma didática o que é essa associação e apresenta dados sobre organograma do bloco, as negociações, etc.

Expansão do Mercosul

O advento do Mercosul ampliou bastante as relações comerciais e financeiras do Brasil com seus vizinhos do sul e sudoeste, sendo a Argentina, a partir dos anos 1990, um dos mais importantes parceiros. Além disso, um crescente número de empresas do Brasil abriu filiais na Argentina (e vice-versa), e muitas indústrias estrangeiras se instalaram em um desses países (ou às vezes no Uruguai) a fim de produzir para todo o mercado consumidor do Mercosul.

No setor do turismo, também houve uma sensível mudança, pois, até os anos 1980, os principais turistas estrangeiros no Brasil eram estadunidenses e europeus; hoje, predominam os argentinos. E o inverso também é verdadeiro, pois, desde os anos 1990, há mais turistas brasileiros indo para os países do Mercosul, especialmente para a Argentina, do que para a Europa ocidental e para os Estados Unidos, os dois principais destinos até os anos 1980.

O Brasil, que tem a maior e mais industrializada economia do Mercosul, é o principal mercado para as exportações do Paraguai, do Uruguai e até da Argentina, e é o segundo maior exportador para esses três países, perdendo apenas para a China.

Só para mencionar alguns dados estatísticos, podemos lembrar que, em 1985, o total das exportações e importações entre os quatro países fundadores do Mercosul era inferior a 3 bilhões de dólares, e ultrapassou os 59 bilhões de dólares em 2013. Mas ultimamente esse crescimento tem sido mais lento, por causa da crise econômica na Argentina e no Brasil, e da proliferação de produtos chineses baratos.

A Argentina é um dos cinco mais importantes parceiros comerciais do Brasil. O inverso é ainda mais significativo, pois o Brasil é o principal mercado exportador e o segundo importador da Argentina.

As exportações brasileiras para esses três países platinos em 2010 chegaram a 22,6 bilhões de dólares (11,2% do total) e em 2017 esse total atingiu a cifra dos 18,4 bilhões (10,3% do total). Como se vê, houve um declínio no valor total e também na porcentagem em relação a esse valor total, resultado da crise econômica no Brasil e Argentina e também, segundo vários especialistas, de um relativo esgotamento do Mercosul, que para continuar avançando necessita de reformas no sentido de maior integração entre os países-membros.

Os principais produtos que o Brasil exporta para os demais países do Mercosul são: automóveis, motores e peças, tratores, bebidas (refrigerantes e cervejas), cigarros, café, calçados, açúcar, aparelhos de telefonia, óleos, etc. (87% são produtos industrializados). O Brasil importa desses países, entre outros produtos, automóveis e peças automotivas, trigo, petróleo, artigos de couro, bebidas (vinhos e sucos), carne, leite em pó e milho.

Carros brasileiros no porto do Rio de Janeiro (RJ) aguardam para serem exportados para a Argentina. Foto de 2014.

Perspectivas do Mercosul

As perspectivas do Mercosul para o futuro dependem da adesão plena dos países andinos. Além disso, é necessário avançar as relações comerciais entre os países-membros, ainda que agora estejam mais lentas em função de crises no Brasil e na Argentina e do avanço da China na América do Sul. Por fim, a liberalização no setor de serviços, abertura nas concorrências públicas, novas legislações comuns e até a utilização de uma moeda única devem figurar como possibilidade para consolidar o bloco.

A expansão das relações de troca entre os Estados do Mercosul depende muito do desempenho de suas economias nacionais. Quando ocorre uma crise econômica ou monetária, essas relações comerciais ficam estagnadas ou até decrescem um pouco, como ocorreu com a grande desvalorização sofrida pela moeda brasileira, o real, em janeiro de 1999, com a crise da Argentina de 2001 e, ultimamente, com a crise do Brasil em 2014-2017 e da Argentina a partir de 2012.

Existem ainda problemas conjunturais que, aos poucos, vão sendo debelados. Um desses problemas diz respeito aos acordos automotivos entre o Brasil e a Argentina, nos quais se rediscutiram várias vezes questões como cotas de exportação de automóveis e peças automotivas de um país para o outro. Outro problema conjuntural são os acordos no setor de calçados e de bebidas, depois que a Argentina se sentiu prejudicada pela maior competitividade da indústria brasileira.

A liberalização dos serviços significa basicamente que os profissionais de qualquer dos países-membros poderão trabalhar sem restrições nas demais nações. Isso quer dizer que os diplomas universitários desses países serão plenamente reconhecidos em qualquer parte do Mercosul.

Outro avanço é a discussão sobre novas legislações comuns para os países do bloco. Deverão ser discutidas e assinadas em várias áreas desde normas para certos setores (proteção ao consumidor, controle do *deficit* público, currículos mínimos para determinados cursos, etc.) até a criação de um passaporte comum para os cidadãos. Esse passaporte com o nome Mercosul já foi criado recentemente, mas cada país continua tendo o seu. Tudo isso poderá, um dia, levar à criação de uma moeda comum e de um banco central unificado para o Mercosul.

A construção de acordos comerciais com outras organizações internacionais regionais também é fundamental. Estima-se que, até 2020, é possível que, finalmente, o Mercosul e a União Europeia estabeleçam um acordo comercial.

De qualquer maneira, o grande desafio do Mercosul é a produtividade dos seus trabalhadores, o que é crucial para a competitividade de seus produtos no mercado internacional. O desenvolvimento de recursos humanos e os esforços em pesquisa e desenvolvimento são partes essenciais nesse processo.

Um dos obstáculos que o Mercosul enfrenta é a precariedade de sua infraestrutura de transporte, energia e tecnologia de informação e comunicações. A má qualidade da infraestrutura de transporte é um dos principais entraves para o comércio externo entre os membros do Mercosul e também entre os países sul-americanos. Existem vários projetos de construção de rodovias, ferrovias e hidrovias na América do Sul, mas que ainda não foram executados sequer parcialmente. Entre os projetos tidos como prioritários estão a rodovia entre Porto Velho (RR) e o litoral do Peru e a ferrovia do porto de Paranaguá (PR) até o de Antofagasta, no Chile.

Além de dispendiosos, esses projetos enfrentam problemas ambientais e sociais importantes, pois vão causar desmatamentos e deslocamento de comunidades.

Atualmente, um dos mais importantes corredores de transporte do Mercosul é a hidrovia Paraguai-Paraná, que transporta principalmente soja e minérios, abrangendo os quatro membros plenos do bloco e também, por rodovia, a Bolívia.

A hidrovia vai de Cáceres (MT) até o porto de Nueva Palmira, no Uruguai, com uma extensão de 3 442 quilômetros, e serve o comércio de cinco países: Bolívia, Brasil, Paraguai, Argentina e Uruguai. Ela começa no rio Paraguai e deságua no rio Paraná. Transporta principalmente soja e minérios em comboios de barcaças que, conjuntamente, carregam até 30 mil toneladas. A Bolívia, com essa hidrovia, conseguiu uma saída para o oceano Atlântico para a exportação de minérios, embora o trecho de suas jazidas minerais de Morro Mutún, uma das maiores da América do Sul, até o porto Bush, em Corumbá (MS), seja de rodovia e não hidrovia.

Fonte: elaborado com base em CONSEJO Portuario Argentino Associación. Disponível em: <www.consejoportuario.com.ar/133-HIDROVIA>. Acesso em: 6 set. 2018.

A questão da China

A China começa a ser um problema na integração dos países do Mercosul, pois se transformou, desde 2010, no principal parceiro comercial do Brasil e no segundo maior parceiro comercial da Argentina, do Uruguai e do Paraguai.

O maior problema é que a China representa uma ameaça às exportações de manufaturados do Brasil, principalmente, e da Argentina. Muitos setores industriais brasileiros, como calçados, têxteis e brinquedos, já sofrem com a concorrência dos produtos importados chineses, e já provocou o fechamento de algumas fábricas.

Texto e ação

1. Observe o quadro dos países-membros plenos do Mercosul na página 223. Comente os dados da área, da população, do PIB e da renda *per capita* do Brasil em relação aos outros países-membros do Mercosul.

2. Na sua opinião, aprimorar os recursos humanos e investir com maior amplitude no setor de planejamento e desenvolvimento seria um dos caminhos para que, a médio e longo prazo, o Mercosul viesse a ter outra posição no contexto econômico mundial? Justifique sua resposta.

CONEXÕES COM CIÊNCIAS E HISTÓRIA

1. A comida é um importante vínculo com a identidade de um povo, de uma cultura, pois o valor ancestral da comida está no encontro da pessoa com sua história. Para conhecer a culinária andina, consulte revistas e *sites* da internet e descubra:

  a) o ingrediente que representa uma contribuição andina fundamental para a culinária mundial desde a chegada dos europeus à América;

  b) as variedades de milho cultivadas nos terraços dos Andes e as maneiras de consumi-lo;

  c) o grão que a ONU aponta como um alimento completo para o ser humano;

2. Elabore um texto com as respostas da atividade 1.

3. Você e sua família já consumiram ou consomem produtos ou alimentos andinos? Em caso afirmativo, quais? Compartilhe com os colegas.

4. O conjunto de ilhas Galápagos é uma das maiores riquezas da América do Sul do ponto de vista natural, com 13 ilhas principais e mais de 100 ilhotas fazendo parte do território do Equador. A visita às ilhas Galápagos, em 1835, foi crucial para que o naturalista Charles Darwin desenvolvesse sua teoria da evolução e da seleção natural. Em 1959, o conjunto foi transformado em um parque nacional, garantindo maior proteção a suas riquezas naturais. Observe a imagem abaixo de um de seus conjuntos de ilhas.

Leões-marinhos na ilha Floreana, em Galápagos, em 2016.

  a) Pesquise imagens e textos sobre espécies de animais e plantas que podem ser encontradas na região. Faça uma lista dos animais e plantas que mais chamaram sua atenção e, por fim, compartilhe o resultado de sua pesquisa com os colegas.

  b) Na sua opinião, por que devemos preservar esse tipo de domínio natural?

ATIVIDADES

+ Ação

1. Depois dos Estados Unidos, o Paraguai é o país que mais recebeu imigrantes brasileiros. Há cerca de 350 mil brasileiros vivendo no país vizinho. Leia o texto abaixo e responda às questões.

Os brasiguaios

[...] o ponto culminante da inserção de brasileiros em terras vizinhas deu-se a partir da alteração do Estatuto Agrário, feito também realizado na gestão Stroessner [general e ditador paraguaio de 1954 a 1989], que passou a permitir a venda de terras a estrangeiros nas zonas de fronteira. Merece o destaque que não apenas autorizou-se a compra, mas foi feita uma campanha de incentivos, na qual utilizou-se como *slogan* "com a venda de um hectare no Brasil é possível comprar mais de cinco no Paraguai". [...]

A convocação passa a ser direcionada para os pequenos colonos do sul do Brasil, especialmente os descendentes de alemães e italianos. [...]

Atualmente, os brasiguaios têm procedência predominante dos estados do Sul (Rio Grande do Sul, Santa Catarina e Paraná), mas ainda há, por óbvio, remanescentes dos primeiros movimentos de migração, como mineiros e nordestinos, que foram e continuam sendo a base da mão de obra rural, enquanto que os sulistas, que participaram mais efetivamente do movimento seguinte, com a abertura do mercado, se tornaram colonos, médios e pequenos proprietários de terras. [...]

As frentes de expansão capitalista em território paraguaio, compostas principalmente por agricultores brasileiros, entram em choque com setores marginalizados da sociedade paraguaia, especialmente os camponeses e os indígenas. Os conflitos são consequência da forma como os brasileiros, particularmente os grandes e médios produtores de soja, estão explorando a terra, modificando o meio ambiente e desestruturando as culturas camponesas e indígenas. O movimento desta fronteira agrícola produz muitas contradições, desigualdades sociais e tensões políticas e culturais.

RICARTE, Olívia. Brasiguaios: a amizade muito além das extremidades da ponte entre as fronteiras. *Estado de Direito*. Disponível em: <http://estadodedireito.com.br/19818-2/>. Acesso em: 2 set. 2018.

a) Quais foram os motivos que levaram tantos brasileiros a migrar para o Paraguai?

b) A presença de brasileiros no Paraguai, em áreas fronteiriças, apresentou aspectos positivos e negativos. Relacione esses aspectos e no final avalie se predominam aspectos positivos ou negativos.

c) O texto menciona a degradação do ambiente promovida pelo agronegócio no Paraguai. Na sua opinião, tendo em vista as atividades mais importantes desse setor (cultivo da soja e pecuária), quais são os impactos ambientais negativos mais significativos?

2. Imagine como é viver num país com inflação anual de 46 000%, como a que ocorreu na Venezuela em 2018. Numa manhã você resolve comprar, por exemplo, um litro de leite ou um quilo de carne. Acaba desistindo, porque o dinheiro que separou para isso não é suficiente. À tarde, nesse mesmo dia, os preços já subiram. Na manhã do dia seguinte, são maiores ainda, e assim sucessivamente. Discuta com os colegas como seria essa experiência e comente sobre os males de uma superinflação.

3. A partir da segunda metade do século XX, a América do Sul passou por um processo de surgimento de governos autoritários, mais conhecidos como "ditaduras militares".

a) Com relação a isso, qual era o papel dos Tupamaros e em qual país atuavam?

b) Quais reflexos a ditadura militar trouxe para o Uruguai, que até então tinha *status* de país desenvolvido?

c) Cite outro país que passou por algo semelhante na América Latina cujo desenvolvimento tenha sido afetado.

Autoavaliação

1. Quais foram as atividades mais fáceis para você? Por quê?
2. Algum ponto deste capítulo não ficou claro? Qual?
3. Você participou das atividades em dupla e em grupo e expressou suas opiniões?
4. Como você avalia sua compreensão dos assuntos tratados neste capítulo?
   - **Excelente**: não tive dificuldade.
   - **Bom**: consegui resolver as dificuldades de forma rápida.
   - **Regular**: tive dificuldade para entender os conceitos e realizar as atividades propostas.

> **Lendo a imagem**

1▸ Observe a imagem e, a seguir, responda às questões.

Imagem de satélite capturada em 2018, mostrando as fronteiras de Brasil, Uruguai e Argentina.

a) Na sua opinião, a delimitação de fronteiras entre países é algo importante? Por quê?

b) Consulte um mapa e observe as fronteiras entre Brasil, Uruguai e Argentina. Compare com a imagem de satélite. As fronteiras foram delimitadas aleatoriamente ou há elementos da paisagem que influem na sua localização?

2▸ Segundo o Ministério das Relações Exteriores do Brasil, a extensão total da fronteira do Brasil com o Paraguai é de 1 365,4 km e, para demarcá-la, foram implantados 901 marcos definidores entre os dois países. Observe o mapa ao lado e considere as frequentes informações, nos meios de comunicação, sobre a apreensão de drogas, armamentos, etc. ao longo da fronteira oeste do Brasil. Em busca de uma ação mais efetiva contra os contrabandistas, a Polícia Federal começou a usar veículos aéreos não tripulados (VANTs, em português, porém mais conhecidos como *drones*). Em 2013, pela primeira vez, a Força Aérea Brasileira (FAB) e a Polícia Federal atuaram juntas apreendendo drogas na fronteira com o Paraguai.

- O que o mapa revela sobre a região fronteiriça Brasil-Paraguai? De que forma ela pode se relacionar com o combate aos contrabandistas?

Fonte: elaborado com base em IBGE. *Atlas geográfico escolar*. 7. ed. Rio de Janeiro, 2016. p. 178; THE WORLD Factbook. Disponível em: <www.cia.gov/library/publications/the-world-factbook/geos/pa.html>. Acesso em: 30 out. 2018.

PROJETO
Língua Portuguesa e História

Uma viagem pela América Latina

Nesta unidade, você conheceu aspectos da América Latina, região onde se encontra o Brasil, e que apresenta grande diversidade cultural e natural. Suas paisagens foram formadas a partir de relações singulares entre o meio e os vários tipos de sociedade que habitaram e habitam a região.

Do México até o sul do Chile, encontram-se imponentes formas de relevo, como a cadeia montanhosa dos Andes, que perpassa os territórios do Peru, Chile, Argentina, Equador, Bolívia e Venezuela; o Cerro das Sete Cores, na Argentina, a Floresta Amazônica, a maior floresta equatorial do mundo, com o imenso rio Amazonas e todos os povos que habitam ali. Na América Latina, encontram-se também as incríveis praias do Caribe e suas ilhas pouco conhecidas.

Vista do Cerro das Sete Cores, na Argentina, em 2016.

Vista de Machu Picchu, no Peru, em 2017.

Trecho de Floresta Amazônica, no Brasil, em 2017.

Vista da praia de Galley Bay, em Antígua, ilha no mar do Caribe, em 2018.

Na América Latina, pode-se testemunhar também a herança das antiquíssimas civilizações asteca, maia e inca, com suas construções que perduram até os dias atuais, como a cidade inca de Machu Picchu, no Peru.

A diversidade climática da América Latina abrange desde o clima mais quente da Terra, o clima Equatorial, até um dos mais gelados, o clima Subpolar. Seja nos aspectos da geomorfologia, da biogeografia e da climatologia, seja nos aspectos da economia, da cultura e da sociedade, a América Latina é diversa e múltipla.

É também na América Latina que estão duas das maiores cidades do mundo: São Paulo e Cidade do México.

A proposta deste projeto é fazer um sobrevoo pela América Latina e conhecer mais sobre ela por meio de um tipo de linguagem diferente: um guia de viagem.

Para começar, junte-se a dois ou três colegas: esse será o seu grupo no projeto.

Etapa 1 – O que fazer

Você e seu grupo elaborarão um guia de viagem que deve apresentar as principais informações que os turistas costumam consultar em guias de viagem: atrações turísticas, mapas e fotografias dos lugares, descrição sobre a história, a cultura, aspectos sociais e físicos dos lugares escolhidos.

Etapa 2 – Como fazer

Primeiro, troque ideias com os integrantes do seu grupo para escolher o lugar sobre o qual vão elaborar o guia de viagem. Tentem responder a essas questões:
- Que lugares perto do município em que vivem vocês já conhecem e acham que vale a pena a visita?
- Que lugares da América Latina vocês gostariam de conhecer? Por quê?

Anotem as respostas e pensem por que gostam tanto desse lugar ou por quais motivos gostariam de conhecê-lo: essa é uma forma de ajudá-los a escolher o lugar sobre o qual vão elaborar um guia.

Após a escolha, consultem guias de viagem em livrarias, bancas de jornal e também na internet. Percebam que o intuito do guia é informar e convencer o leitor a visitar o lugar. Para isso, são utilizadas imagens bonitas, mapas da região e o texto é repleto de adjetivos.

O guia pode ter textos sobre as atrações turísticas, o clima e as características do lugar. Mapas de pontos importantes da região e fotografias ou ilustrações que as representem devem atrair a atenção do leitor.

Importante: caso vocês queiram usar fotos que não sejam tiradas pelos integrantes do grupo, sempre informem o crédito da foto (nome do fotógrafo) e de onde ela foi retirada (nome do *site*, revista ou jornal).

Etapa 3 – Produto final

O produto final, ou seja, o guia de viagem, pode ser entregue impresso ou pode ser manufaturado. Combinem com o professor o formato que o grupo escolheu.

Etapa 4 – Apresentação

Em data combinada com o professor, apresentem o guia aos colegas. Contem o que motivou o grupo a escolher o lugar, quais são as principais atrações e por que acham que os turistas vão gostar de conhecê-lo.

Ao final, socializem os guias para que a turma toda conheça mais sobre a América Latina.

Vista da Cidade do Cabo, na África do Sul, em 2018.

UNIDADE 4

A África atual

Nesta unidade, você vai estudar a África, os aspectos físicos e socioeconômicos desse espaço e a sua relação com as demais regiões do planeta. Também vai compreender que algumas imagens atribuídas à África não representam a totalidade do continente.

Observe a foto e responda às questões:

1. Que elementos naturais você observa na imagem?

2. Que elementos humanos ou culturais estão presentes nessa paisagem?

3. Em sua opinião, a foto retrata um lugar onde existe muita pobreza? Por quê?

CAPÍTULO 11
África: aspectos gerais

Cairo, capital do Egito, é a segunda maior metrópole da África (a maior é Lagos, na Nigéria), com cerca de 20 milhões de habitantes em sua região metropolitana, segundo estimativas para 2018. A cidade fica próximo ao delta do rio Nilo e cerca de 95% da população egípcia vive ao redor do vale desse rio. Na foto, vista da cidade do Cairo em 2017.

Neste capítulo, você vai estudar os aspectos gerais da África, continente caracterizado por grande diversidade cultural, étnica e paisagística. Nesse continente, observa-se o predomínio do clima tropical e há grandes disparidades econômicas e sociais, em que típicas condições de subdesenvolvimento contrastam com metrópoles com bairros luxuosos e modernos edifícios, ligados a setores industriais ou de serviços. Você vai observar como a influência histórica e atual de países de outros continentes interfere diretamente na organização do espaço africano.

▶ Para começar

Observe a imagem e responda às questões:

1. Em que parte do continente africano fica o Egito? Por que a maior parte da sua população vive ao redor do vale do rio Nilo?

2. Essa paisagem se assemelha a alguma metrópole que você conhece? Qual? Em que aspectos?

1 O continente

De clima tropical em sua maior porção, com pouco mais de 30 milhões de quilômetros quadrados, a África é um imenso continente, o terceiro em extensão. Segundo projeções, em 2018, cerca de 1,29 bilhão de pessoas viviam nesse continente, ou seja, 16,6% da população mundial. Atualmente, há 55 nações independentes na África, embora uma delas, o Saara Ocidental, seja um Estado nacional apenas *de jure*, isto é, pela lei ou pelo direito internacional, mas ainda não de fato.

Antiga colônia espanhola, o Saara Ocidental viu-se abandonado pela metrópole em 1975. O vizinho Marrocos aproveitou-se desse cenário e se apossou do Saara Ocidental; nesse contexto surgiu o movimento pela independência total desse território e os conflitos se iniciaram. Desde então há uma longa disputa territorial entre o Marrocos e os povos nativos saarauís, liderados pela Frente Polisário, que desde 1976 proclamou a independência do país com o nome de República Democrática Árabe do Saara. Esse conflito terminou com uma trégua intermediada pela ONU, em 1991, com a promessa de um referendo em que a população votaria sobre a independência. Contudo, esse referendo ainda não ocorreu. Uma faixa de proteção, com minas terrestres e fortificações, se estende por toda a extensão do território disputado e separa a porção ocidental, administrada pelo Marrocos, da área leste, independente. Existem reservas de fosfato e ricas áreas de pesca no litoral do país, e também são estimadas reservas de petróleo nas proximidades com a costa do Saara Ocidental.

Além do Saara Ocidental, há mais três países que se tornaram independentes a partir dos anos 1990: a Namíbia, sob o domínio da África do Sul até 1990, a Eritreia, que pertencia à Etiópia até 1993, e o Sudão do Sul, que se separou do Sudão em 2011.

Próximo ao litoral africano, há um grande número de ilhas que estão sob o controle de países de outros continentes: Açores e Madeira, por exemplo, pertencem a Portugal; Canárias, à Espanha; Ascensão e Santa Helena, ao Reino Unido. Veja o mapa ao lado.

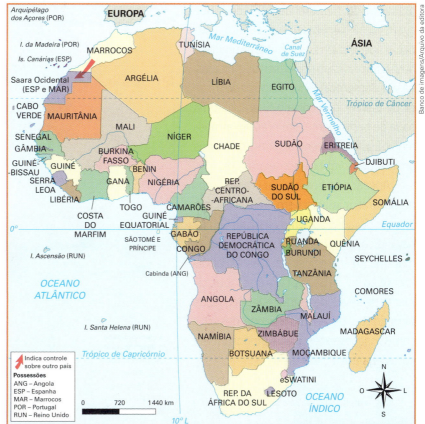

África: político (2016)

Fonte: elaborado com base em IBGE. *Atlas geográfico escolar*. 7. ed. Rio de Janeiro, 2016. p. 45.

2 Aspectos fisiográficos

A África é o mais tropical dos continentes. Cortadas ao meio pela linha do equador, ao norte pelo trópico de Câncer e ao sul pelo trópico de Capricórnio, as terras africanas são geralmente quentes, característica típica de regiões tropicais. Os índices de chuva, contudo, não são elevados: são maiores nas proximidades da linha do equador, onde se localizam a bacia do rio Congo e a Floresta do Congo, e diminuem tanto para o norte quanto para o sul.

Há dois grandes desertos nesse continente: o Saara e o Kalahari. O Saara, com 9 milhões de quilômetros quadrados de extensão, é considerado o maior deserto do mundo, ocupando terras de vários países. Já na parte sul do continente encontra-se o deserto do Kalahari, cuja área é de 600 mil quilômetros quadrados. Observam-se, ainda, alguns desertos menores no continente. Veja o mapa ao lado.

A origem dos desertos é explicada pela presença de montanhas no litoral, que agem como barreiras que dificultam a penetração de nuvens carregadas de umidade no interior. No caso dos desertos africanos, há um elemento a mais: ao longo do trópico de Câncer, que corta o Saara, há uma zona de permanente alta pressão atmosférica. Esse fenômeno dispersa os ventos úmidos do litoral, em vez de atraí-los.

Apesar de o deserto ser um fenômeno natural, sua área vem crescendo nas últimas décadas por causa da ação humana. É o caso, por exemplo, do forte desmatamento em regiões vizinhas, especialmente ao sul do Saara, com o estabelecimento de atividades agrárias inadequadas para conter essa expansão do deserto, como criações extensivas e monoculturas voltadas para a exportação.

África: físico

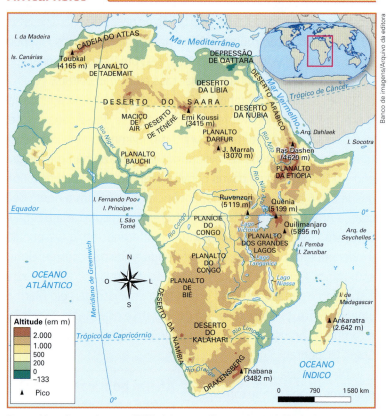

Fonte: elaborado com base em IBGE. *Atlas geográfico escolar*. 7. ed. Rio de Janeiro, 2016. p. 44.

África: áreas vulneráveis à desertificação

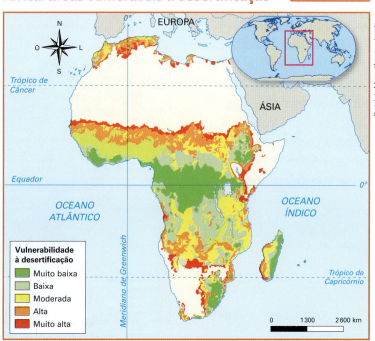

Fonte: elaborado com base em USDA. Global desertification vulnerability map. Disponível em: <www.nrcs.usda.gov/wps/portal/nrcs/detail/soils/use/maps/?cid=nrcs142p2_054003>. Acesso em: 16 ago. 2018.

Relevo

A maior parte do relevo africano é de planaltos de médias ou elevadas altitudes, sem variações significativas de modelagem. Por serem formações muito antigas, os planaltos sofreram a ação erosiva de diversos elementos. Em algumas porções do continente – trechos do norte e vastas áreas ao sul –, porém, é visível a influência de processos tectônicos recentes, ligados, principalmente, a atividades vulcânicas, o que contribui para a formação de altas montanhas.

Costuma-se dividir o relevo africano em três grandes planaltos:

- **planalto setentrional**: localiza-se ao norte do continente. Nele situa-se o imenso deserto do Saara. Na porção oeste desse planalto surge a planície costeira setentrional, região de terras agricultáveis que inclui a cadeia do Atlas, formação que se estende desde o litoral do Marrocos até a Tunísia, passando pela Argélia;
- **planalto centro-meridional**: prolonga-se do centro ao sul do continente, com altitudes médias mais altas que o planalto setentrional. Começa na planície do Congo e vai até o extremo sul da África, incluindo o deserto do Kalahari, que, na realidade, é uma grande depressão dentro desse planalto;
- **planalto oriental**: localizado na parte centro-leste do continente, é de origem vulcânica e possui altitudes elevadas juntamente com depressões ou fossas tectônicas que deram origem a extensos lagos, como o Tanganica, o Vitória e o Niassa (também denominado lago Malawi). Nessa região dos lagos, especialmente no lago Vitória, nasce o importante rio Nilo, o único a atravessar o deserto do Saara e a mais importante fonte de água para Uganda, Sudão e Egito.

Clima, flora e fauna

Os principais tipos de clima da África são:

- **Equatorial**: ocorre no centro do continente, onde fica a bacia do rio Congo; é quente e chuvoso durante praticamente todo o ano;
- **Desértico**: ao norte (Saara) e a sudoeste (Kalahari), com poucas precipitações;
- **Mediterrâneo**: espécie de clima subtropical, ao norte (no litoral do mar Mediterrâneo) e também no extremo sul, ao redor da Cidade do Cabo (África do Sul), que apresenta temperaturas moderadas (médias térmicas mensais entre 10 °C e 20 °C) e chuvas concentradas no inverno;
- **Subtropical**: ao sudoeste do continente, na parte leste da África do Sul, e no extremo sul de Moçambique. É um clima com temperaturas médias mensais de 19 °C a 21 °C e chuvas durante todo o ano, embora menos intensas no inverno;

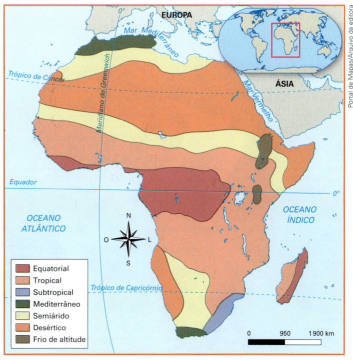

África: principais climas

Fonte: elaborado com base em CALDINI, Vera Lúcia de Moraes; ÍSOLA, Leda. *Atlas Geográfico Saraiva.* 4. ed. São Paulo: Saraiva, 2013. p. 170.

- **Semiárido**: localizado ao redor dos desertos, é um clima com elevadas temperaturas médias e baixas precipitações, embora um pouco maiores que nos desertos;
- **Frio de altitude**: localizado nas áreas de maior altitude (como o planalto da Etiópia, a nordeste do continente), é um clima com temperaturas mais baixas (ao redor de 15 °C de médias mensais) e fortes precipitações no inverno.
- **Tropical**: predominante no continente, esse clima apresenta elevada temperatura na maior parte do ano.

A faixa de terra de clima semiárido ao sul do deserto do Saara, onde predominam as estepes ou vegetação pobre, é comumente chamada de *Sahel*, palavra árabe que significa "fronteira". O deserto vem se expandindo em direção ao Sahel; com ajuda internacional, os países atingidos – desde o sul da Mauritânia até a Eritreia – têm plantado árvores nos limites com o deserto, uma espécie de cinturão verde, como forma de tentar conter o avanço dele. Essa região sofreu, nas duas primeiras décadas do século XXI, vários períodos prolongados de secas que contribuíram para prejudicar a agricultura e instalar uma situação de fome nos países atingidos.

A vegetação natural da África apresenta diversos tipos de flora, adaptados às variações climáticas, como a **Floresta do Congo** (mata equatorial rica em biodiversidade); as raras **plantas desérticas**; a **vegetação do clima semiárido**, também conhecida como **Estepe**, com árvores esparsas e vegetação rasteira e xerófita; as **Savanas**, nas áreas de clima tropical; a **vegetação mediterrânea**, que é uma mata mista de coníferas (carvalhos e pinheiros) e pequenos arbustos espalhados por toda parte; e a **vegetação das altitudes mais elevadas**, dominadas por gramíneas e arbustos.

As **Savanas**, vegetação de clima tropical semiúmido, são consideradas semelhantes ao Cerrado do Brasil. Caracterizam-se por apresentar uma mistura de plantas herbáceas e arbóreas e ocupam cerca de um terço do continente. Uma rica fauna vive nas Savanas, embora tenha sido em grande parte dizimada nos últimos cem anos.

Rio Congo, na parte central da República Democrática do Congo, em 2016. Rio de planície, com vários meandros, que corta a Floresta Equatorial, na parte centro-oeste do continente.

3 A África antes da colonização europeia

A África é considerada o berço da humanidade. Segundo pesquisadores, foi nesse continente que surgiu o *Homo sapiens* e onde ele viveu mais tempo antes de se espalhar pela superfície terrestre. Por isso, várias civilizações se desenvolveram no continente, a exemplo da civilização egípcia, às margens do rio Nilo, que se destacou pelo poder que exerceu na Antiguidade. Outra potência da Antiguidade foi a cidade-estado de Cartago, na atual Tunísia, que dominava o comércio pelo mar Mediterrâneo e, após guerras com o Império Romano, acabou sendo queimada e saqueada.

Outras importantes civilizações foram o Império Axum, na Abissínia (atual Etiópia), que tinha grande força naval e dominou a costa do mar Vermelho até o século VII; o Império de Benin, na atual Nigéria, que por volta de 1400 era um poderoso reino; o Império de Gana, na costa do oceano Atlântico, que desde a Antiguidade praticava o comércio marítimo com os reinos europeus e norte-africanos e durou até por volta de 1240; o Império do Mali, uma grande civilização africana que prosperou entre os séculos XIII e XVI; além de outras importantes civilizações que floresceram na África antes da chegada dos europeus colonizadores.

Os africanos já desenvolviam técnicas em vários setores da atividade econômica, como a mineração (ferro e ouro) e construíam artefatos artísticos de valor inestimável, que influenciavam artistas de outras regiões do mundo. Do século IX até o século XIII, o Império de Gana, localizado na África ocidental, se destacou no comércio do sal, do cobre e do ouro. Os impérios, reinos e grandes cidades da África comercializavam entre si e, desde fins do século VII, com os povos muçulmanos.

Alguns conhecimentos técnicos e tecnológicos importantes foram desenvolvidos no continente africano, outros vieram de intercâmbio com a China, a Índia e com os países árabes. Importantes conquistas na Matemática – como a Geometria – na astronomia e mesmo na Medicina foram realizadas na África. Essa difusão deu-se no continente por conta das rotas de comércio entre os países africanos e as diversas regiões do mundo.

Ruínas do Império Axum, na atual Etiópia. Foto de 2016.

4 Colonização e descolonização

A colonização europeia na África ocorreu no século XIX, bem depois da colonização das Américas. Os europeus já conheciam o norte da África desde a Antiguidade. Basta lembrar, por exemplo, as guerras entre Roma e Cartago, cidade que ficava no norte da África, numa área que hoje pertence à Tunísia. Com a expansão marítimo-comercial europeia, iniciada no século XV, os europeus chegaram à parte oeste do continente (banhada pelo Atlântico) e ao sul, na busca pelo caminho marítimo para as Índias.

Durante séculos os europeus promoveram o tráfico de africanos para suas colônias no continente americano. Mas a colonização de fato da África só ocorreu no século XIX, exatamente quando as colônias nas Américas estavam se tornando independentes. Esse fato é importantíssimo para entendermos a África, pois a colonização deixou marcas que persistem na atualidade. Por exemplo: a grande diversidade étnico-cultural da maioria dos países africanos e os frequentes conflitos resultantes disso; as fronteiras arbitrárias da maior parte dos países desse continente, que muitas vezes dividem uma mesma nação em vários territórios nacionais diferentes; as grandes desigualdades sociais internas e até mesmo, em parte, a fragilidade econômica atual de alguns países do continente podem ser explicadas, junto a outros fatores, pelas grandes modificações então introduzidas pelos colonizadores europeus. De fato, um dos maiores problemas africanos é a herança colonial.

> **Mundo virtual**
>
> **Rádio RTP África**
> Disponível em: <www.rtp.pt/rdpafrica/>.
> Acesso em: 14 set. 2018.
>
> Rádio destinada aos países lusófonos africanos, Angola, Cabo Verde, Guiné Bissau, Moçambique e São Tomé e Príncipe. É possível ouvir a programação e acessar notícias sobre a África.

Colonização

As potências europeias começaram a ocupar e a dividir a África no século XIX. Nesse processo de divisão (ou partilha), houve guerras e conflitos, além de acordos diplomáticos, e muitas vezes terras de uma metrópole foram cedidas ou tomadas por outra. Entre 1884 e 1885, deu-se a **Conferência de Berlim**, na qual doze países europeus decidiram o destino dos povos africanos, traçando de forma arbitrária um novo mapa político do continente. Sem levar em conta os interesses dos povos que viviam nas diversas regiões, as metrópoles europeias dividiram entre si a África, que ficou compartimentada em dezenas de colônias.

África: colonização europeia (até 1880)

Países da Europa que controlavam territórios da África no período anterior à Conferência de Berlim.

Fonte: elaborado com base em L'ATLAS Jeune Afrique. Paris: Jaguar, 1997.

Com a redefinição do mapa político da África, feita pelos europeus, foram criadas divisões incoerentes para as diversas etnias que ocupavam este território. Famílias ficaram divididas por fronteiras que antes não existiam; grupos étnicos rivais ou inimigos foram reunidos em um mesmo território. É por isso que até hoje, quando observamos um mapa político da África, percebemos que as fronteiras entre os países se localizam em coordenadas geográficas (paralelos e meridianos) ou então em rios importantes, mas quase nunca nas reais linhas divisórias entre os diferentes povos com seus idiomas, costumes e tradições.

Os africanos deviam adaptar-se aos costumes e à cultura dos colonizadores, pois os conflitos e acordos diplomáticos entre os países europeus faziam com que alguns povos africanos passassem a ser "belgas", "alemães" ou "ingleses", sem os direitos que os cidadãos desses países possuíam, mas com todos os deveres, incluindo o de lutar nas guerras deflagradas pelos colonizadores. Observe o mapa a seguir.

> **Minha biblioteca**
>
> **O que há de África em nós**, de Wlamyra R. de Albuquerque e Walter Fraga. São Paulo: Moderna, 2013.
>
> Os personagens embarcam em navios e viajam pelo oceano Atlântico para chegar à África e conhecer mais sobre a presença africana no Brasil. As rotas podem ser escolhidas pelo leitor: comece a ler a partir de qualquer capítulo, misture os personagens e refaça as histórias.

África: colonização europeia (1914)

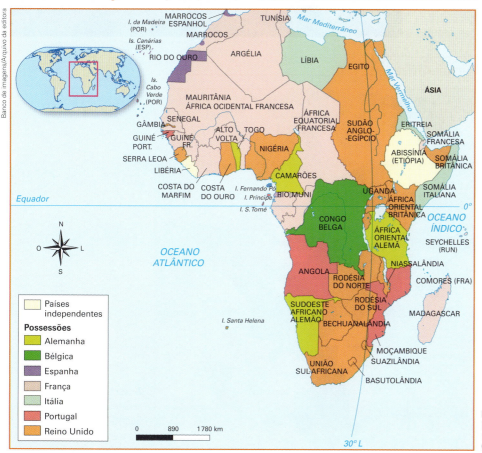

Fonte: elaborado com base em IL MONDO. *Grande Atlante Geografico*. Novara: Istituto Geografico De Agostini, 1998.

Descolonização

Com a Primeira Guerra Mundial (1914-1918) e, principalmente, com a Segunda (1939-1945), ocorreu um enfraquecimento das potências europeias e o fortalecimento das novas superpotências mundiais: os Estados Unidos e a União Soviética. Com isso, a partir do fim da Segunda Guerra, a África e a Ásia passaram por um processo de descolonização.

> **Descolonização:** é o nome que se dá para o processo de independência política das colônias europeias na Ásia e na África, que ocorreu após a Segunda Guerra Mundial, principalmente nas décadas de 1950 e 1960.

Assim, em duas ou três décadas, a maioria das colônias africanas adquiriu sua independência. Em alguns lugares, como na Argélia, houve guerras sangrentas para a conquista da independência política; em outros, esse processo foi pacífico. Houve até mesmo casos em que os africanos foram enganados ao obter a independência. Isso se deu, por exemplo, na África do Sul, em 1910, onde os colonizadores brancos ficaram com o poder no novo país independente, deixando a maioria africana praticamente sem direitos políticos. Veja o mapa a seguir.

Entre 1954 e 1962, ocorreu um movimento para a libertação da Argélia do domínio francês também conhecido como guerra de independência da Argélia. Na foto, de 2018, vista aérea de Argel, capital da Argélia, maior país da África.

Etapas da descolonização da África

A descolonização da África teve início com a Segunda Guerra Mundial. Note que foi a partir de 1960 que a maioria dos países africanos se tornou independente.

Fonte: elaborado com base em DUBY, G. *Atlas historique*. Paris: Larousse, 2004.

Texto e ação

- Observe o mapa acima e responda: Quais dos atuais países já eram independentes antes da Segunda Guerra Mundial? E qual(is) ainda luta(m) pela independência?

5 Conflitos étnicos, culturais e militares

Como a colonização europeia não respeitou as diferenças e particularidades dos povos africanos ao criar fronteiras arbitrárias no continente, os atuais países muitas vezes não possuem uma nação consolidada, mas, sim, várias. Podemos observar isso em muitos aspectos dos países africanos:

- No traçado arbitrário das fronteiras, do qual resultou a divisão da África em pequenos e médios países, a maior parte deles inviável economicamente. Esse traçado foi responsável pela separação de um mesmo povo ou nação em três ou mais Estados vizinhos. Manter essas fronteiras herdadas do colonialismo, no entanto, foi fundamental para os governos dos novos países independentes, pois, assim, podiam manter seus territórios.

- No fato de os Estados africanos não terem se originado de uma nação (um povo culturalmente homogêneo) ou do desenvolvimento gradual da convivência de duas ou mais nações, como ocorreu na Europa. Em quase todos os casos da África, os diversos povos, e mesmo trechos de vários impérios pré-coloniais, foram integrados pelas potências europeias em um mesmo território colonial que, depois, se tornou país independente. A exploração colonial foi responsável pela formação de um sentimento difuso de pertencer a um mesmo país, o que, no entanto, não bastou para a constituição de uma consciência nacional. A língua do colonizador é que unia e ainda une os Estados, apesar de, na maioria das vezes, ser falada apenas por uma minoria que, geralmente, não ultrapassa 10% a 20% da população.

Pode-se concluir, então, que nesses países, coexistem duas forças opostas: uma centralizadora, representada pelo Estado, e outra descentralizadora ou regionalista, representada pelas lideranças locais ou tradicionais. Veja o mapa ao lado, elaborado pelo antropólogo estadunidense George Peter Murdock em 1959. O chamado mapa Murdock indica a localização dos diferentes grupos etnolinguísticos que existem na África e como eles ficaram divididos pelas fronteiras nacionais.

Os povos ou etnias indicados com cor clara não foram divididos entre dois ou mais países, porém convivem no mesmo Estado nacional com outras etnias de idiomas e costumes diferentes. As demais cores indicam os povos que foram divididos entre, pelo menos, dois países.

Há na África milhares de idiomas: calcula-se que por volta de dois mil, embora eles possam ser agrupados em seis principais famílias de linguagens.

Grupos etnolinguísticos e fronteiras atuais na África (2016)

Grupo etno-linguístico
- Não particionado pelas fronteiras modernas
- Particionado entre 2 países
- Particionado entre 3 países
- Particionado entre 4 ou mais países
- Sem dados / desabitado
- Fronteiras atuais

Fonte: elaborado com base em AMERICAN Economic Association.
Disponível em: <www.aeaweb.org/research/are-colonial-era-borders-holding-africa-back>.
Acesso em: 6 set. 2018.

Genocídio de Ruanda

Um dos mais dramáticos exemplos da natureza arbitrária dos territórios nacionais dos atuais países africanos, nos quais várias etnias convivem, com seus idiomas e costumes diferentes, foi o genocídio ocorrido em Ruanda, em 1994.

No final do século XIX, como um dos resultados da Conferência de Berlim, o território ruandês, com extensão territorial pequena (26 338 km^2) e localizado na África centro-oriental, foi atribuído aos alemães, seus primeiros colonizadores. Posteriormente, com a derrota alemã na Primeira Guerra Mundial, os belgas os substituíram. A chegada dos novos colonizadores europeus agravou os conflitos entre tútsis e hútus: os tútsis foram escolhidos pelos colonizadores como auxiliares no controle da colônia. Uma parcela dos tútsis, geralmente chefes ou líderes tribais, passou a desfrutar de postos privilegiados na administração colonial e acabou por explorar os hútus e o restante dos tútsis, além das demais etnias ou nacionalidades.

Após vários anos de luta armada, em 1962, Ruanda conquistou sua independência da Bélgica. No entanto, os conflitos em torno do poder político aumentaram as tensões entre os tútsis e os hútus, até que, na década de 1970, os hútus, agora no poder após a independência e a proclamação da República, passaram a discriminar os tútsis. Estes formaram a Frente Patriótica Ruandesa (FPR), composta principalmente de refugiados tútsis cujas famílias haviam fugido para Uganda. Uma onda de violência de ambos os lados, especialmente dos hútus contra os tútsis, resultou em um genocídio em 1994, após a derrubada, pela FPR, do avião que transportava o presidente do país, da etnia hútu. Nesse ano, mais de 800 mil habitantes do país, entre homens, mulheres e crianças, sobretudo da etnia tútsi, foram massacrados.

Esse genocídio só acabou quando a FPR ocupou algumas partes ao norte do país e tropas da ONU de manutenção da paz, sobretudo francesas, ocuparam o sul. A destruição da infraestrutura e a grande perda populacional enfraqueceram a economia do país. A instalação de um governo dominado pela FPR levou muitos hútus – cerca de 2 milhões – a fugir para os países vizinhos, particularmente para a República Democrática do Congo, vizinha a oeste de Ruanda.

Soldado da ONU controla a evacuação de refugiados em Kigali (Ruanda), em 1994.

O número de homens mortos no genocídio em 1994 foi muito grande e coube às mulheres a reconstrução do país. Atualmente, 56% das mulheres ocupam cargos no Parlamento (é a taxa mais alta de mulheres parlamentares no mundo). Na foto, mulheres trabalhando em cooperativa de bordado em Rutongo (Ruanda), em 2018.

O novo governo de Ruanda promoveu incursões militares na República Democrática do Congo, entre 1996 e 2003, ocasionando duas guerras contra esse país, o que acarretou destruição e mortes. Em novembro de 1994, o Conselho de Segurança da ONU criou o Tribunal Penal Internacional para Ruanda, para julgar os responsáveis por essa tragédia humana. Esse tribunal foi instalado na cidade de Arusha, na Tanzânia, em 1995; suas atividades terminaram em 2015. Cerca de mil pessoas foram condenadas pelo genocídio.

Eventuais conflitos continuaram, mas o país ingressou numa fase de estabilidade, e atualmente pequena parte dos refugiados que estavam nos países vizinhos já retornou. Ruanda começou a se reconstruir a partir de 2000, priorizando a reconciliação entre tútsis e hútus, e o retorno dos exilados ao país, um processo muito complexo, ainda em curso.

Nos últimos anos, a economia do país vem apresentando um bom ritmo de crescimento, graças à diversificação nos setores primário e terciário. Seus principais produtos de exportação são café, chá, couros e minérios, especialmente estanho. Cerca de 70% da sua população, estimada em 12 milhões de habitantes no ano de 2018, ainda vive no meio rural e 44,9% vive abaixo da linha internacional da pobreza, segundo dados de 2016. A renda *per capita*, em 2017, era de apenas 2 090 dólares e o IDH de 2016 foi de 0.498, considerado baixo (159º lugar entre 185 países).

De olho na tela

Hotel Ruanda

Direção: Terry George. África do Sul, Estados Unidos e Itália, 2004.

O filme, que se baseia em fatos reais, retrata a história de um gerente de hotel que conseguiu salvar centenas de vidas em Ruanda durante o genocídio de 1994.

Trabalhadora em colheita de chá em Gisakura (Ruanda), em 2016.

Texto e ação

1. Analise o mapa "Grupos etnolinguísticos e fronteiras atuais na África (2016)", na página 243, e responda:

   a) Algum país africano possui uma população homogênea do ponto de vista etnolinguístico? Qual ou quais?

   b) As maiores diversidades étnicas estão ao norte ou ao sul do deserto do Saara?

2. Explique o genocídio que aconteceu em Ruanda, em 1994. Não se esqueça de mencionar as diversidades étnicas e o papel da colonização.

6 Crescimento demográfico

A maior parte dos países africanos apresenta as mais altas taxas de crescimento demográfico do globo. A transição demográfica (diminuição das taxas de natalidade e de crescimento populacional após um período de forte crescimento) só vem se completando em poucos países africanos. Desde a segunda metade do século passado ocorrem aumentos populacionais na África de 2,5% até 4% ao ano. Apesar de já ter ocorrido – e continuar a ocorrer – uma ligeira diminuição nos índices de natalidade no continente, a população africana continua sendo, em média, a que mais cresce em comparação aos demais continentes.

Em 2017, a média de crescimento demográfico dos países africanos foi de 2,55% ao ano, a maior de todas as regiões da superfície terrestre. No entanto, houve uma ligeira queda, pois em 1985 essa taxa foi de 2,85%. A taxa de fecundidade na África em geral é bem maior que nos países dos demais continentes, conforme mostra o mapa a seguir.

Fonte: ONU. Population Division, World Population Prospects 2017. Disponível em: <https://esa.un.org/unpd/wpp/Maps>. Acesso em: 20 ago. 2018.

Segundo estimativas da ONU, a população africana deverá atingir 1,6 bilhão até 2030 e provavelmente 2,4 bilhões em 2050. Muitos países africanos continuam com elevadíssimas taxas de crescimento populacional: Sudão do Sul (3,9% em 2016), Malawi e Burundi (3,3%), Níger e Uganda (3,25%) e Burkina Faso (3%) são alguns exemplos. Entretanto, em alguns países do continente já ocorreu um declínio nessas taxas: Maurício (0,6%), Eritreia, Lesoto e Tunísia (0,8%), África do Sul e Marrocos (0,9%).

O problema de um elevado crescimento demográfico é que as economias precisam se expandir num ritmo maior para oferecer empregos e alimentos, além de outros produtos e serviços, como educação, saúde, cultura, entretenimento, eletricidade, sistemas de água e esgotos e habitações, a essa crescente população. Muitas vezes, as atividades econômicas não se expandem no mesmo ritmo que um forte crescimento demográfico. Nos anos 1980, a renda *per capita* da África subsaariana (ao sul do Saara) baixou quase 2% ao ano, deixando todos – exceto uma elite privilegiada – bem mais pobres. Contudo, neste século, os países africanos em geral vêm conhecendo taxas de crescimento econômico superiores às de crescimento populacional.

7 Crescimento econômico e urbanização

No começo dos anos 1980, as economias da maioria dos países ao sul do deserto do Saara – em grande parte dependentes das exportações de bens primários, como café, cacau e cobre – tiveram um grande abalo quando os preços desses produtos desabaram no mercado mundial. Além disso, administrações ausentes ou mal exercidas pelos governos, corrupção, queda na produção agrícola de alimentos para a população, guerras civis, guerrilhas e a epidemia de aids (nos anos 1990), que ceifou centenas de milhares de vidas foram obstáculos ao desenvolvimento dos países. O endividamento externo aumentou e foram poucos os investimentos estrangeiros, o que ocasionou uma deterioração da infraestrutura existente na região (rodovias, ferrovias, usinas de energia, etc.).

Esse panorama começa a mudar neste novo século, graças à elevação nos preços das matérias-primas e em especial do petróleo – que passou a ser exportado por vários países africanos, como Angola, Guiné Equatorial, Sudão e Sudão do Sul, Congo, Gabão, África do Sul e Nigéria (que já o exportava desde os anos 1980). Outro fator fundamental para a recuperação econômica de alguns países africanos foi o aumento nos investimentos e empréstimos estrangeiros (especialmente os da China). A taxa média de crescimento da economia africana como um todo no período de 2003 até 2017, segundo relatório do Programa das Nações Unidas para o Desenvolvimento (Pnud), foi de 4,4% ao ano, bem superior à da América Latina, da Europa, dos Estados Unidos, do Canadá e do Japão.

Os índices de extrema pobreza vêm diminuindo no continente e, em alguns anos, é provável que o IDH de um número bem menor de países africanos continue a ser classificado como baixo. Observe, a seguir, um quadro com a evolução percentual do crescimento do PIB de algumas nações africanas.

Minha biblioteca

A sabedoria de Madi, o viajante tolo, de Salim Hatubou. São Paulo: Scipione, 2014.

A história é conduzida por Madi, personagem que viaja pelo arquipélago de Comores, entre o continente africano e a ilha de Madagascar. Ao longo da jornada, Madi mostra sabedoria para enfrentar diversas situações.

Países africanos – Taxas de crescimento do PIB de 2008 a 2017 (em %)

	País/Ano	2008	2009	2010	2011	2012	2013	2014	2015	2016	2017	Média anual
Maiores taxas	Etiópia	11,2	10,0	10,6	11,4	8,7	9,9	10,3	10,4	8,0	7,5	9,8
	Ruanda	11,2	6,3	7,3	7,8	8,8	4,7	7,6	8,9	5,9	6,1	7,4
	Gana	9,1	4,8	7,9	14,0	9,3	7,3	4,0	3,9	4,0	5,8	7,0
	Tanzânia	5,6	5,4	6,4	7,9	5,1	7,3	7,0	7,0	6,6	6,8	6,5
	Moçambique	6,9	6,4	6,7	7,1	7,2	7,1	7,4	6,6	3,4	4,5	6,3
Menores taxas	Sudão do Sul	n/d	n/d	n/d	n/d	-52,4	29,3	2,9	-0,2	-13,8	-3,5	-10,2
	Líbia	2,7	-3,1	2,5	-64,2	106,5	-30,8	-47,7	-7,3	-4,4	53,7	-9,4
	República Centro-Africana	2,1	1,7	3,0	3,3	4,1	-36,7	1,0	4,8	4,5	4,7	-1,7
	Guiné Equatorial	17,8	1,3	-8,9	6,5	8,3	-4,1	-0,5	-7,4	-10,0	-5,0	-0,5
	África do Sul	3,2	-1,5	3,0	3,3	2,2	2,5	1,7	1,3	0,3	0,8	1,7

Fonte: elaborado com base em GLOBAL Finance. Countries with highest GDP growth in 2017. Disponível em: <https://www.gfmag.com/global-data/economic-data/countries-highest-gdp-growth>. Acesso em: 20 ago. 2018.

Como se percebe pelo quadro da página anterior, o crescimento foi maior em países que costumam estar entre os mais pobres da África (e do mundo): Etiópia, Ruanda, Gana, Tanzânia e Moçambique. Eles continuam na lista dos IDH baixos (com exceção de Gana, que já tem um IDH médio), mas seus indicadores econômicos e sociais vêm melhorando aos poucos. As taxas de crescimento da economia foram bem superiores às do crescimento populacional, o que significa que a renda *per capita* está aumentando. No entanto, isso não significa que as condições de vida de toda a população melhoraram, pois conforme vimos anteriormente, a renda *per capita* pode mascarar a concentração de riquezas de um país.

Por outro lado, o quadro também mostra as cinco economias africanas com os piores desempenhos nesses dez anos. Quatro delas tiveram crescimento negativo, ou seja, regrediram, e suas rendas médias ficaram menores. O quinto pior desempenho econômico do continente nesse período, a África do Sul, teve uma taxa média anual de 1,7% (positivo), o que é apenas razoável, embora tenha crescido mais que o Brasil (1,4% em média nesse mesmo período) ou que a Argentina (1,5%) e a Rússia (0,9%), países também considerados emergentes. O problema é que o crescimento demográfico do país nesse período também foi de 1,7% ao ano, o que significa que sua renda média ficou estagnada.

No quadro, podemos observar também o Sudão do Sul, que apesar de ter reservas de petróleo maiores que as do Sudão, passou por guerras e conflitos internos, com a presença de grupos guerrilheiros e a divisão da população. Além disso, esse país não tem saída para o mar, o que dificulta suas exportações. Enquanto sua situação não se normaliza, o Sudão do Sul não atrai investimentos que permitam a sobrevivência e a permanência da população sul-sudanesa.

A Líbia, por sua vez, enfrenta uma guerra civil desde 2011. Antes disso, estava sob um regime ditatorial extremamente retrógrado comandado por Muammar Kadafi, que foi deposto e morto em 2011 por uma rebelião popular. A sua deposição levou meses de guerra do seu exército contra os insurgentes, com enorme destruição da infraestrutura, inclusive das instalações petrolíferas, a principal riqueza do país. O país ficou dividido entre os diversos grupos muçulmanos (sunitas, sufistas e outros) lutando entre si ou com os militares. Para piorar, houve o declínio nos preços internacionais do petróleo. Em 2018, dois grupos reivindicavam o poder nesse país: o primeiro grupo tem sua sede de governo na capital do país, Trípoli, e é composto do primeiro-ministro líbio, apoiado pela ONU e pelos Estados Unidos; o segundo é um grupo político na cidade de Tobruk, liderado pelo general que controla o exército da Líbia e reivindica para si o governo do país.

Devido aos conflitos internos no país, parte da população vem fugindo do Sudão do Sul para se refugiar em outro país. Na foto, sul-sudaneses refugiados em Uganda, país vizinho, em 2018, recebem auxílio para alimentação.

A República Centro-Africana é um país com economia baseada na agricultura (café, algodão, além de extração de madeira de forma predatória nas reservas florestais). O país sempre está entre os mais baixos IDHs do mundo, desde que as pesquisas sobre o tema se iniciaram em 1990. Ademais, sofreu sucessivos golpes de Estado: em 2003 e em 2013, com trocas de governantes e desestabilização da economia. Deve ser ressaltado, ainda, o surgimento de diversos grupos políticos que inviabilizam um governo nacional.

A Guiné Equatorial se tornou dependente do petróleo neste século e sofreu com o declínio nos preços dessa *commodity* no mercado internacional. Além do petróleo, tem como base de sua economia a exportação de produtos agrícolas tropicais. O país é governado desde 1979 por um dos homens considerados mais ricos do mundo, Teodoro Obiang. Segundo denúncias de organizações internacionais (como o FMI), ele se apropria de boa parte das receitas públicas, faz gastos improdutivos com os parcos recursos destinados aos investimentos – como a construção de uma nova capital, anunciada em 2011 – e não investe em educação, saúde, infraestrutura, etc. As denúncias de corrupção e desvio dos recursos públicos levaram muitos países, como os Estados Unidos, a cortarem a ajuda financeira que forneciam à Guiné Equatorial.

Colheita de café em Zoumea (República Centro-Africana), em 2010.

Urbanização

A urbanização é uma das características mais marcantes da África nas últimas décadas. Em 2010, apenas 36% da população do continente vivia em cidades e 64% no meio rural, percentual que caiu para cerca de 58% em 2018. Entretanto, projeções indicam que em 2030 a população urbana vai ultrapassar a rural. Em 2015, 17 países africanos apresentavam maioria da população urbana: à exceção da Libéria, no patamar de 50%, outros países apresentavam um percentual de população urbana variando entre 54% (Costa do Marfim, Gana e Seychelles) e 87% (Gabão).

A urbanização tende a se firmar na África nesta primeira metade do século. Contribuem para isso o seu mercado consumidor em crescimento; a entrada de empresas multinacionais da China, da Europa, dos Estados Unidos, do Japão, da Rússia, do Brasil e de outros países; a expansão e diversificação da produção industrial; e o crescimento do setor de serviços, que demanda mais trabalhadores, os quais migram do campo para as cidades. Tudo isso contribui não apenas para estimular o crescimento econômico no continente, mas também para mudar a ideia de que a África seria apenas um continente com desertos, paisagens selvagens e climas quentes. No entanto, é importante ressaltar que, à medida que a urbanização se espalha pelos países do continente, também ficam nítidos na paisagem os mais diversos problemas das grandes cidades, entre eles a carência de habitações e de serviços de saúde e de educação e o aumento da violência.

A África é um continente de contrastes. À esquerda, moradias na Cidade do Cabo, na África do Sul; à direita, construções modernas em Lagos, na Nigéria. Fotos de 2016.

8 Atuação das potências globais na África

As principais potências econômicas do globo – os Estados Unidos, o conjunto de países que compõe a União Europeia e a China – procuram ampliar sua presença no continente africano, que possui enorme riqueza em minérios e petróleo, grande potencial agrícola e um crescente mercado consumidor para produtos industrializados. Neste século, a China vem levando vantagem, embora a União Europeia, pela tradição que possui no continente, continue a expandir seus investimentos e seu comércio com os países africanos. Os Estados Unidos, durante décadas o maior parceiro comercial de grande parte desses países, em 2018, estava na terceira posição, em razão, principalmente, do crescimento de sua produção petrolífera, que fez com que as importações de petróleo da África (ou do Oriente Médio) diminuíssem.

Maiores investidores nas economias africanas (2011 e 2016)

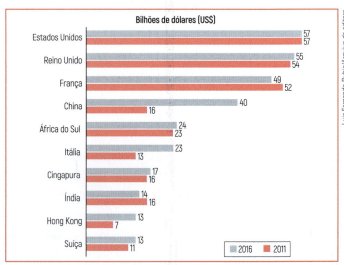

Fonte: elaborado com base em UNCTAD. *World investment report 2018*. Disponível em: <http://unctad.org/en/PublicationsLibrary/wir2018_en.pdf>. Acesso em: 6 set. 2018.

Como se vê pelo gráfico da página anterior, os Estados Unidos e as antigas potências coloniais europeias, particularmente Reino Unido e França, continuam a liderar os investimentos diretos nas economias africanas. Contudo, os investimentos da China vêm aumentando bastante: de 16 bilhões de dólares em 2011 para 40 bilhões de dólares em 2016. O ritmo de crescimento dos investimentos chineses, ao contrário dos estadunidenses e europeus (que são estáveis), vem subindo a cada ano.

Os países europeus, por meio da União Europeia, vêm tentando ampliar seus tradicionais laços com a África. Eles têm algumas vantagens para realizar negócios no continente: os idiomas (os países africanos em geral têm o inglês, o francês e outros idiomas europeus como oficiais), o conhecimento que acumularam sobre as culturas africanas e o fato de que boa parte dos líderes africanos estudou em universidades europeias (alguns nos Estados Unidos).

A União Europeia não cobra tarifas alfandegárias para os produtos importados de países africanos e realizou várias conferências com a União Africana para parcerias em diversas áreas. Entretanto, é a China quem mais vem se expandindo na África. O forte crescimento econômico chinês desde os anos 1990 levou o país a buscar no exterior fontes de matérias-primas para suas indústrias e de alimentos para sua crescente população. Os chineses investiram fortemente na importação de produtos primários (petróleo, minérios, ouro, diamantes, café, algodão e outros produtos, incluindo marfim e chifres de rinocerontes, o que vem aumentando o número de espécies animais africanas ameaçadas de extinção) e, ao mesmo tempo, exportaram para a África bens manufaturados: aviões, armamentos, veículos, computadores, produtos eletrônicos e têxteis, roupas, etc. A China também emprestou volumosos montantes de dinheiro para governos africanos e já se tornou o maior credor dos países africanos endividados.

A China também investe na infraestrutura dos países africanos. Em 2016 foi inaugurada a ferrovia entre a Etiópia e o Djibuti, país que fica no extremo norte do continente, entre o mar Mediterrâneo e o golfo de Áden, construída por empresas e capitais chineses. Obras semelhantes estão sendo executadas no Quênia e na Nigéria.

Outra preocupação chinesa na África é ampliar a sua presença militar. O país se aproveita da política isolacionista do presidente Donald Trump, dos Estados Unidos, cujo lema é "A América em primeiro lugar", que produziu uma retração da presença militar no exterior, para ampliar a sua atuação militar nos oceanos Pacífico e Índico e também na África.

Trabalhadores africanos constroem trechos de trilhos ferroviários para nova linha de trem Mombasa-Nairobi (SGR), em Tsavo, no Quênia, 2016. Como alternativa às estradas, a ferrovia de 1100 quilômetros, financiada pela China, reduzirá o tempo e o custo do transporte de pessoas e de bens entre os países sem litoral da África oriental.

Geolink

Leia o texto a seguir.

Relações Brasil-África

Com 39 representações diplomáticas no continente africano, o Brasil alcançou, nos últimos anos, um novo patamar em sua relação com a África. Antes de 2003, havia apenas 18 embaixadas e um consulado em território africano. Dez anos depois, o governo havia ampliado o número de representações diplomáticas e dado um salto no intercâmbio comercial de 410%, segundo a APEX (Agência Brasileira de Promoção de Exportações e Investimentos). [...]

Dentre as muitas iniciativas importantes, o Brasil abriu um escritório da Embrapa em Gana e uma fábrica de antirretrovirais em Moçambique. Desde o início, a batalha era pela África. [...]

O historiador Alberto da Costa e Silva, que foi embaixador na Nigéria e no Benim, lembra que, nos anos 1990, as relações comerciais e diplomáticas declinaram. Em 1993, o Brasil tinha 24 diplomatas na África, em 1983, eram 34. [...]

Quando o processo de descolonização na África ganhou força (na década de 1960), o Brasil foi um dos primeiros a buscar parcerias com as novas nações africanas independentes, sendo pioneiro a reconhecer a independência de Angola, em 1975. Atualmente, a África registra taxas elevadas de crescimento, acima da média mundial. [...]

A economia africana tem previsão de crescimento de cerca de 50% – de 1,1 bilhão de dólares [em 2015] para 3,17 bilhões de dólares até 2019. Em 2030, mais de 500 milhões de africanos pertencerão à classe média. A população será, também, majoritariamente jovem, com cerca de 680 milhões de pessoas – ou seja, cerca de 60% da população – abaixo dos 25 anos.

O continente está sendo disputado palmo a palmo desde o ano 2000 pelos países em desenvolvimento, sobretudo a China, mas também Índia, Turquia, Rússia, Cingapura, Tailândia, além das grandes potências colonizadoras, Grã-Bretanha e França, e os países ricos, principalmente EUA e Japão. Todos percebem que a África é a maior reserva natural de riquezas do mundo, que são essenciais para o desenvolvimento de cada um destes países, sobretudo por conta das terras agricultáveis para plantação de alimentos, além de petróleo, gás e minérios.

Embaixada do Brasil em Bissau, capital da Guiné-Bissau, em 2016.

Segundo o Ministério da Indústria, Comércio Exterior e Serviços, em 2000, o total de exportação brasileira para a África era de mais de 1,3 bilhão de dólares. Em 2015, esse número foi de mais de 8,2 bilhões de dólares. Em relação à importação, o salto foi de 2,9 bilhões, em 2000, para 8,7 bilhões, lembrando que, em 2014, as importações superaram os 17 bilhões. [...]

Fonte: LUZ, Natalia da. Brasil-África: A importância da representação diplomática e da cooperação com o continente africano. *Por dentro da África*, 6 jun. 2016. Disponível em: <http://www.pordentrodaafrica.com/brasil-africa/brasil-africa-importancia-da-representacao-diplomatica-e-da-cooperacao-com-o-continente-africano>. Acesso em: 20 ago. 2018.

Agora, responda:

1▸ Que dados demonstram a aproximação do Brasil com a África?

2▸ Por que o continente africano está despertando o interesse de tantos países atualmente?

CONEXÕES COM HISTÓRIA

• ▸ Leia o texto e responda às questões a seguir.

A tecnologia africana

Os ciclos econômicos da Formação Histórica do Brasil estão intimamente ligados aos conhecimentos técnicos e tecnológicos da história africana. [...] Os principais ciclos econômicos da nossa história são: extrativista de produtos tropicais, da cana e do açúcar, da mineração de ouro, do algodão e do café. Existem ciclos outros de importância relativa menor e existem áreas econômicas que não constituem um ciclo, mas têm importância econômica como é o caso da pesca, onde temos conhecimento africano nas embarcações e nas técnicas de pesca. [...] Os ciclos econômicos agrícolas são de produtos tropicais desconhecidos da Europa antes de 1400, e de grande expansão em amplas regiões africanas. As culturas da cana-de-açúcar e do café são culturas de complexidade na sua base técnica, envolvendo diversas etapas e diversos conhecimentos, quanto à escolha do solo, ao plantio, tratamento da planta, colheita e processamento do produto. Estes conhecimentos foram importados da África, através da mão de obra africana.

No caso do açúcar a complexidade aumenta quando da produção do açúcar, que era um segredo dos portugueses, obtido da mão de obra africana já em Portugal, nos Açores, e aperfeiçoado no Brasil. [...] O café é uma planta etíope e o seu cultivo era realizado em uma ampla região da África oriental. A cultura do café é uma cultura agrícola de grande complexidade, um processo de divisão do trabalho bastante sofisticado para a agricultura dos séculos XVIII e XIX.

Outros produtos agrícolas tiveram importância econômica regional e são de origem africana, como o "coco da Bahia" e o azeite de dendê. Mesmo o inhame e o milho, plantas básicas da alimentação nacional, que por muitos são considerados de origem indígena, eram culturas amplamente realizadas na África e de conhecimento da mão de obra africana instalada no Brasil. [...]

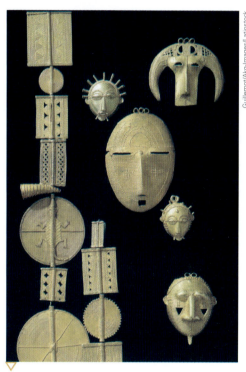

Além da agricultura, da metalurgia, da siderurgia e do cultivo de plantas têxteis, os africanos conheciam e dominavam a ourivesaria. Na foto, máscaras e joias produzidas na Costa do Marfim, no século XIX.

A mineração brasileira do período colonial tem como principal produto a produção de ouro em grandes escalas. Vejam que a escala de produção não implica apenas a abundância do produto, mas também as formas técnicas da sua extração. A mina de grandes proporções, mesmo que a céu aberto, faz parte de um conhecimento específico. A mineração na mesma forma e na mesma escala da brasileira já era realizada em pelo menos duas regiões africanas, da África Ocidental e da região de Zimbábue. O período do ciclo do ouro no Brasil foi um período de muita inovação de técnicas, graças à base de conhecimento africano transferida para o Brasil. A exploração muitas vezes não se restringe à mineração, mas também à fundição, às profissões de ourives e à produção de joalheria.

Os ciclos econômicos da história brasileira foram possíveis de sucesso em muito devido aos conhecimentos da mão de obra africana. Muitas especializações agrícolas e de mineração encontradas na África não eram de domínio europeu e foram realizadas no Brasil em virtude da importação de africanos.

CUNHA JUNIOR, Henrique. *Tecnologia africana na formação brasileira*. Rio de Janeiro: CEAP, 2010. Disponível em: <www.ifrj.edu.br/webfm_send/268>. Acesso em: 14 set. 2018.

a) Quais foram as contribuições africanas para os ciclos econômicos brasileiros?

b) Em que outros campos é possível notar a influência africana na sociedade brasileira?

ATIVIDADES

+ Ação

1. Examine o quadro referente aos indicadores socioeconômicos do Brasil e da África do Sul.

Indicadores socioeconômicos (2015-2016)

	Brasil	África do Sul
PIB *per capita*	US$ 8 840	US$ 5 480
População	207,6 milhões	55,9 milhões
Expectativa de vida	71,6 anos (H) 78,9 anos (M)	58,5 anos (H) 65,6 anos (M)
Mortalidade infantil	15 (por mil)	43 (por mil)
Taxa de analfabetismo*	8,0%	10,7%
IDH	0,754	0,666

Fonte: elaborado com base em BANCO Mundial 2016; PNUD. Relatório de Desenvolvimento Humano, 2016.

* Refere-se à população adulta.

- Comente as semelhanças e as diferenças entre os indicadores socioeconômicos dos dois países.

2. Dois dos desertos mais conhecidos do mundo, o Saara e o Kalahari, encontram-se no território africano. Com relação ao tema, responda:

a) Que condições naturais possibilitaram a existência desses desertos?

b) Por que entre os dois desertos há uma floresta equatorial?

3. As projeções de crescimento populacional do continente africano destoam do restante do mundo, podendo em 2100 alcançar a Ásia numericamente.

- Quais medidas podem ser tomadas para que o crescimento populacional do continente ocorra de forma coerente com sua situação socioeconômica?

4. Leia o trecho da reportagem a seguir e responda às questões:

O homem mais rico do mundo está morto: é Muammar Kadafi

Muammar Kadafi teria morrido como o homem mais rico do mundo. Com mais de US$ 200 bilhões distribuídos entre bancos, propriedades e investimentos no mundo inteiro, a riqueza do ex-ditador está sendo investigada – com a esperança de que parte desse dinheiro possa retornar ao povo da Líbia. Pelos cálculos preliminares, o ex-ditador teria dez vezes mais dinheiro que o rei Abdullah Aziz, da Arábia Saudita, e três vezes mais que o empresário mexicano Carlos Slim, considerado o maior milionário do mundo [...], com US$ 74 bilhões.

Segundo artigo publicado [...], dividindo a fortuna, seria possível distribuir US$ 30 mil para cada cidadão líbio – sendo que um terço da população vive na miséria. A quantia é duas vezes maior do que a estimada pelos governos europeus e americano e está inserida até em grandes companhias. [...]

O HOMEM mais rico do mundo está morto: é Muammar Kadafi. *Época negócios*, 26 out. 2011. Disponível em: <http://epocanegocios.globo.com/Revista/Common/0,,EMI274925-16418,00-O+HOMEM+MAIS+RICO+DO+MUNDO+ESTA+MORTO+E+MUAMMAR+KADAFI.html>. Acesso em: 2 set. 2018.

a) Qual era a principal fonte de riqueza do ditador da Líbia? Destaque elementos do texto que indiquem a magnitude da fortuna do ditador.

b) Qual era o impacto dessa concentração de renda para a população da Líbia?

5. Desertificação é o avanço do deserto em áreas que não eram áridas. Quais são as causas antrópicas (relativas à ação dos seres humanos) que contribuem para o avanço da desertificação?

6. Analise o mapa "África: áreas vulneráveis à desertificação", na página 236, e responda:

a) Qual é a área mais sujeita ao processo de desertificação no continente? Onde ela se localiza?

b) Existe alguma relação entre as áreas sujeitas à desertificação e os desertos africanos? Justifique.

7. Quais são os interesses da China no continente africano? Mencione alguns prós e contras dessa expansão chinesa na África.

Autoavaliação

1. Quais foram as atividades mais fáceis para você? Por quê?

2. Algum ponto deste capítulo não ficou claro? Qual?

3. Você participou das atividades em dupla e em grupo e expressou suas opiniões?

4. Como você avalia sua compreensão dos assuntos tratados neste capítulo?

- **Excelente**: não tive dificuldade.
- **Bom**: consegui resolver as dificuldades de forma rápida.
- **Regular**: tive dificuldade para entender os conceitos e realizar as atividades propostas.

> **Lendo a imagem**

1 ▸ Analise o mapa a seguir e, depois, responda às questões.

Mundo: vulnerabilidade ao aquecimento global

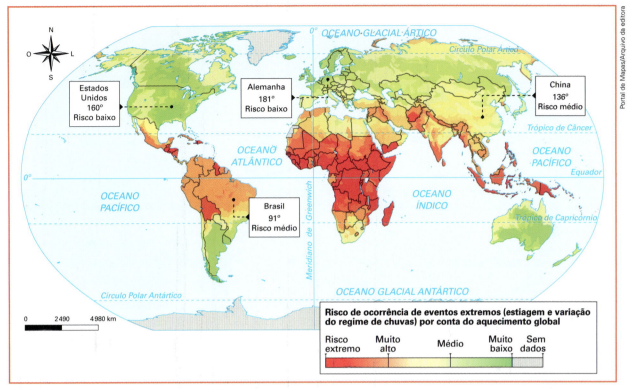

Fonte: elaborado com base em VERISK Mapiecroft. Disponível em: <https://oglobo.globo.com/sociedade/sustentabilidade/dezoito-das-20-nacoes-mais-afetadas-pelo-clima-sao-africanas-diz-estudo-20681186>. Acesso em: 14 set. 2018.

⚠ *Ranking* mostra que países na zona tropical e de condições financeiras precárias são mais sujeitos ao aquecimento global.

- **a)** Segundo o mapa, no continente africano está a maior quantidade de países em estado de vulnerabilidade com relação ao aquecimento global. Quais problemas podem ser acentuados com as mudanças climáticas?
- **b)** O aquecimento global é um fenômeno que atinge exclusivamente o continente africano? Justifique sua resposta.
- **c)** Quais medidas a ONU, entre outros órgãos internacionais, tem desenvolvido para solucionar os problemas climáticos da África? Pesquise para responder.

2 ▸ 👥 Em duplas, observem a imagem.

As cataratas Vitória são uma das sete maravilhas naturais do mundo. Em dupla, consultem um mapa da África, livros, jornais, revistas e *sites* para responder:

- **a)** Em que rio elas se localizam? Onde esse rio desemboca?
- **b)** Que países esse rio atravessa?
- **c)** Qual é a denominação original das cataratas? O que ela significa?
- **d)** Por que elas foram batizadas com o nome Vitória?

Cataratas Vitória, no Zimbábue. Foto de 2017.

ATIVIDADES 255

CAPÍTULO 12

África: aspectos regionais

África: PIB em bilhões de dólares (2015)

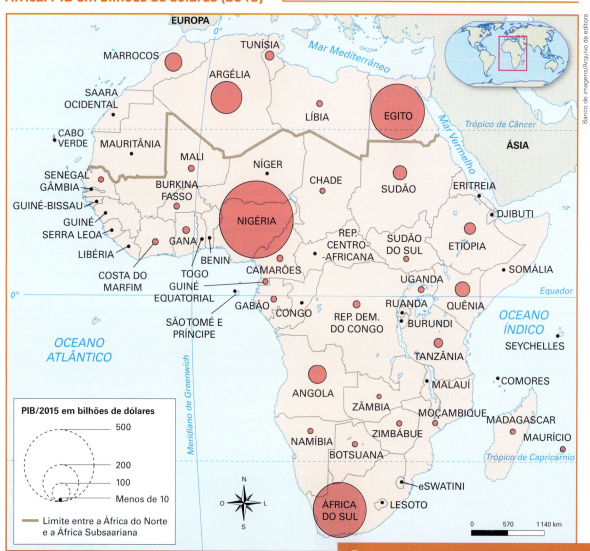

Fonte: elaborado com base em BANCO Mundial. GDP (current US$). Disponível em: <https://data.worldbank.org/indicator/NY.GDP.MKTP.CD?type=points&view=map&year=2015>. Acesso em: 22 out. 2018.

A África conta com diversas regiões e países bastante diferentes entre si. No continente africano há enormes diferenças tanto econômicas como políticas e culturais. São essas diferenças que vamos estudar neste capítulo.

▶ Para começar

Observe o mapa e responda às questões.

1. Quais são as maiores economias do continente africano?

2. A linha divisória corresponde a uma regionalização da África, uma das mais utilizadas pelas organizações internacionais. Que regionalização é essa? Em que critérios ela se fundamenta?

1 Disparidades econômico-sociais na África

A produção econômica total, isto é, o Produto Interno Bruto (PIB) do continente africano, em 2017, foi de cerca de 2,2 trilhões de dólares. A economia dos países africanos é diversificada: produzem desde bens industriais até produtos agrícolas variados. Além disso, parte das receitas captadas pelo continente é resultado do turismo, da exportação de minérios, etc. As maiores e mais diversificadas economias estão situadas na Nigéria (exportadora principalmente de petróleo), na África do Sul, no Egito, na Argélia, em Angola, no Sudão e no Marrocos. Esses sete países possuem juntos mais de 71% da economia de todo o continente. A Nigéria sozinha contribui com mais de 17% da economia africana, seguida pela África do Sul, que contribui com quase 16% desse total.

A África do Sul continua a ter a economia mais industrializada e diversificada do continente, com indústrias variadas, como automobilísticas, de aviões, máquinas e motores, químicas, têxteis, metalúrgicas, eletrônicas, etc. Os veículos automotivos – 600 mil produzidos em 2016 – representaram mais de 10% de suas exportações. Os produtos de maior valor nas exportações do país são a platina (é o maior exportador mundial), o minério de ferro, o carvão mineral, o ferro-liga, máquinas e equipamentos, além de veículos e peças automotivas.

A Nigéria tem a maior economia e a maior população, o que, em tese, significa um importante mercado consumidor. Porém, cerca de 88% de suas exportações são constituídas de um só produto, o petróleo, o que a torna muito dependente das oscilações dos preços internacionais desse combustível. Nos anos 1970, o país lançou um programa para desenvolver a indústria automobilística, chegando a fabricar 10 mil automóveis por ano no final do século passado. Porém, devido à baixa renda *per capita*, à instabilidade política e à atuação agressiva do grupo guerrilheiro e terrorista Boko Haran, que desde 2009 atua no norte do país, essa atividade declinou e praticamente se extinguiu, levando a Nigéria a importar muitos veículos usados (300 mil por ano, em média) e novos (100 mil por ano, em média). No entanto, em 2017, o governo fechou as fronteiras terrestres para a importação de veículos usados, além de lançar um programa de isenção fiscal para investimentos no setor, em mais uma tentativa de promover a produção interna. Nesse mesmo ano, investidores externos anunciaram a construção de uma fábrica de caminhões no país.

Funcionário em indústria de automóveis em Midrand, na África do Sul, em 2018.

A indústria automobilística é um dos maiores propulsores do crescimento econômico e, mesmo com certa retração econômica mundial nesta segunda década do século XXI, ela continua sendo um setor-chave da economia de todos os países industrializados. Essa indústria é responsável, direta ou indiretamente, por mais de um em cada dez empregos, em setores variados, como comércio e financiamento, publicidade, peças e acessórios, inovação tecnológica, etc.

As exportações de veículos automotivos representam o segundo maior valor do comércio mundial, atrás apenas das vendas de petróleo e derivados. Esse é o motivo pelo qual tantos governos de países em desenvolvimento procuram incentivar a entrada ou a expansão desse tipo de indústria.

No continente africano, vários países possuem indústrias automobilísticas. O Marrocos é o segundo produtor, que chegou a 350 mil veículos em 2016. Em seguida, vem a Argélia, com 50 mil veículos produzidos em 2016; o Egito, com 40 mil; o Quênia, com 3 mil; e a Tunísia, com 2 mil.

Quanto às disparidades de desenvolvimento social ou humano, a África apresenta realidades bem diferentes, com cinco países com um IDH considerado alto, treze com um IDH médio e trinta e cinco com IDH considerado baixo. Veja o quadro a seguir com os cinco maiores e os cinco menores IDHs do continente, com alguns indicadores de economia, educação e saúde.

Mundo virtual

Por dentro da África
Disponível em: <www.pordentrodaafrica.com>.
Acesso em: 15 set. 2018.

Portal de notícias, reportagens e pesquisas sobre a África feitas por jornalistas brasileiros, com a colaboração de dezenas de jornalistas ou escritores africanos.

IDH de alguns países africanos (2016)*

	País	IDH	Renda per capita PPC (em dólares)	Expectativa de vida (em anos)	Média de estudos da população adulta (em anos)	Taxa de mortalidade infantil**	Coeficiente de Gini
Os maiores IDHs	Seychelles	0,782 (IDH alto, 63º lugar)	23 886	73,3	9,2	13,6	46,8
	Maurício	0,781 (IDH alto, 65º lugar)	17 948	74,6	9,1	13,5	35,8
	Argélia	0,745 (IDH alto, 83º lugar)	13 533	75,0	7,8	25,5	s/d
	Tunísia	0,725 (IDH alto, 97º lugar)	10 249	75,0	7,1	14,0	35,8
	Líbia	0,716 (IDH alto, 102º lugar)	14 303	71,8	7,3	13,4	s/d
Os menores IDHs	República Centro-Africana	0,352 (IDH baixo, 188º lugar)	587	51,5	4,2	130,1	56,2
	Níger	0,353 (IDH baixo, 187º lugar)	889	61,9	1,7	95,5	34,0
	Chade	0,396 (IDH baixo, 186º lugar)	1991	51,9	2,3	138,7	43,3
	Burkina Fasso	0,402 (IDH baixo, 185º lugar)	1537	59,0	1,4	88,6	35,3
	Burundi	0,404 (IDH baixo, 184º lugar)	691	57,1	3,0	81,7	33,4

Fonte: elaborada com base em UNDP. Human Development Report, 2016.
*A Somália não foi incluída neste relatório de desenvolvimento humano de 2016 devido a uma situação caótica de guerra civil, o que significa que não existem dados confiáveis sobre o país. Mas a ONU calcula a renda per capita PPC da Somália em 294 dólares, o que é um indício de que o seu IDH provavelmente é menor que o da República Centro-Africana. No último ano em que o IDH foi calculado, 2013, era de 0,514 (baixo). O Saara Ocidental também não foi incluído nesse relatório devido ao fato de existir uma situação de controle de grande parte do território do país pelo Marrocos, além da falta de dados confiáveis.
**Neste caso, a taxa de mortalidade infantil foi medida por quantas crianças de até 5 anos de idade morrem anualmente para cada grupo de mil.

2 Diversidades políticas e culturais

Democracia

O ex-secretário-geral da ONU e Prêmio Nobel da Paz, o ganense Kofi Annan, afirmou que "Democracia não é apenas a realização de eleições a cada quatro ou cinco anos, mas um sistema de governo que respeita a separação de poderes (o Executivo, o Legislativo e o Judiciário), garante liberdades como as de expressão, religião, associação e outras. Mesmo que tenha ganhado uma eleição limpa e sem manipulações, um governo não é necessariamente democrático". Essa afirmação demonstra como a democracia plena não se resume a eleições para todos os cargos públicos importantes, mas caracteriza-se principalmente pela existência, na prática, das chamadas liberdades democráticas, ou seja, os direitos de cidadania.

Mulher vota em eleição presidencial na cidade de Bamaco, no Mali, em 2018.

Existem atualmente na África alguns regimes considerados democráticos. São eles: Maurício, Seychelles, Cabo Verde, África do Sul, Botswana e Gana. Mas ainda existem ditaduras, que em alguns casos perduram há décadas, como Guiné Equatorial, Chade, República Democrática do Congo, Sudão, Angola e Zimbábue. Observe o mapa a seguir, que mostra os índices de democracia no mundo em 2016.

Democracia no mundo (2016)

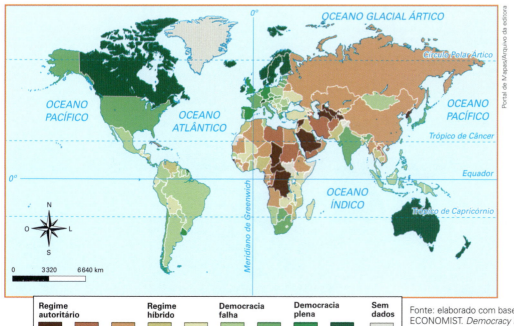

Fonte: elaborado com base em THE ECONOMIST. *Democracy index 2017*. Disponível em: <www.eiu.com/topic/democracy-index>. Acesso em: 29 ago. 2018.

De acordo com o mapa da página anterior, quase metade dos países do mundo pode ser considerada democrática. A "democracia plena" praticamente só existe em países desenvolvidos, como Noruega, Nova Zelândia, Islândia, Suécia, Dinamarca, Canadá, Finlândia, Suíça, Austrália, Países Baixos, entre outros. Na América Latina, o único país considerado plenamente democrático é o Uruguai. Na África, Maurício, Cabo Verde, Botswana, África do Sul e Gana. As piores posições, onde há regimes extremamente autoritários, ficam com Coreia do Norte, Síria (que vive há anos uma guerra civil), Chade, República Centro-Africana, Guiné Equatorial e outros países da Ásia e da África. Os regimes mais democráticos (ou menos autoritários) estão aos poucos se expandindo na África e no resto do mundo.

Idiomas

A África é a região do planeta com a maior variedade de idiomas: calcula-se que existam cerca de 2 mil idiomas vivos distintos, muito mais do que em qualquer outro continente, incluindo o mais populoso, a Ásia. Esses idiomas correspondem a sociedades tradicionais, que são a primeira identidade cultural ou local (comunidade a que pertence) de um africano. As línguas oficiais são em número bem menor, como podemos observar no mapa desta página e no da página seguinte.

O idioma árabe predomina ao norte do continente africano e no Sudão. Na África subsaariana, o idioma do colonizador é o idioma oficial, embora falado por uma pequena parcela da população, predominando grande variedade de línguas originais.

> **Idioma vivo:** idioma falado e praticado atualmente.

África: línguas oficiais (2017)

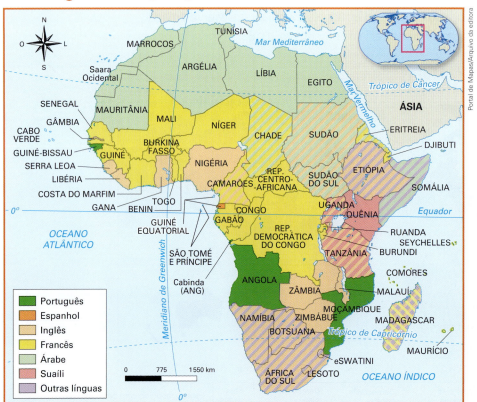

Fonte: elaborado com base em ISTITUTO Geografico DeAgostini. *Atlante geografico metodico DeAgostini*. Novara, 2017. p. 121.

África: línguas originais

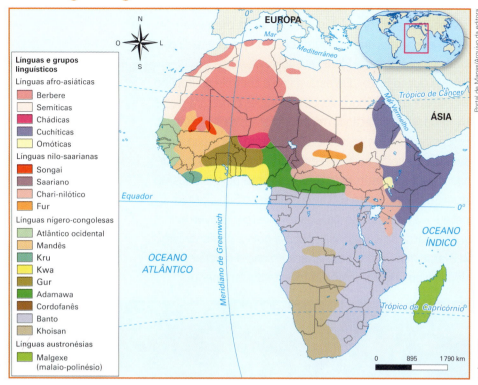

Fonte: elaborado com base em ISTITUTO Geografico DeAgostini. *Atlante geografico metodico DeAgostini*. Novara, 2017. p. 121.

O idioma swahili é um dos oficiais na Tanzânia, no Quênia, em Uganda, no Burundi e em Ruanda. A língua amárica, de origem semita, é o idioma oficial da Etiópia. Na África do Sul, além do inglês, também são reconhecidos outros idiomas oficiais: africânder (idioma holandês do século XVII que sofreu influência de idiomas africanos), ndebela, xhosa, zulu, pedi, sotho, tswana, venda e tsonga. O swazi também é um dos idiomas oficiais no eSwatini (antiga Suazilândia).

Essa grande variedade de idiomas mostra como a divisão política do continente foi traçada arbitrariamente pelos colonizadores no século XIX.

Texto e ação

1. Em duplas, respondam: O que define um regime democrático? Justifiquem sua resposta.
2. Analise o mapa da página 259 e responda: Onde predominam os regimes ditatoriais na África? Onde há regimes democráticos? E onde há regimes híbridos?

Religiões

Outro elemento cultural que se destaca na África é a **convivência entre religiões**, algumas vezes conflituosa, especialmente entre o islamismo, que predomina ao norte do continente, o cristianismo e as religiões tradicionais das comunidades africanas, que se espalharam pela África subsaariana.

Antes da expansão cristã e, mais tarde, da expansão islâmica na África, havia enorme variedade de religiões oriundas das diversas nações ou sociedades africanas.

As religiões nativas continuam a ser praticadas por mais de 100 milhões de africanos. Uma das características das religiões africanas é que são transmitidas oralmente.

O cristianismo pode ter sido a primeira religião estrangeira a entrar na África, desde o século I, antes mesmo de chegar à Europa. Através de missionários, ele foi introduzido no Egito e se espalhou por uma grande área no norte do continente. No século VII ocorreu a expansão do islamismo, que também começou pelo Egito. O país fica exatamente na encruzilhada entre o Oriente Médio e o norte da África.

Em 639, um exército árabe invadiu o Egito, que estava sob o controle do Império Bizantino (cristão) e passou a controlar o país. Pouco depois, os árabes começaram a se expandir para o sul através do vale do rio Nilo, atacando os reinos cristãos da Núbia (atuais Sudão e Sudão do Sul), onde encontraram forte resistência e cessaram sua expansão.

Como no século XIII os reinos do norte da Núbia estavam em crise, os muçulmanos acabaram dominando o país e substituindo o cristianismo pelo islamismo como religião principal no atual Sudão. Na parte sul (atual Sudão do Sul) o predomínio do cristianismo permaneceu. No norte da África, desde o leste (mar Vermelho) até o oeste (oceano Atlântico), a partir do século VII, pouco a pouco o cristianismo recuou diante do avanço do islamismo. Porém permaneceu como a religião dominante na Abissínia (atual Etiópia) e em alguns bolsões no norte do continente.

Mulheres muçulmanas dançam em celebração de casamento em Zanzibar, Tanzânia, em 2018. Cerca de 98% da população da Tanzânia é muçulmana.

Com a dominação colonial europeia na África, no século XIX, ocorreu também uma expansão do cristianismo no sul do continente, embora predominassem as religiões africanas. Os europeus também dominaram a parte norte, mas neste espaço não se preocuparam tanto em cristianizar as populações, pois os líderes muçulmanos eram aliados dos colonizadores: eles serviram como funcionários, soldados e cobradores de impostos para as potências coloniais.

Calcula-se que, até por volta de 1950, mais da metade da população da África ainda se identificava com as religiões tradicionais ou nativas. Desse período até os dias atuais, houve uma nova expansão do cristianismo no continente africano. Pouco mais de 50% da população do continente hoje afirma ser cristã, como católica ou predominantemente protestante, de diversas igrejas. Também houve uma expansão do islamismo: quase 40% dos africanos praticam a religião muçulmana.

Os motivos dessa mudança justamente no período em que as nações acabaram por se tornar independentes são controversos. A explicação mais aceita é a de que os novos Estados independentes, marcados por divisões que muitas vezes geram conflitos, não tinham recursos para investir em saúde, educação, socorro às vítimas de massacres ou de catástrofes, etc. Esse papel foi ocupado por igrejas, que se expandiram na África realizando obras assistenciais.

Mais recentemente, a partir principalmente dos anos 1980, os chamados conflitos religiosos – que na realidade são disputas territoriais ou por poder numa sociedade – se espalharam por algumas partes do Oriente Médio e da África. São disputas entre diversas correntes do islamismo, especialmente entre sunitas e xiitas, mas também entre estes e sufistas, ou wahabistas.

Angelique Namaika (em primeiro plano), freira que recebeu o prêmio Nansen do Alto Comissariado das Nações Unidas para os Refugiados (ACNUR) por seu trabalho com mulheres e crianças vítimas da guerra no Congo. Foto de 2014.

Há também disputas entre cristãos e islâmicos, em áreas como o norte da Nigéria, nas quais se expandem os grupos fundamentalistas islâmicos, em geral sunitas. O principal deles, o Boko Haran, invade aldeias cristãs ou islâmicas de outras correntes, destrói instalações (especialmente igrejas e escolas), causando destruição e mortes.

Outro grupo guerrilheiro considerado terrorista radical é o Al-Shabaab (em árabe, "a juventude"), que atua na Somália e cujo principal objetivo é combater os "inimigos do Islã". O grupo extremista chegou a controlar boa parte do sul e do centro da Somália, incluindo a capital do país, Mogadíscio, antes de ser expulso por tropas internacionais sob a bandeira da ONU, que foram solicitadas pelo governo do país. Apesar de a maioria da população somali ser islâmica (de correntes sufistas), essa organização sunita assassinou milhares de pessoas e destruiu templos sufistas, ocasionando uma enorme baixa na sua reputação popular.

Em 2006, quando o grupo foi criado, sua reputação era boa devido às promessas de promover a paz e reconstruir o país. O grupo continua a perpetrar atos terroristas no país, como em outubro de 2017, quando realizou uma explosão em Mogadíscio que ocasionou centenas de mortos e destruiu hotéis, edifícios do governo e restaurantes.

O conflito mais violento opôs os atuais Sudão e Sudão do Sul, que até 2011 formavam um só país, com o norte majoritariamente islâmico e o sul, cristão e também praticante de religiões tradicionais africanas. O conflito durou várias décadas, com milhões de mortos e refugiados que foram para países vizinhos. O acirramento do conflito, que já existia, ocorreu em 1983, quando o governo muçulmano de Cartum, a capital do Sudão e situada no norte, tentou impor que as leis islâmicas fossem seguidas no país oficialmente, o que provocou forte reação de movimentos de libertação no sul. Este território finalmente alcançou sua independência em 2011, apesar de arrasado pela guerra civil e ainda sofrendo eventuais ataques terroristas.

Texto e ação

1. Quais foram as religiões de outros continentes que mais se expandiram na África? Por quais motivos elas cresceram justamente após a independência dos países africanos?

2. Em sua opinião, a fragilidade de um Estado nacional pode contribuir para fazer das concepções religiosas um instrumento da violência por parte de determinados grupos, a exemplo do que continua ocorrendo na África?

3 Regionalizações da África

Há duas principais regionalizações da África. Uma delas divide o continente em cinco regiões, de acordo com a localização de cada parte: África setentrional ou do Norte; Ocidental; Oriental; Central e Meridional ou Austral. Observe o mapa a seguir.

África: as cinco regiões (2017)

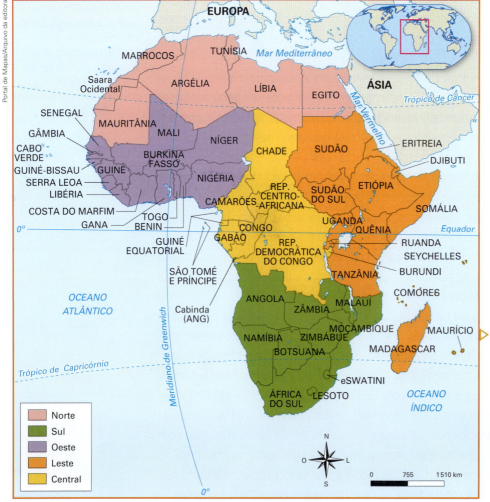

A África Ocidental é a região com o maior número de países. Era também a região mais populosa, com cerca de 350 milhões de pessoas em 2015. A Nigéria conta com mais de metade da população da África Ocidental. A tendência é que se torne o terceiro país mais populoso do mundo até 2050, atrás da Índia e da China.

Fonte: elaborado com base em WEST Africa Brief. The Six Regions of the African Union. Disponível em: <www.west-africa-brief.org/content/en/six-regions-african-union>. Acesso em: 29 ago. 2018.

* Foi constituída pela União Africana uma sexta região, em 2003, para incentivar a participação de pessoas de origem africana que vivem fora do continente. Para essas pessoas, cerca de 170 milhões de africanos, eles atribuíram a denominação diáspora.

Outra maneira, cada vez mais utilizada, de regionalizar a África tem como base critérios históricos, étnicos e culturais. Ela divide o continente em duas partes:

- **África do norte**, ou **África setentrional**, às vezes chamada de **África branca**, ou a **parte africana do Grande Oriente Médio**: constituída por sete Estados, incluindo o Saara Ocidental. Nas publicações de organizações internacionais, como o Programa da ONU para o Desenvolvimento, o Banco Mundial e FMI, entre outras, essa parte da África está sempre catalogada junto com o Oriente Médio;

- **África subsaariana**, às vezes chamada de **África negra**: formada pelos outros 48 países do continente. Essa região é aquela que é sempre mencionada nos programas das organizações internacionais de análises ou projetos para o continente. Veja o mapa abaixo.

África: conjuntos regionais com base em fatores étnicos e culturais (2016)*

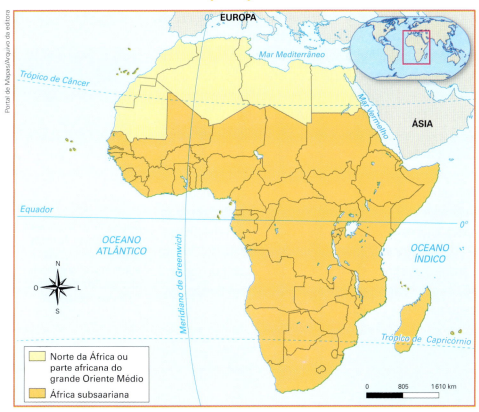

Fonte: elaborado com base em IBGE. *Atlas geográfico escolar*. 7. ed. Rio de Janeiro: IBGE, 2016. p. 45.
* O norte da África tem cerca de 233,6 milhões de habitantes (2017) e sete países, contando com o Saara Ocidental. A África subsaariana tem 1,04 bilhão de habitantes (2017) e 48 Estados independentes.

Uma dúvida que surge nessa regionalização é onde incluir o Sudão: na África do norte ou na África subsaariana? Isso porque predomina no país o idioma árabe e 70% de sua população é árabe sudanesa. Esses elementos aproximam o país das nações do norte do continente e do Oriente Médio. Por outro lado, há traços bem mais representativos e que colocam o Sudão na África subsaariana: o país não pode ser estudado separadamente do Sudão do Sul (país tipicamente subsaariano); apresenta problemas – de governança, de economia, de enorme diversidade étnica ou nacional, etc. – que se assemelham à parte subsaariana do continente. Daí ele ser incluído, nos estudos da maioria das organizações internacionais, na África subsaariana, e não no conjunto denominado Mena (do inglês, junção de *Middle East com North of Africa*, ou seja, Oriente Médio mais o norte da África).

Vamos adotar essa segunda divisão ou regionalização do continente africano, ou seja, a que divide a África em África do norte e África subsaariana, mas nada impede que a África ocidental ou a África central, por exemplo, sejam mencionadas; afinal essas duas regionalizações são complementares. São duas regionalizações baseadas em critérios distintos e que podem ser usadas de forma conjunta.

A África setentrional

A África do norte, ou setentrional, é formada por Estados onde predominam os povos caucasoides (ou caucasianos). Em geral, os povos que habitam essa parte da África são de origem árabe, embora com grande variedade étnica. A religião islâmica predomina em toda essa região.

Há cerca de 233 milhões de habitantes na África do norte (2017), o que equivale a praticamente 15% do total da população do continente africano.

Essa região africana representa de fato uma continuação do Oriente Médio, que fica no sudoeste da Ásia, do outro lado do canal de Suez, que foi construído entre os continentes africano e asiático para ligar o mar Mediterrâneo ao mar Vermelho.

De fato, tanto o Oriente Médio quanto a África setentrional são habitados principalmente por povos do tronco etnolinguístico semita (árabes, israelenses), bem como turcos, persas, berberes, etc. Nessas regiões predomina o clima desértico, amenizado nas áreas litorâneas e nas margens dos rios, principalmente do rio Nilo.

A religião predominante é o islamismo, e até na economia existe semelhança: assim como no Oriente Médio, a grande riqueza do norte da África é o petróleo, seguido pelo turismo.

Outra semelhança importante entre o Oriente Médio e a África setentrional é o fato de que nos países ou áreas onde existem, há décadas, intensos conflitos étnicos, religiosos e político-territoriais, há um estado de constante insegurança e instabilidade. O Egito, por exemplo, é um Estado inseparável do principal conflito do Oriente Médio, que opõe Israel aos árabes palestinos. A parte asiática do Egito faz fronteira com Israel e com a Faixa de Gaza, que são exatamente as áreas de maior tensão desse permanente conflito entre israelenses e palestinos.

Camelo em paisagem árida no Cairo (Egito). Ao fundo, pirâmides de Gizé, sítio arqueológico considerado uma das Sete Maravilhas do Mundo. Foto de 2016.

Atividades econômicas e padrão de vida

A grande riqueza da África setentrional é o petróleo, encontrado principalmente na Argélia, país com maior renda *per capita* e também o maior IDH dessa região, junto com a Tunísia e a Líbia, que possui a principal reserva de petróleo do mundo. O Egito, o Marrocos e a Tunísia exportam petróleo, mas em quantidades bem menores. Outras atividades econômicas importantes dessa parte da África são:

- o **turismo**, especialmente no Marrocos, no Egito e na Tunísia. O Marrocos recebe mais de 10 milhões de turistas todos os anos por causa de seu litoral, da cidade de Casablanca e dos antigos sítios romanos e islâmicos. O Egito, onde estão importantes monumentos históricos, como as pirâmides, perdeu muitos turistas nos últimos anos devido a instabilidades políticas e ataques terroristas;

Turistas em passeio pelo deserto do Saara, no Marrocos, em 2017.

- a **mineração**, com destaque para o fosfato e o manganês;
- a **agricultura**, com o cultivo de azeitonas, frutas cítricas, tâmaras, trigo e algodão;
- as **indústrias**, com destaque para as petroquímicas, automobilísticas (especialmente no Marrocos), de construção e outras.

O padrão de vida da população em geral, em média, é superior ao dos países da África subsaariana. Os índices de pobreza são maiores na Argélia e no Egito, além, evidentemente, do Saara Ocidental, que na realidade nem sequer possui uma economia consolidada pelo fato de ter grande parte do seu território sob o domínio marroquino. Considerando o meio físico e sua ocupação humana, a África setentrional possui três áreas mais ou menos distintas: o Magreb, o Saara e o vale do Nilo.

O Magreb, o Saara e o vale do Nilo

O **Magreb** corresponde à porção oeste ou ocidental do norte da África, onde se localizam o Marrocos, a Argélia, a Tunísia, o Saara Ocidental e a Mauritânia. A palavra *Magreb*, em árabe, significa "onde o Sol se põe", ou seja, o poente (oeste). Trata-se, portanto, da parte mais ocidental do norte desse continente. O relevo dessa área é montanhoso, e seu clima é subtropical mediterrâneo: o verão é quente e seco, e o inverno é frio e mais chuvoso. As maiores cidades e as principais atividades econômicas estão na faixa litorânea, onde se cultivam espécies mediterrâneas, como a oliveira e a videira.

O **Saara** se localiza no norte do continente africano e vai desde o oceano Atlântico até o mar Vermelho, estendendo-se por vários países. O clima é seco o ano todo, com forte calor durante o dia e grande esfriamento à noite. A densidade demográfica dessa área é baixíssima, e as atividades econômicas são escassas.

O **vale do Nilo** abrange terras do Egito e se prolonga pela África subsaariana, onde o rio Nilo nasce no norte do lago Vitória, em Uganda (onde se chama Nilo Branco), atravessando o Sudão do Sul, o Sudão e o Egito antes de desembocar no mar Mediterrâneo. É o único rio a atravessar o deserto do Saara de sul a norte. Por corresponder às áreas mais férteis e úmidas do norte da África, o vale do Nilo forma uma espécie de imenso oásis. Durante as cheias, o rio inunda uma ampla faixa de terra às suas margens. Ao retornar ao seu leito, as terras inundadas tornam-se férteis, e a população egípcia desenvolve aí sua agricultura.

Esse rio foi fundamental para a civilização que se desenvolveu nessa região na Antiguidade. A importância do Nilo para a vida das pessoas explica por que a maioria da população e as principais cidades do Egito – Cairo, Alexandria e El-Giza – estão situadas às suas margens.

Texto e ação

1. Tomando por base critérios históricos, étnicos e culturais, quais são as regiões em que se divide o continente africano?

2. Por que a maioria da população e as principais cidades do Egito se concentram próximo às suas margens?

Plantação de oliveiras, em Takrouna, na Tunísia, em 2018.

Geolink

Leia o texto a seguir.

Primavera Árabe

Em 2010, o Oriente Médio e o norte da África foram sacudidos por uma série de revoltas populares que ainda trazem consequências para a região. Habitantes de países como Tunísia, Líbia e Egito foram às ruas para protestar contra governos repressivos e reivindicar melhores condições de vida. O movimento ganhou o nome de Primavera Árabe. [...]

A Tunísia foi o berço de revoluções que se espalharam pelas nações vizinhas em oposição às altas taxas de desemprego, precárias condições de vida, corrupção e governos autoritários. O termo "Primavera Árabe" foi popularizado pela mídia ocidental no início de 2011, após a revolta bem-sucedida ocorrida na Tunísia contra o governo repressivo do ex-presidente Zine El Abidine Ben Ali. [...]

População comemora um ano da revolução que derrubou o presidente Hosni Mubarak, no Cairo (Egito), em 2012.

[...] O então presidente foi forçado a deixar o país em 14 de janeiro de 2011, o que inspirou revoltas similares em países próximos. [...] Egito, Líbia, Síria, Iêmen, Bahrein, Marrocos e Jordânia foram os principais envolvidos na Primavera Árabe. O período trouxe transformações históricas que mudaram os rumos da política mundial. As nações lutaram por objetivos em comum, como o fim das ditaduras ou melhores condições de vida, mas seguiram caminhos individuais durante as revoluções. Embora cada país tenha embarcado na luta por motivos específicos, a população do mundo árabe partilha frustrações comuns que estão nas raízes dos protestos. A principal é a falta de democracia e liberdade. As nações da região são governadas por regimes autoritários, onde o poder se concentra nas mãos de um único partido ou pessoa, como um rei, ditador ou presidente. [...] Entre 2010 e 2011, a crise econômica global agravou a situação, aumentando o preço dos alimentos e as taxas de desemprego. Insatisfeita, a população começou a protestar em massa. [...]

Entre o final de 2010 e 2012, outros países do Oriente Médio e [...] da África também enfrentaram conflitos menores, como Omã, Djibouti, Somália, Sudão, Iraque e Kuwait. Embora algumas nações tenham avançado em direitos humanos, redução da corrupção, liberdade de expressão e melhora nas condições de vida, como a Tunísia, muitas ainda enfrentam instabilidade política e seguem lutando por seus direitos políticos e sociais, como no caso da Síria e do Iêmen.

LUZ, Camila. Primavera árabe: o que aconteceu no Oriente Médio? *Politize!*, 20 dez. 2017. Disponível em: <www.politize.com.br/primavera-arabe/>. Acesso em: 14 set. 2018.

Agora, responda:

1. O que significa o termo "Primavera Árabe" e quais as suas causas?
2. Em que países a Primavera Árabe trouxe mudanças significativas? Pesquise para responder.

A África subsaariana

Abrangendo a maior parte do continente e de sua população, a África subsaariana é constituída por 48 Estados independentes. É a África dos Estados construídos, geralmente, de forma arbitrária, com várias etnias num mesmo território nacional, cada uma com idioma e cultura específicos.

Comparada à parte norte do continente, a África subsaariana é bem mais heterogênea, isto é, apresenta maiores diversidades econômicas, culturais, étnicas e naturais. Há paisagens desérticas, onde as condições de vida são extremamente precárias, mas também paisagens tropicais e subtropicais exuberantes, que permitem a agricultura e a pecuária. Destacam-se nessa parte da África: a Nigéria e a África do Sul.

Nigéria

A Nigéria constitui a verdadeira "potência" de toda a África subsaariana. Por volta de 2013, a Nigéria ultrapassou a África do Sul como a maior economia africana.

O território nigeriano é relativamente grande (923 768 km²), o que é significativo nesse continente. Além disso, a Nigéria merece destaque por possuir a maior população do continente (cerca de 193 milhões de habitantes em 2017) e é o maior exportador de petróleo.

Também é o país mais industrializado da África ocidental e o segundo da África subsaariana, ficando atrás somente da África do Sul. Conta com indústrias petroquímicas, principalmente, além de indústrias de óleos comestíveis, alimentos, bebidas, têxteis, etc. Ultimamente, o país recebeu investimentos chineses e indianos em suas indústrias têxteis, de cimento e siderúrgicas. A mineração e a agricultura são setores importantes no país, que tem o maior rebanho bovino da África, além de cultivos de cacau, amendoim, milho, sorgo, inhame e mandioca.

Vista aérea de Lagos, na Nigéria, em 2016. A região metropolitana de Lagos ultrapassou a cidade do Cairo, no Egito, e se tornou a maior metrópole da África, no ano de 2012. Contudo, segundo as organizações internacionais, mais de 60% de sua população vive em aglomerados com habitações precárias.

A renda *per capita* da Nigéria (2 800 dólares em 2017) e a expectativa de vida de sua população (apenas 53,5 anos) são extremamente baixas. Aproximadamente 50% da população nigeriana ainda vive no meio rural; apesar disso, a Nigéria possui o maior aglomerado urbano da África e um dos maiores do mundo: Lagos, no sul do país (golfo da Guiné), cuja população que vive na área metropolitana atualmente é de aproximadamente 22 milhões de habitantes (estimativa de 2018).

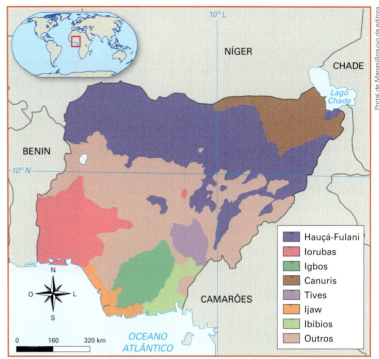

Nigéria: diversidade étnica (2015)*

Fonte: elaborado com base em LAMM, Ulrich. In: BBC. *Nigeria elections*: Mapping a nation divided. 9 fev. 2015. Disponível em: <www.bbc.com/news/world-africa-31101351>. Acesso em: 15 set. 2018.

* Percentual da população distribuída pelos grupos étnicos.

A Nigéria foi colônia britânica durante aproximadamente cem anos. Com a independência em 1960, a classe dominante percebeu que a unidade nacional só poderia ser mantida pela língua do colonizador, o inglês, apesar de ser falada por uma minoria da população que em geral reside no meio urbano. O idioma hauçá, do povo com o mesmo nome, é o mais falado no país, vindo a seguir o igbo e o iorubá. Há mais de 500 idiomas falados no país, que apresenta grande heterogeneidade étnica. No entanto, três etnias representam aproximadamente 68% da população: hauçá, iorubá e igbo ou ibo.

Aproximadamente 45% da população nigeriana é islâmica, cerca de 40% são cristãos e os 15% restantes praticam as religiões africanas tradicionais ou são budistas, hinduístas, entre outros, ou ateístas. Os muçulmanos predominam do centro ao norte do território nigeriano, principalmente na capital, Abuja, situada mais ou menos no centro do país. Nessa região centro-norte, concentra-se a etnia hauçá. A maioria dos membros das forças armadas e do governo nacional pertence a essa etnia; além disso, possui, em média, maior renda e mais propriedades que as demais etnias e controla o poder político. Isso já deu origem a vários movimentos separatistas de outras etnias, especialmente das situadas na região sul do país, que é a mais rica da Nigéria por causa do petróleo e das indústrias ali localizadas.

No começo do século XXI, os conflitos político-militares entre cristãos e muçulmanos se agravaram, o que provocou a morte de milhares de pessoas. Esses conflitos religiosos e de natureza étnica, pois geralmente uma religião se identifica com determinadas etnias, vêm ocorrendo desde os anos 1980 e se acirraram neste século.

Em 2009 foi fundado o grupo fundamentalista islâmico Boko Haran, que no início se inspirou no Estado Islâmico (grupo guerrilheiro e terrorista sunita, criado em 2003 no Iraque para lutar contra tropas dos Estados Unidos e iraquianas, além de populações xiitas e curdas). Inconformado com o que acredita ser uma passividade do governo (formado por islâmicos moderados) ao não reprimir os cristãos, espalham o terror em algumas regiões ao norte.

África do Sul

Com cerca de 57 milhões de habitantes em 2017, a África do Sul durante décadas foi considerada a potência regional da África subsaariana e de todo o continente. É o único país africano que possui litoral em dois oceanos, o Atlântico e o Índico, por essa razão e por se situar no extremo sul do continente – ponto de passagem da Europa e da parte leste da América para o Oriente Médio ou para a Ásia –, esse país tem uma posição geográfica bastante privilegiada, considerada estratégica, isto é, de enorme importância econômica e militar. Observe, ao lado, a imagem que mostra a cidade mais meridional da África do Sul; na sua costa há o encontro entre os oceanos Atlântico e Índico.

Cabo das Agulhas, cidade da África do Sul onde fica o ponto mais meridional da África e onde os oceanos Atlântico e Índico se encontram. Foto de 2014.

Economia e padrão de vida

A República da África do Sul é seguramente o país que, pelas suas dimensões (1 221 037 km²), possui a maior concentração mundial de riquezas minerais: ouro, diamantes, carvão, antimônio, minérios de ferro e manganês, urânio, platina, cromo, vanádio, titânio, etc.

Apenas os países de dimensão continental – como a Rússia, os Estados Unidos, a China, o Canadá, o Brasil e a Austrália – possuem maior quantidade de riquezas minerais que a África do Sul. Mesmo assim, esse país conta com as maiores reservas de alguns minérios básicos para a indústria moderna, como manganês, platina, vanádio e cromo. Isso explica o apoio estadunidense ao governo da África do Sul mesmo durante a vigência do *apartheid*, um sistema oficial de racismo e de segregação (separação) étnica.

A África do Sul é o país mais industrializado de todo o continente. A renda *per capita* de 5,9 mil dólares em 2017 é a sétima mais elevada da África. O país apresenta um padrão de vida mais alto para a minoria branca, cerca de 8% da população total, descendente dos colonizadores holandeses ou ingleses, e, mais recentemente, para uma nova elite negra que se desenvolveu após o fim do *apartheid*. Mas o que prevalece é uma baixa qualidade de vida para a maioria da população, principalmente para a maioria dos negros (79% da população, segundo o recenseamento de 2011) e para os 10% de mestiços e os 3% de asiáticos.

Apartheid

O *apartheid* foi um sistema de segregação racial implantado na África do Sul após sua independência completa do Reino Unido, em 1961. Antes disso, já havia desigualdades entre brancos e negros. Quem mais defendeu o *apartheid* foi a população branca de origem holandesa, os chamados africânderes.

No restante da África subsaariana em geral, com a descolonização, os novos países independentes passaram a ser governados pelos próprios africanos, normalmente por uma elite negra educada na Europa. Na África do Sul, no entanto, o novo governo, representante da minoria branca, achou que era necessário oficializar as diferenças étnicas para manter os privilégios dos brancos e evitar uma maior participação dos negros nas decisões.

Assim, a Constituição oficializou o *apartheid*, um racismo que estabeleceu direitos desiguais de acordo com a cor da pele. Nas décadas de 1960 e 1970, essa discriminação se tornou mais radical. As diferenças entre brancos e negros – e também mestiços e asiáticos, em menor proporção – se ampliaram. Em 1945, por exemplo, o salário pago a um negro correspondia a 25% do que era pago a um branco para realizar a mesma tarefa. Já em 1970, esse salário recebido por um negro equivalia a somente 17% do que um branco recebia pelo mesmo serviço.

Os brancos viviam – em grande parte ainda vivem, junto com os novos ricos negros – em bairros exclusivos, limpos, com boa iluminação, água encanada e saneamento básico, telefone e habitações amplas. Os negros em geral foram obrigados a se fixar em "cidades negras" – as *townships* – situadas estrategicamente na periferia das "cidades brancas", para facilitar o acesso dessa população, utilizada como mão de obra barata, aos locais de trabalho.

As infraestruturas das "cidades negras" eram precárias, o que resultou em inúmeras manifestações *antiapartheid*, com violentos choques entre a população local e a polícia. Sharpeville e Soweto, situadas nas vizinhanças da maior e mais industrializada cidade do país, Johannesburgo, são exemplos de *townships*.

Depois de um boicote internacional, iniciado nos anos 1980 e liderado pela ONU, contra o sistema oficial de racismo na África do Sul, o governo do país percebeu que a situação estava insustentável – já que muitos países se recusavam a comprar produtos sul-africanos, o que ocasionou uma crise econômica – e resolveu eliminar gradativamente o *apartheid*. Numerosas restrições que afetavam a vida de parte da população foram eliminadas, como a proibição de frequentar piscinas e praias reservadas só a brancos e a proibição de usar ônibus só de brancos. Também foi abolida a lei de censura.

Soweto, em Johannesburgo, na África do Sul, em 2017. Desde a década de 1970, o nome dessa "cidade negra" tornou-se símbolo da luta contra o *apartheid*.

▶ **Lei de censura:** estabelecia o controle dos meios de comunicação, que não podiam noticiar, por exemplo, o boicote comercial de países que se opunham ao *apartheid*.

Apesar dessas medidas, os líderes negros, com enorme apoio popular, continuaram reivindicando a eliminação total do *apartheid*, para que brancos e negros pudessem gozar de uma verdadeira igualdade, pelo menos nos direitos. Em 1992, o governo consultou a população por meio de um plebiscito sobre o fim do *apartheid*, que foi aprovado até mesmo pela maioria da população branca.

A partir de abril de 1994, com a realização das primeiras eleições livres e multirraciais na África do Sul para os cargos legislativos e para a presidência da República, desapareceu oficialmente o *apartheid*. Uma nova Constituição foi promulgada, tornando iguais os direitos de todas as pessoas, qualquer que seja a sua etnia ou cor da pele, e várias línguas dos povos africanos foram oficializadas no país. Além das duas línguas oficiais, o inglês e o africânder, também os idiomas zulu e xosa, além de outros, tornaram-se línguas oficiais da África do Sul.

O governo de Nelson Mandela

Nelson Mandela (1918-2013), ex-preso político de origem xosa, ligado ao Conselho Nacional Africano (movimento pelos direitos da população negra, que após o fim do *apartheid* tornou-se o maior partido político do país), se consagrou como o primeiro presidente negro da história do país (1994-1999). Ele procurou unir o país, com a participação no seu governo de negros e brancos, representados por seus partidos políticos. Esse governo de unidade nacional conseguiu evitar uma guerra civil.

Desafios atuais

Após o fim do governo de Mandela, o país passou a viver uma normalidade democrática com eleições livres e universais. Entretanto, os governantes que o sucederam não tiveram a sua habilidade, e seus governos foram em geral marcados por denúncias de corrupção. Ocorreu a saída de capital e o ritmo de crescimento da economia tem sido baixo, às vezes até negativo; com isso os índices de desemprego aumentaram, era de 27% da força de trabalho em 2018. Em 2018, o presidente do país, Jacob Zuma, que estava no poder havia nove anos, foi forçado a renunciar após comprovadas denúncias de corrupção, inúmeros protestos populares e uma situação econômica de retração (o PIB do país regrediu 2,2% no primeiro semestre de 2018).

O grande desafio do país é voltar a crescer num ritmo suficiente para diminuir drasticamente a elevada taxa de desemprego. Além disso, é necessário promover políticas que recuperem a agricultura, que vem regredindo nos últimos anos, por conta da retração na produção; o mesmo ocorreu com a mineração, com diminuição na produção de ouro, minério de ferro e metais do grupo da platina, que são fundamentais para as exportações.

Além disso, o governo sul-africano deve criar meios para permitir a melhoria da situação da grande maioria da população negra, cujas condições de vida ainda são precárias, e reduzir as grandes desigualdades sociais étnicas herdadas do passado, que ainda permanecem. Neste sentido, considera-se que Mandela foi um governante hábil em promover o diálogo e a convivência entre as diversas etnias e povos. Porém, seus sucessores, em geral, pelo menos até 2018, têm sido inábeis, às vezes até assumindo um dos lados do conflito em vez de procurar apaziguá-lo.

Nelson Mandela discursando no aniversário de 50 anos da Organização das Nações Unidas (ONU). Foto de 1995.

De olho na tela

Invictus
Direção de Clint Eastwood, Estados Unidos, 2009.

Através de um dos esportes mais populares na África do Sul, o rúgbi, o longa-metragem aborda os primeiros anos do governo de Mandela na África do Sul e suas dificuldades em realizar um governo de unidade nacional.

Texto e ação

1. Na sua opinião, os constantes protestos da população negra, já na década de 1910, e a liderança de Nelson Mandela à frente do Congresso Nacional Africano (partido político fundado em 1912), foram decisivos para derrotar o *apartheid*? Justifique.

2. Qual é o grande desafio da Nigéria atualmente? E o da África do Sul? Converse com os colegas.

CONEXÕES COM CIÊNCIAS

Leia o texto.

Brasil e África estreitam cooperação na área agrícola

A Embrapa recebeu no dia 10 de maio de 2018 a visita do diretor-executivo do Fórum para Pesquisa Agrícola da África (Fara, sigla em inglês), Yemi Akinbamijo [...]. O Fara é uma organização internacional, com sede em Gana, que incentiva e coordena a cooperação entre países e instituições estratégicas em prol da pesquisa, desenvolvimento e inovação agrícola na África. A parceria com a Embrapa, que começou em 2010, possui foco em ciência e tecnologia nas áreas de agricultura e recursos naturais. O objetivo da vinda de Akinbamijo foi propor o fortalecimento dessa colaboração, especialmente em prol da capacitação de pessoas e instituições dos 55 países africanos atendidos pelo Fórum. [..]

Durante a visita, Akinbamijo apresentou à Embrapa o Programa de Capacitação Holística para Subsistência (HELP, sigla em inglês), que tem como objetivo fortalecer as capacidades humanas e institucionais da pesquisa agrícola para o desenvolvimento na África, a partir de atividades diversas, incluindo a formação de jovens africanos em universidades e instituições de pesquisa brasileiras de base agrícola. [...]

Do laboratório ao campo

De acordo com os representantes africanos, uma iniciativa recente denominada "Tecnologias para Transformação Agrícola Africana" (TAAT, sigla em inglês), apoiada pelo Banco Africano de Desenvolvimento, em parceria com órgãos de fomento internacionais, é o pano de fundo para essa mudança de paradigmas no continente.

Também conhecida como a Estratégia Feed Africa, a TAAT é essencialmente uma resposta baseada no conhecimento e inovação à reconhecida necessidade de aumentar as tecnologias comprovadas em toda a África com o objetivo de aumentar a produtividade e tornar o continente autossuficiente em produtos básicos.

A falta de tecnologia no campo é um dos muitos fatores que impediram a África de alcançar seu potencial agrícola. Apesar da riqueza de recursos naturais e da grande quantidade de terras agricultáveis, os rendimentos básicos das colheitas na África cresceram muito pouco nos últimos 25 anos e permanecem os mais baixos de qualquer região do mundo, representando 56% inferior da média global.

Segundo Akinbamijo, o programa TAAT é uma resposta do continente à necessidade premente de mudar esse panorama. Trata-se de um "plano arrojado para alcançar uma rápida transformação agrícola na África", afirma. Para isso, foram definidos como prioritários oito produtos agrícolas: arroz, milho, soja, laticínios, peixes, aves, feijão e sorgo.

O objetivo é investir na modernização de tecnologias e capacitação de cientistas e agentes produtivos de forma a tornar o continente autossuficiente na produção de alimentos, reduzindo a importação maciça que acontece hoje. "A agricultura é a mais importante fonte de diversificação econômica e de riqueza, além de um poderoso mecanismo para criação de empregos", finalizou o diretor do Fórum internacional.

Agricultora prepara a terra para plantar em Nyamlel, no Sudão do Sul, em 2018. O uso de tecnologia no campo pode ajudar a aumentar a produtividade agrícola africana.

EMBRAPA. Brasil e África estreitam cooperação na área agrícola. Disponível em: <www.embrapa.br/busca-de-noticias/-/noticia/34253877/brasil-e-africa-estreitam-cooperacao-na-area-agricola>. Acesso em: 15 set. 2018.

Agora faça o que se pede.

1. O que tem impedido a África de alcançar seu potencial agrícola?
2. O que é o programa TAAT?
3. Descreva quais são as organizações mencionadas no texto e pesquise onde essas organizações atuam.

ATIVIDADES

+ Ação

- Leia o texto e responda às questões.

26 países africanos assinam acordo de livre-comércio

[...] A Zona Tripartite de Livre-Comércio (Tripartite Free Trade Area, TFTA), que deverá transformar-se em um mercado comum reunindo 26 dos 54 países africanos, foi acertada durante uma cúpula [em 2015] em Sharm el Sheikh, balneário egípcio às margens do Mar Vermelho [...] O conjunto agrupará os países do Mercado Comum dos Estados da África Austral e do Leste (COMESA), da Comunidade de África do Leste (EAC), da Comunidade de Desenvolvimento da África Austral (SADC), o que equivale a mais de 625 milhões de habitantes e mais de um trilhão de dólares de PIB. O pacto tem como objetivo a criação de um quadro comum para tarifas preferenciais que facilitam a circulação de mercadorias entre os países-membros.

[...] o presidente do Banco Mundial, Jim Yong Kim, considerou que o TLC permitirá à África fazer enormes progressos. "A África disse claramente que está aberta aos negócios", acrescentou. O acordo incluirá a África do Sul e o Egito, as economias mais desenvolvidas do continente, assim como países dinâmicos como a Etiópia, Angola, Moçambique e Quênia. Não fará parte, no entanto, a Nigéria, que tem o maior PIB da África, principalmente graças ao petróleo. [...]

A zona foi bem recebida para os líderes econômicos mundiais, e os especialistas apontam que apenas 12% do comércio no continente ocorre entre países africanos. O comércio entre os três blocos cresceu mais de três vezes na última década, alcançando 102,6 bilhões de dólares em 2014. A Zona Tripartite de Livre-Comércio fornece um mecanismo para identificação, comunicação, monitoração e eliminação de barreiras não tarifárias, segundo os negociadores. O acordo também visa aumentar a participação da África no comércio mundial, atualmente cerca de 2%, focando no desenvolvimento da indústria nos 26 países-membros.

EXAME. Mundo 10/06/2015. Disponível em: <https://exame.abril.com.br/mundo/26-paises-africanos-assinam-acordo-de-livre-comercio/>. Acesso em: 10 set. 2018.

A Área de Livre-Comércio Tripartite da África, criada em 2015, visa unir três mercados regionais que existem no continente: Comesa, SADC e EAC. Veja no mapa os membros de cada bloco.

Fonte: FÓRUM Econômico Mundial. Globalization as we know it has failed. Africa has an alternative. Disponível em: <www.weforum.org/agenda/2016/07/globalization-as-we-know-it-has-failed-africa-has-an-alternative/>. Acesso em: 15 set. 2018.

a) O comércio intrarregional na África é bem menor que na América Latina ou na Europa. Quais são os motivos para esse fraco comércio entre as economias africanas?

b) Por que o comércio externo ajuda no desenvolvimento econômico?

c) Quais os prováveis benefícios dessa área de livre-comércio?

Autoavaliação

1. Quais foram as atividades mais fáceis para você? Por quê?
2. Algum ponto deste capítulo não ficou claro? Qual?
3. Você participou das atividades em dupla e em grupo e expressou suas opiniões?
4. Como você avalia sua compreensão dos assuntos tratados neste capítulo?
    » **Excelente**: não tive dificuldade.
    » **Bom**: consegui resolver as dificuldades de forma rápida.
    » **Regular**: tive dificuldade para entender os conceitos e realizar as atividades propostas.

> **Lendo a imagem**

1 Observe a imagem a seguir e responda:

> Mulheres comemoram o aniversário de um ano de queda do ex-presidente Hosni Mubarak na praça Tahrir, no Cairo (Egito), em 2012.

a) A foto foi tirada em um país africano, o Egito. Quais elementos podemos destacar na imagem que justificam colocá-lo no grupo de países da África setentrional ou do norte?

b) É possível afirmar que há "duas Áfricas"? Justifique.

2 A África do Sul é uma parte do continente conhecida pelas riquezas minerais. Observe a imagem a seguir.

> Mina de diamantes em Free State (África do Sul), em 2015.

A imagem acima é de uma mina de diamantes na África do Sul. O objeto destacado com um círculo vermelho é a quantidade de diamante retirada da mina. Com relação à atividade em questão responda:

a) Comparando a quantidade de material extraído e o impacto que produz na natureza, na sua opinião, vale a pena o desenvolvimento de tal atividade?

b) Pesquise imagens de outras minas espalhadas pela África e cite os impactos ambientais que resultam dessa atividade.

ATIVIDADES 277

PROJETO
História, Arte e Língua Portuguesa

África: Infográfico

A África é um continente de intensos contrates econômicos, sociais e culturais. Neste projeto, a turma vai conhecer mais sobre a África por meio da criação de um infográfico.

Mulheres plantam árvores no Senegal, em 2018. A Grande Muralha Verde é um projeto desenvolvido pela União Africana que visa plantar uma parede de árvores em toda a África, desde o Djibouti até o Senegal, ao longo do extremo sul do deserto do Saara, a fim de ajudar a evitar a expansão da desertificação.

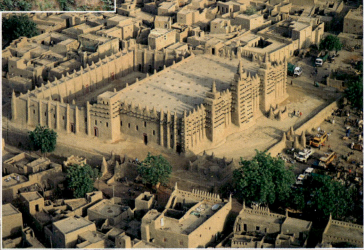

Vista aérea da Grande Mesquita de Djenné, no Mali, a maior construção do mundo feita de adobe, um tipo rudimentar de tijolo muito usado em construções no continente africano. Foto de 2015.

Pessoas trabalham em curtume em Fez, no Marrocos, em 2017. Os curtumes no país são famosos e recebem turistas diariamente. Em buracos cavados em pedras, os couros de cabra, carneiro e boi são tratados e depois tingidos manualmente. O couro é utilizado na manufatura de calçados, roupas, bolsas e instrumentos musicais.

Elefantes bebem água em lago do Parque nacional de Kruger, na África do Sul, em 2015.

Etapa 1 – O que fazer

Em grupos de quatro ou cinco alunos, escolham um dos temas abaixo:
- Belezas naturais africanas: biodiversidade
- Aspectos sociais e econômicos marcantes da África
- Aspectos culturais marcantes do continente africano
- Migrações africanas atuais para o Brasil

Cada grupo deverá pesquisar dados a respeito do tema escolhido e organizar as informações em forma de infográfico para apresentar para a turma.

Etapa 2 – Como fazer

O infográfico é uma ferramenta que transmite informações de forma visual. Para deixar o conteúdo mais atrativo e fácil de entender, dados, pequenos textos e informações são associados a imagens, como fotos, ilustrações, gráficos, quadros e mapas.

Para compor o infográfico, observe as dicas:
- Esquematizem os dados obtidos;
- Pensem na ordem de apresentação das informações;
- Escolham uma informação para ilustrar;
- Escolham fotografias que representem algumas das informações.

> Ao usarem fotos da internet ou de livros e revistas, não se esqueçam de compor o nome do fotógrafo e informar os créditos de onde a foto foi retirada.
> Os textos devem ser curtos e conter apenas a informação essencial.

- O infográfico pode ser montado em computador ou preparado em um cartaz.

Etapa 3 – Apresentação

Em data combinada com o professor, cada grupo vai apresentar à turma o infográfico elaborado.

Após as apresentações, conversem e troquem ideias sobre o que aprenderam:
- Que informações apresentadas vocês já sabiam?
- Quais as informações novas que aprenderam?

Exponham os infográficos na sala de aula ou, se possível, em áreas comuns da escola. Essa apresentação pode ser oferecida para outras turmas da escola.

Bibliografia

AFRICAN DEVELOPMENT BANK. African Economic Outlook 2018.

ATLAS OF SUSTAINABLE DEVELOPMENT GOALS 2018. Washington: World Bank, 2018.

ATLAS OF GLOBAL DEVELOPMENT. 5th ed. Washington: The World Bank, 2015.

BACCI, M.L. *Breve história da população mundial*. Lisboa: Edições 70, 2014.

BADIE, B.; VIDAL, D. *L'état du monde 2015*; nouvelles guerres. Paris: La Découverte, 2014.

BÉRTOLA, L.; OCAMPO, J. A. *The Economic Development of Latin America Since Independence*. Oxford University Press, 2012.

BRUNSCHWIG, H. *A partilha da África Negra*. São Paulo: Perspectiva, 2005.

CASELLA, P. B. *Bric* — Brasil, Índia, Rússia, China e África do Sul. Uma perspectiva de cooperação internacional. São Paulo: Atlas, 2011.

Castro, T. de. *Nossa América: geopolítica comparada*. Rio de Janeiro: Bibliex, 1994.

CEPAL. *Balance Económico Actualizado de América Latina y el Caribe* 2013 (LC/G.2605). Santiago de Chile, abril de 2014.

_____. *Estudio Económico de América Latina y el Caribe* 2018. Santiago de Chile, 2018.

CHALIAND, G. *A luta pela África*. São Paulo: Brasiliense, 1982.

CHESNAIS, J. C. *A vingança do Terceiro Mundo*. Rio de Janeiro: Espaço e Tempo, 1989.

CIA. *The World Factbook*, 2017 e 2018.

CUNHA JUNIOR, H. *Tecnologia africana na formação brasileira*. Rio de Janeiro: CEAP, 2010.

DUBY, G. *Atlas historique*. Paris: Larousse, 2004.

DUPAS, G. A *América Latina no início do século XXI*. São Paulo: Unesp, 2005.

FAO. *The State of Food Insecurity and nutrition in the World 2018*. Strengthening the Enabling Environment for Food Security and Nutrition. Rome: FAO, 2018.

GALLUP, J. L. et al. *Geografia é destino?* Lições da América Latina. São Paulo: Unesp, 2007.

GROVE, A. T. *The Changing Geography of Africa*. New York: Oxford University Press, 1993.

HAESBAERT, R.; PORTO-GONÇALVES, C. W. *A nova desordem mundial*. São Paulo: Unesp, 2006.

HERNANDEZ, L. L. *A África na sala de aula*. 3. ed. São Paulo: Selo Negro Edições, 2008.

HUGON, P. *Geopolítica da África*. Rio de Janeiro: Editora da FGV, 2010.

KNOX, P. L.; MARSTON, S. A.; LIVERMAN, D. M. *World Regions in Global Context*. New Jersey: Prentice-Hall, 2002.

LACOSTE, Y. Atlas géopolitique. *Nouvelle édition remise à jour*. Paris: Larousse, 2013.

_____. *Unité & diversité du Tiers Monde*. Paris: La Découverte/Hérodote, 1984.

_____ et al. *Géographie*; classes terminales. Paris: Fernand Nathan, 1983.

LOPES, A. M.; ARNAUT, L. *História da África* — Uma introdução. 2. ed. Belo Horizonte: Crisálida, 2008.

MAYDA, C. *A Regional Geography of the United States and Canada*: Toward a Sustainable Future. Lanham, Rowman & Littlefield Publishers, 2013.

PNUE, 2011: *Vers unE économie verte: Pour un développement durable et une éradication de la pauvreté* — Synthèse à l'intention des décideurs. St-Martin-Bellevue, 2011.

PROGRAMA das Nações Unidas para o Desenvolvimento (Pnud). *Relatórios do Desenvolvimento Humano*. 2013 a 2016.

ROUQUIÉ, A. *O Extremo-Ocidente*; introdução à América Latina. São Paulo: Edusp, 1991.

WORLD BANK, *World Development Indicators 2018*.

ZANETTI, A. *O Mercosul: dimensões do processo de integração na América do Sul*. São Paulo: Claridade, 2015.